JN441144

우리 곁에 있는 수학

조윤희 지음

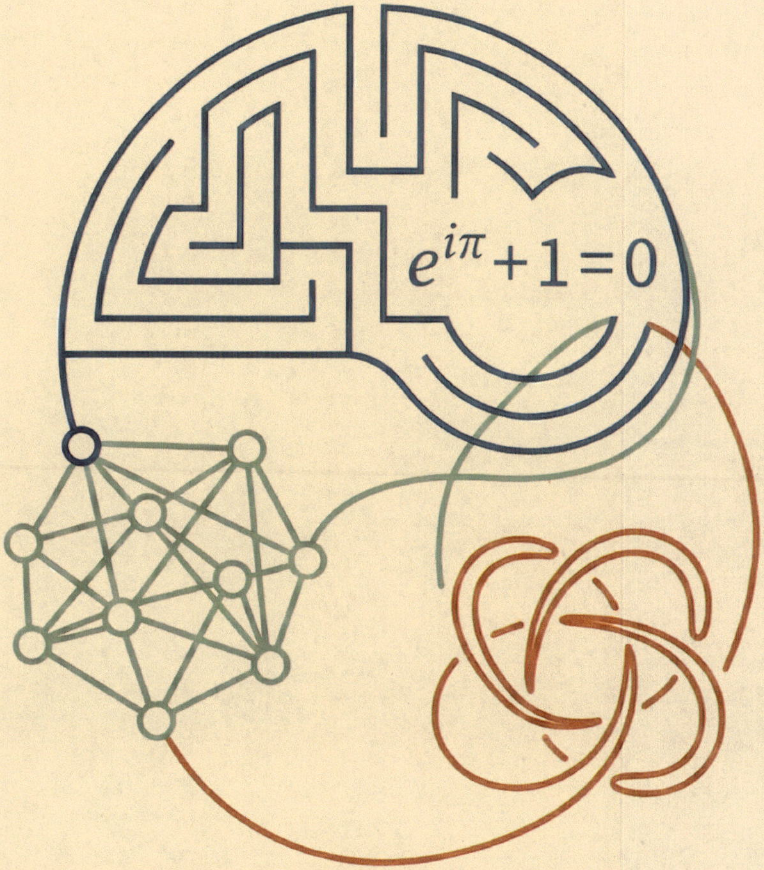

$$e^{i\pi}+1=0$$

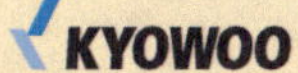

목 차

I 문제를 통한 수학적 사고의 이해

Ⅱ 생활속의 수학

III 생활속의 확률과 통계

I

문제를 통한 수학적 사고의 이해

문제를 통한 수학적 사고의 이해

수학의 어원

영어 mathematics의 어원은 그리스어 mathemata(마테마타) 또는 mathema(마테마)에서 유래하였다. 단어의 뜻은 '배우는 모든 것'으로 일반적인 학문이나 지식이다. 이때의 지식은 직접 사물을 상대하지 않고 배우거나 생각함으로써 알게 되는 지식을 의미한다. 이후 mathematikos(마테마티코스)가 로마로 전해지고 라틴어 mathematica(마테마티카)가 되었으며 현재의 영어 mathematics가 되었다.

한자어 수학(數學)은 19세기에 만들어졌다. 서양 수학이 전해지기 전 동양 수학은 산학(算學)으로 불렸다. 1853년 서양 수학 책을 번역한 '수학계몽'이 영국 선교사에 의해 쓰여지고, 그 책이 일본에 수출되면서 수학이라는 용어가 확산되게 되었다. 수학이라는 단어에서 數의 의미는 좁게는 숫자를 의미하지만 넓게는 사물의 이치를 의미하는 단어이다. 사물의 이치를 배우는 학문이라는 의미가 현대 수학에 좀 더 부합한다고 보여진다.

수학이 다른 학문과 비교되는 여러 가지 단면들을 구체적으로 살펴보도록 한다. 우리는 그것을 수학의 속성이라고 부르며 다음과 같은 일곱 가지 속성들에 대해서 살펴보겠다.

① 핵심접근, 근본적 이해 ② 엄밀한 논리, 논증 ③ 창조성, 독창성, 다양성 ④ 아름다움, 순수성 ⑤ 위태로운 벽돌 쌓기 ⑥ 무한대를 다룬다 ⑦ 유용성

수학의 7가지 속성을 차례대로 하나씩 살펴보도록 하자.

수학의 속성 - ① 핵심접근, 근본적 이해

쾨니히스베르크 다리 문제

지금은 러시아의 영토이지만 300여 년 전 쾨니히스베르크는 독일의 영토로 '프레겔'이라는 강이 흐르고 강 안에 두 개의 섬이 있으며, 두 섬과 육지를 연결하는 7개의 다리가 놓여있었다. 사람들은 강과 주변의 경치가 아름다워서 산책길로 많이 이용되었다. 언제부턴가 사람들 사이에서 '산책을 하면서 7개의 다리를 한 번씩만 지나서 출발 자리로 돌아오고 싶다. 이때 모든 다리를 건널 수 있을까?'라는 의문이 있었다. 많은 사람들이 도전하였지만 안되는 이유를 설명하기 어려웠는데 1736년 스위스의 수학자 오일러가 쾨니히스베르크의 다리 문제를 한붓그리기 문제로 변형하여 불가능함을 완벽하게 설명하였다.

주어진 문제는 육지, 강, 다리, 산책 등 여러 가지 요소가 있지만 문제를 풀기 위한 핵심 요소만 추려서 보면 육지나 섬은 간단하게 점으로 처리하고 육지나 섬들 사이의 다리를 통한 이동은 하나의 선분으로 처리 가능하다. 이런 변형을 통하여 쾨니히스베르크의 다리 문제는 4개의 점과 7개의 선분을 가진 그래프의 문제로 바뀌게 된다. 그리고 7개의 다리를 통과하는 것은 연속적으로 선분을 지나는 것으로

이해하면 정확히 한붓그리기 문제가 된다.

간단한 수학적 분석을 통하여 한붓그리기가 가능하려면 그래프의 홀수 점의 개수가 0 또는 2개가 되어야 한다. 수학적으로 증명이 간단하지는 않지만 주어진 명제의 역도 성립한다. 여기서 꼭짓점 v를 중심으로 조그마한 원을 그려 그래프를 잘라 낸다. 그러면 꼭짓점에 붙어있는 선분의 개수를 셀 수 있고 그 개수를 그 꼭짓점의 차수라고 부르며 기호로는 $\deg v$로 표시한다. 차수가 홀수이면 홀수 점, 짝수이면 짝수 점이라 한다. 오일러 정리에 의하면 연결 그래프의 홀수 점의 개수가 0개이면 필요충분하게 시점과 종점이 일치하는 한붓그리기가 가능한 그래프이다. 이러한 그래프를 오일러 그래프라고 부른다. 그리고 연결인 그래프의 홀수 점의 개수가 2개이면 하나의 홀수 점에서 출발하여 다른 홀수 점으로 끝나는 한붓그리기 가능 그래프가 된다.

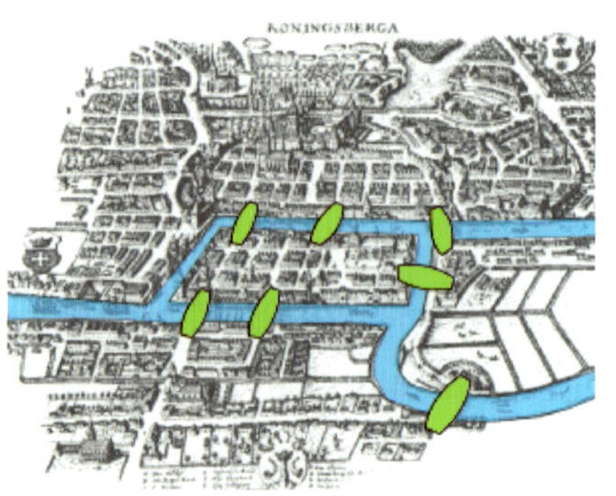

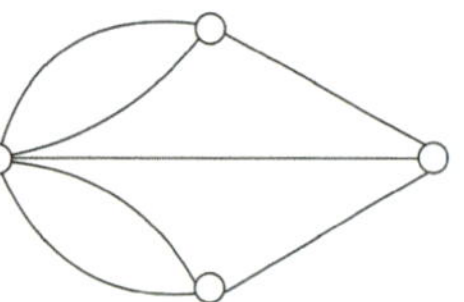

오일러는 다음과 같이 형태를 단순화하여 문제를 해결하였다.

이는 한붓그리기 문제로 볼 수 있는데, 네 개의 홀수점을 가지므로 주어진 그림은 한붓그리기가 불가능하다.

체스 문제

♘		♘
♞		♞

1	2	3
4	5	6
7	8	9

위와 같은 체스판이 있다.

체스 판 위에 있는 말 머리 모양의 기물은 기사(knight)로 불리며 장기의 마(馬)와 이동하는 방식이 유사하다. 이동하고자 하는 방향을 정한 후 한 칸 전진 후 대각선 방향으로 한 칸 더 전진하는 형태로 이동한다. 장기와 다른 점은 시작과 도착 사이에 방해물이 있을 때, 장기는 방해물을 피해서 이동할 수 없지만 체스는 방해물을 뛰어넘어 이동이 가능하다는 것이다. 그리고 장기, 체스 모두 한 칸에 두 개의 기물을 놓을 수 없다는 규칙이 있다. 장기, 바둑과 달리 체스는 선의 교차점에 기물을 놓는 것이 아니고, 줄로 둘러싸인 칸에 기물을 놓는 특징이 있다.

위쪽 구석에 흰 말(white knights)이, 아래쪽 구석에는 검은 말(black knights)이 각각 두 마리씩 놓여져 있다. 여기서 흰 말과 검은 말의 위치를 바꾸려고 할 때 최소의 이동 횟수는 얼마인가?

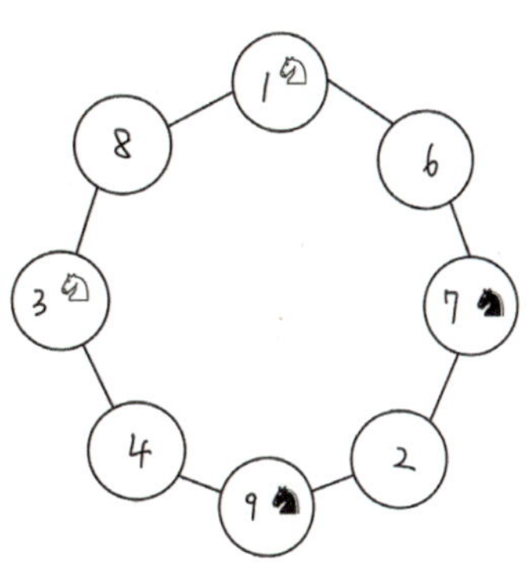

쾨니히스베르크 다리 문제처럼 핵심 접근 방법을 사용하여 문제를 분석하자. 기사의 이동은 체스판에서는 복

잡하게 표현되지만 그림처럼 주어진 번호 위를 한칸 한칸 이동하는 것으로 보아도 무방하다. 결론적으로 그림에서 한 칸씩 이동하여 서로 위치를 교환하는 문제로 단순화 시킬 수 있다. 이때 최소 이동 횟수는 16회가 됨을 알 수 있다.

좀 더 복잡한 문제로 밑의 연습 문제 과제 1을 살펴보자.

과제 1 그림에서 주어진 체스 판의 흰색 기사 3개와 검은색 기사 3개를 맞교환(마주 보게 교환할 필요는 없다)하기 위한 최소 이동횟수를 구하고 움직인 경로와 그것이 최소 횟수인 이유를 설명하여라. 단, 본문의 나이트 교환하기 문제의 조건을 그대로 사용한다.

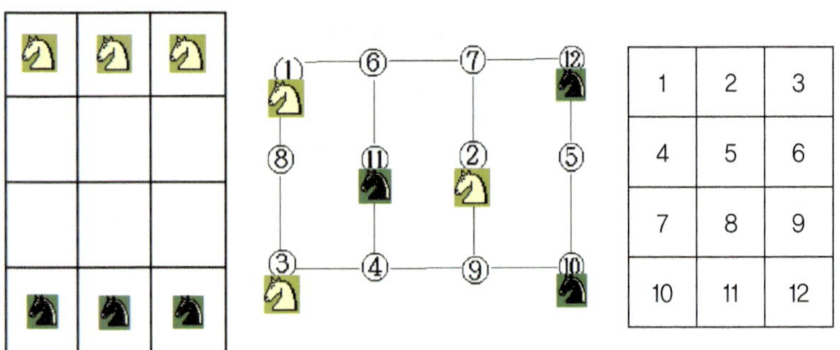

기사의 여행(Knight's tour) 문제

체스에서 기사(Knight) 한 개를 사용하여 주어진 체스 판의 모든 칸을 오직 한 번씩 지나면서 처음 위치로 돌아올 수 있는지 묻는 문제이다.

1×1은 가만히 있으면 된다고 볼 수도 있지만 너무 간단한 경우라서 기사의 여행 문제로의 가능 여부는 판단을 유보한다. 그러나 2×2, 3×3에서는 확실히 불가능하다(불가능한 이유는 각자 고민해보자).

4×4에서도 그림의 위치 1, 2, 3, 4에서 벗어날 수 없으므로 불가

능하다. 구체적인 이유는 다음과 같다. 체스 판의 구석인 1과 4는 2–1–3, 2–4–3 외의 다른 경로는 존재하지 않으므로 오직 2, 3을 통해서만 이동이 가능하다. 기사의 여행이 가능하려면 모든 꼭짓점에서 들어오는 경로와 나가는 경로를 각각 한 개씩 확보해야 한다. 따라서 2의 경우 1, 4를 지나기 위한 경로로 1–2와 2–4 경로를 반드시 선택해야 하므로 2는 자동으로 1–2–4 경로가 선택된다. 2를 지나기 위한 들어가고 나오는 경로가 선택되면 다른 추가 경로는 생각할 수 없다. 3도 마찬가지로 1–3–4경로가 채택된다. 따라서 1–2–4–3–1 경로가 아닌 다른 지점을 통과하는 것이 불가능하다. 따라서 4×4 체스판에서는 기사의 여행이 불가능하다.

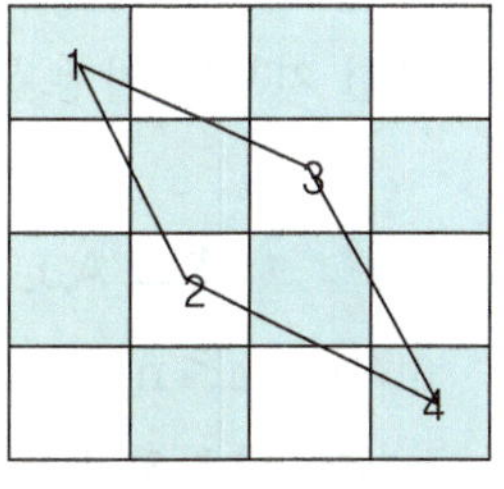

Q 5×5 체스판 위에서 Knight's tour가 불가능함을 보이시오.

4×4의 경우와 마찬가지로 5×5의 경우의 네 군데의 구석 또한 오직 두 가지 경로만 사용가능하다. 이 경우 그림처럼 별 모양의 닫힌 경로가 확보되어 체스 판의 다른 지점을 통과하는데 문제가 생긴다. 주어진 그래프의 모든 꼭짓점을 오직 한 번씩 통과하여 제자리로 돌아오는 것이 가능하다면 주어진 그래프를 해밀턴 그래프라고 부른다. 따라서 기사의 여행 문제는 체스 판을 그래프로 변형했을 때 주어진 그래프가 해밀턴 그래프인지 아닌지 판단하는 문제가 된다.

참고 (홀수)×(홀수)인 체스 판에서 기사의 여행 문제는 불가능하다. 아무리 큰 수의 홀수라 하더라도 (홀수)×(홀수)인 체스 판에서는 쉽게 불가능하다는 것을 보일 수 있다. 각자 고민해보기 바란다. 이때 (홀수)×(홀수)이지만 1×1인 체스판은 제외하고 생각한다.

시점과 종점이 일치하면 닫힌 기사의 여행, 그렇지 않으면 열린 기사의 여행이라고 한다.

닫힌 기사의 여행 문제는 다음과 같은 중요한 정리가 성립한다.

정리 **셴크 A.J. Schwenk 1991**[1]

$m \times n$ $(m \le n)$ 체스 판에서 닫힌 기사의 여행이 성립하지 않는 경우는 필요충분하게 다음과 같다.

1. m과 n은 모두 홀수
2. m=1 또는 2 또는 4
3. m=3, n=4 또는 6 또는 8

50	11	24	63	14	37	26	35
23	62	51	12	25	34	15	38
10	40	64	21	40	13	36	27
61	22	9	52	32	28	39	16
48	7	60	1	20	44	54	29
59	4	45	8	59	32	17	42
6	48	2	57	44	19	30	55
3	50	5	46	31	56	43	18

오른쪽의 그림은 8×8 체스 판에서의 기사의 여행을 나타낸 한 가지 방법이다. 숫자는 이동 순서이다. 놀랍게도 모든 행과 열의 합이 260이다. 하지만 대각선의 합은 그렇지 않으므로 마방진은 아니다. 사람들은 오랫동안 두 대각선의 합까지 260이 되는 기사의 여행 문제(Magic square knight tour)의 답을 찾고자 했지만 2003년 61일간의 컴퓨터 사용으로 150년 역사의 문제는 최종적으로 불가능함이 확인되었다.

오일러 그래프, 해밀턴 그래프

수학에서 유한개의 점과 그 점들은 연결하는 선분으로 이루어진 대상을 그래프(graph)라고 부른다. 그래프이론은 오직 점과 선분만 다루지만 20세기에 들어서면서 점점 더 주요해지고 특별히 현실에서의 응용에 매우 강력한 도구가 되는 수학의 분야이다.

앞에서 보았듯이 쾨니히스베르크 다리 문제는 그래프의 관점에서는 시점과 종점이 일치하는 한붓그리기 문제로 이해가능하고, 그러한 시점과 중점이 일치하는 한붓그리기가 가능한 그래프를 오일러 그래프라고 부른다. 따라서 오일러 그래프는 필요충분하게 홀수점의 개수가 0개인 그래프이다.

한편 체스에서의 기사의 여행 문제는 그래프의 관점에서는 모든 꼭짓점을 오직 한 번씩만 지나서 제자리로 돌아오는 문제이다. 이때 모든 선분을 다 지날 필요는 없지만 두 번 이상 지나는 것은 금지한다. 그러한 것이 가능한 그래프를 앞에서 해밀턴 그래프라고 정의하였다.

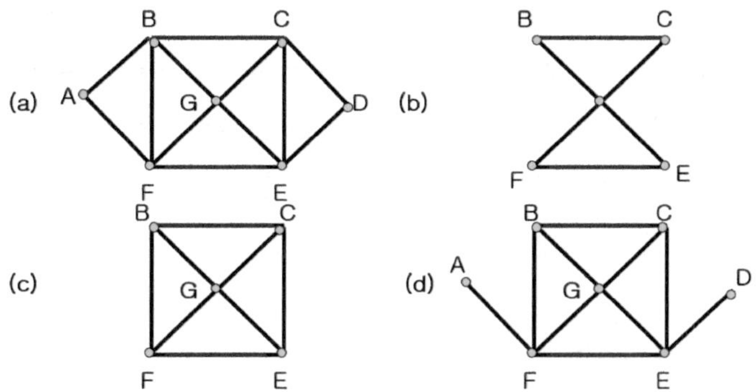

주어진 그래프의 점의 개수가 적을 때는 해밀턴 그래프임을 보이는 것이 간단하지만 점의 개수가 많아지면 해밀턴 그래프 문제는 어려운 문제가 된다. 그리고 그래프의 선분의 개수가 많아지면 당연히 해밀

턴 그래프가 될 가능성이 높아진다. 오일러 그래프의 동치 명제와 같은 강력한 정리는 아니지만 해밀턴 그래프를 판별하는 다음의 정리가 존재한다.

정리 **디랙 G. A. Dirac 1952**

$n\,(n \geq 3)$개의 꼭짓점을 가지는 단순 그래프가 모든 꼭짓점에서 차수가 $\deg v \geq \dfrac{n}{2}$를 만족하면 주어진 그래프는 해밀턴 그래프이다.[1]

4개의 그래프 중에서 오일러 그래프는 a), b)이고, 해밀턴 그래프는 a), c)이다.

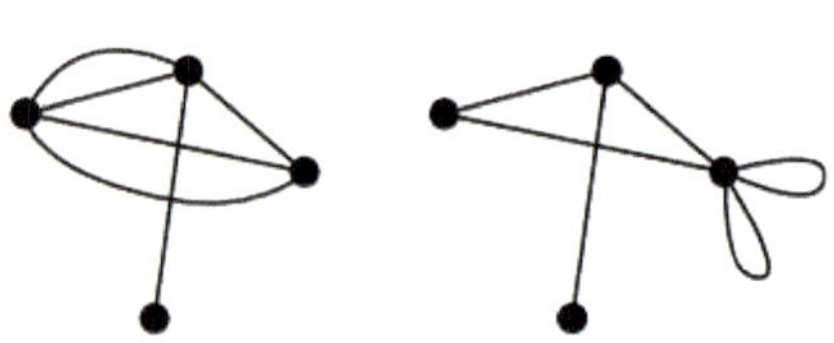
[다중 선분 그래프와 고리를 가지는 그래프]

두 꼭짓점을 잇는 선분이 두 개 이상 존재하는 경우 다중 선분을 가진다고 한다. 선분의 양 끝점이 오직 한 개의 꼭짓점에 붙는 경우 그 선분을 고리라고 부른다. 단순 그래프는 다중 선분과 고리를 가지지 않는 그래프를 의미한다. 따라서 단순 그래프의 선분의 개수는 최소 0개부터 최대 ${}_nC_2$개까지 이다.

플뢰리 알고리즘1)

홀수 점의 개수가 0개나 2개인 경우 한붓 그리기가 가능하고 꼭짓점의 개수가 작을 때는 그 경로도 쉽게 찾을 수 있다. 그러나 꼭짓점

1) 선분 제거 시 다리 인지의 여부를 매번 확인해야한다. 더 효율적인 알고리즘으로 히어홀저(Hierholzer) 알고리즘이 있다.

의 개수가 많을 때는 한붓그리기 경로를 찾는 것이 어려울 수도 있다. 그런 경우에는 1883년에 발표된 플뢰리 알고리즘(Fleury's Algorithm)을 사용하면 된다. 다음과 같은 단계를 밟아서 진행한다. 알고리즘에서 다리(bridge)는 연결 그래프의 선분으로 그래프에서 그 선분을 제거시 연결성이 깨지는 선분을 의미한다. 단, 선분을 제거할 때, 선분의 양 끝점들은 지우지 않는다.

단계 1 : 연결 그래프에서 홀수 점의 개수가 0개 또는 2개 인지 확인하고, 0개인 경우 임의의 점에서 출발하고 2개인 경우 하나의 홀수 점에서 출발한다.

단계 2 : 한 꼭짓점에 연결된 선분 중에서 다리가 아닌 선분을 선택한다. 만약 다리만 존재한다면 다리를 선택한다. 선택된 선분을 지나가고, 두 꼭짓점 사이의 방금 지나간 선분을 지운다. 선분 삭제 시 선분 양쪽의 두 개의 꼭짓점 중에서 차수가 0인 꼭짓점도 같이 지운다.

단계 3 : 지우고 남은 그래프에서 선분이 남아 있는 경우 단계 2로 다시 가고, 남은 선분이 없으면 종결한다.

5개의 컵 문제

다음과 같이 놓여진 5개의 컵 중에서 두 개의 컵을 집어 동시에 뒤집는다. 여러 번 시행하면 모든 컵이 위를 향하도록 놓을 수 있을까?

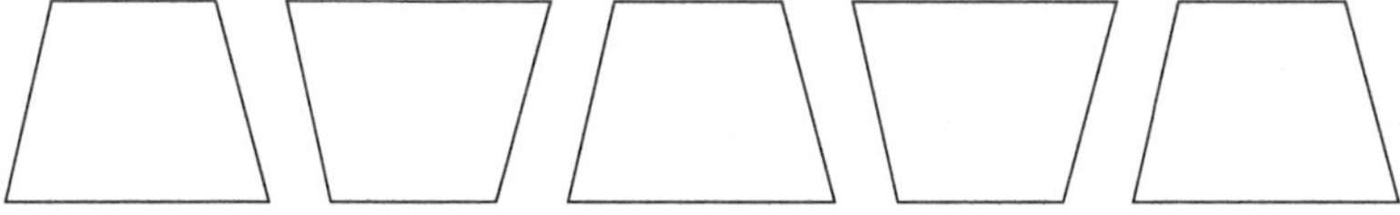

아래를 향하는 컵을 1, 위를 향하는 컵을 0이라 하자. 그러면 컵의 상황은 (1, 0, 1, 0, 1)로 이해 가능하다. 최종적인 상황은 (0, 0, 0,

0, 0)을 원한다. 컵을 2개 선택하게 되면 총 4가지의 경우를 생각할 수 있다. 그리고 동시에 뒤집으면 0은 1로 1은 0으로 변환된다. 다음과 같은 4가지 변환이 생긴다. (1, 1) → (0, 0) / (1, 0) → (0, 1) / (0, 1) → (1, 0) / (0, 0) → (1, 1). 이때 뒤집는다는 것은 1의 개수를 0개 혹은 ±2개 변화시킨다는 것이다.

그러나 (1, 0, 1, 0, 1) → … → (0, 0, 0, 0, 0) 이것은 1의 개수가 3개에서 0개가 되어야 하므로 불가능하다.

물통 문제[1]

물통 2개($3l$, $5l$)를 이용하여 $4l$를 만들어라.

영화 다이하드 3을 보면 어느 공원의 분수대에서 폭탄 테러범이 두 형사에게 제한 시간 2분 안에 위와 같은 문제를 푸는 협박을 한다. 주어진 물통에는 눈금이 없기 때문에 단순한 작업에 의해서만 물통을 채워야 한다. 그리고 분수대를 이용하여 자유로이 물을 공급받을 수 있고 자유롭게 버릴 수도 있다. 이 문제를 해결하기 위하여 가능한 작업을 분석해보자.

가능한 작업은 다음과 같다.

- 한 쪽 물통을 가득 채우기
- 한 쪽 물통을 전부 버리기
- 한 쪽 물통에서 다른 쪽 물통으로 붓기
- 물을 받는 물통이 다 찬 경우
- 물을 주는 물통이 다 빈 경우

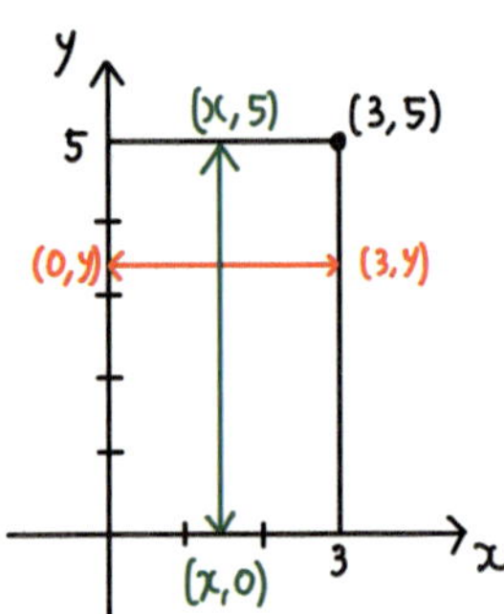

$3l$ 물통에 들어있는 물의 양을 x, $5l$ 물통에 들어있는 물의 양을 y라 하자. 그러면 두 물통에 물의 양은 좌표평면 상에 (x, y)로 나타낼 수 있다. 우선 (x, y)가 존재할 수 있는 영역은 다음과 같이 가로가 3, 세로가 5인 직사각형이다.

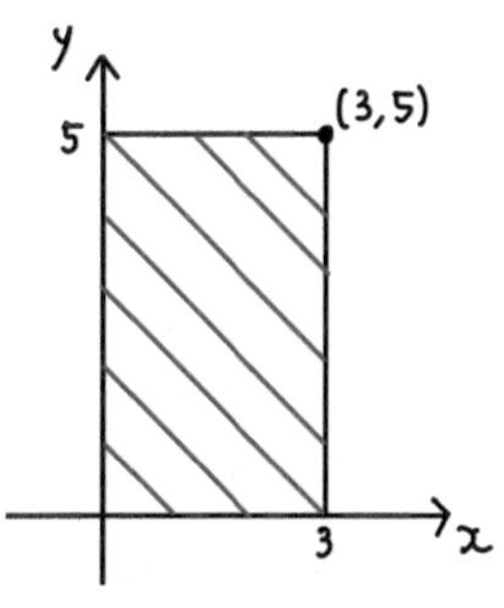

또한, 그림에서도 확인할 수 있듯이 $3l$ 물통의 물을 가득 채우는 것은 좌표를 $(3, y)$로, $3l$ 물통의 물을 모두 비우는 것은 좌표를 $(0, y)$로 이동시키는 것임을 알 수 있다. 마찬가지로 $5l$ 물통의 물을 가득 채우는 것과 모두 비우는 것도 $(x, 5)$, $(x, 0)$으로 알 수 있다. 따라서 물통을 채우거나 비우는 것은 수직 또는 수평으로 사각형 박스 경계까지 이동하는 것을 의미한다. 한편, 한 쪽 물통의 물을 다른 쪽 물통으로 옮기는 경우에 두 물통에 들어있는 물의 양은 일정한 것을 알 수 있다. 이것을 식으로 나타내면 $x+y=c$ (c는 상수), 즉 $y=-x+c$이다.

그리고 물통의 물을 가득 채우거나 모두 비우는 작업만 가능하므로 위의 그림과 같은 대각선($y=-x+c$)의 끝부분에만 (x, y)가 존재할 수 있다. 다시 말해 사각형의 내부에는 (x, y)가 존재할 수 없고, 오직 사각형의 경계에만 (x, y)가 존재한다.

주어진 수학적 분석을 통하여 원래 문제를 풀어보도록 하자.

이제 (x, y)의 움직임을 생각해보자.

더 짧은 경로가 존재하거나, 의미 없는 시행(이전 단계로 복귀)은 제외하고 생각할 것이다.

우리의 목표는 (0, 4) 혹은 (3, 4)에 도달하는 것이다.

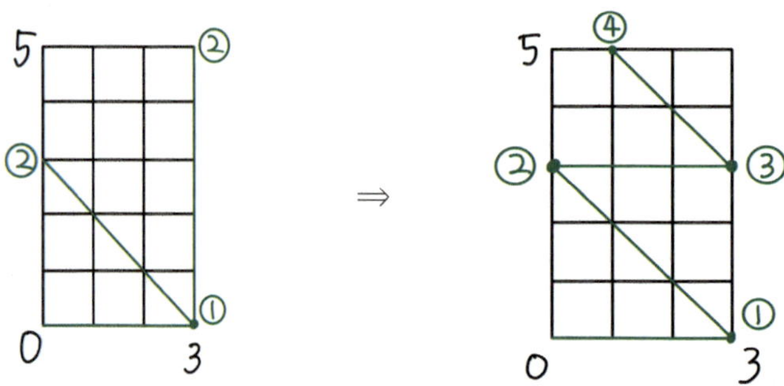

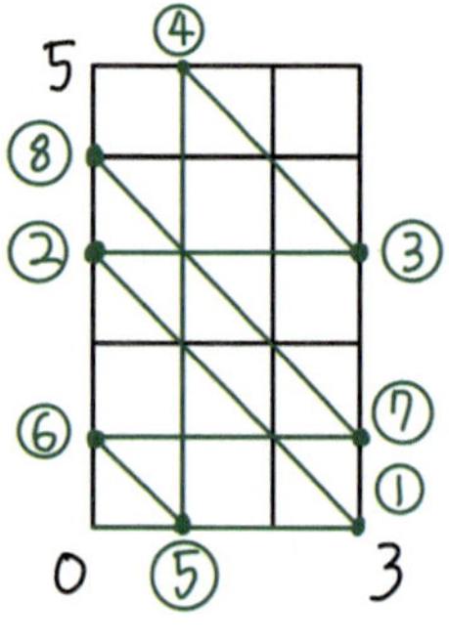

먼저 3l 물통에 물을 가득 채운 뒤 갈 수 있는 위치는 ②의 경우로 (3, 5)와 (0, 3)이 있다. 다음으로 의미 없는 경우를 제외하면 갈 수 있는 위치는 (3, 3)이다. 왜냐하면 (3, 5)에서는 갈 수 있는 곳이 (3, 0), (0, 5)인데 두 곳 모두 3회 이동이 아닌 1회 이동으로 옮겨진다. 따라서 무시한다. (3, 3)에서는 의미 있는 이동은 (1, 5) 뿐이며 계속해서 진행 시 8회에 (0, 4)에 도달한다.

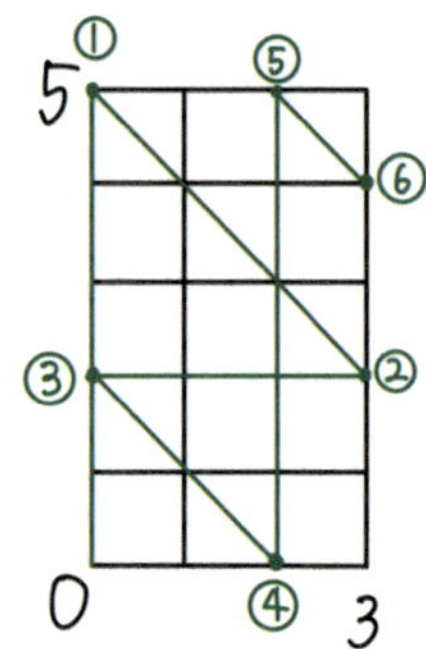

이제 5l 물통에 물을 가득 채운 뒤 갈 수 있는 경로를 생각해보자. 이 경우 3l 물통에 먼저 물을 채우는 경우보다 간단하다. 3l 물통의 경우와 유사하게 의미 있는 수순은 외길 수순으로 이어진다.

그림에서처럼 6회 만의 이동으로 (3, 4)에 도달하는 모습을 볼 수 있다.

풀이 물통에서의 물의 이동을 최소로 하는 방법은 다음과 같다.

1. $5l$ 물통에 물을 가득 채운다.
2. 1에서 채운 물을 $3l$ 물통에 붓는다. 그러면 $5l$ 물통에는 $2l$의 물이 남게 된다.
3. $3l$ 물통의 물을 전부 버린 후 $5l$ 물통에 남아있는 $2l$의 물을 채운다.
4. $5l$ 물통에 물을 가득 채운 후 $3l$ 물통에 붓는다.
5. $3l$ 물통에는 $3l$의 물이 있고, $5l$ 물통에는 $4l$의 물이 남게 된다.

Q $7l$ 짜리 물통 A와 $8l$ 짜리 물통 B와 $12l$ 짜리 물통 C가 있고, 물통 C에 물이 가득 채워져 있다. 모든 물통에는 눈금이 없으며, 추가적인 물 공급은 할 수 없다고 가정한다. 물통 A, B, C 세 개 중 두 개에 $6l$씩 채우기 위한 최소 횟수를 구하여라. 또는 불가능함을 보여라.

위의 $3l$, $5l$ 물통의 문제와는 다르게 물통이 세 개가 주어져 있으므로 3차원 좌표계를 이용하여야 된다고 생각할 수도 있다. 그러나 위의 문제에서 이용하였던 아이디어를 다시 가져와보자. 먼저 물통 A, B, C의 물의 양을 각각 x, y, z라고 하면 물을 추가로 공급받거나 버리거나 할 수 없으므로 물의 양이 12로 일정하게 된다. 따라서 다음과 같은 관계식 $x+y+z=12$를 얻을 수 있다. 즉, $z=12-x-y$이므로 x, y의 값만 정해지면 자동으로 z의 값도 결정이 된다. 따라서 좌표평면에서 이 문제를 다룰 수 있다.

가로 7, 세로 8인 사각형을 좌표평면에 그려 문제를 해결하면 된다. 그렇지만 물통 2개 문제와 다른 점이 있다. $z=12-x-y \geq 0$로부터 $x+y \leq 12$가 얻어지고 따라서 직사각형의 오른쪽 일부 영역은 이동이 불가능하다. 밑의 그림처럼 제한된 영역에서 문제를 풀어야 한다.

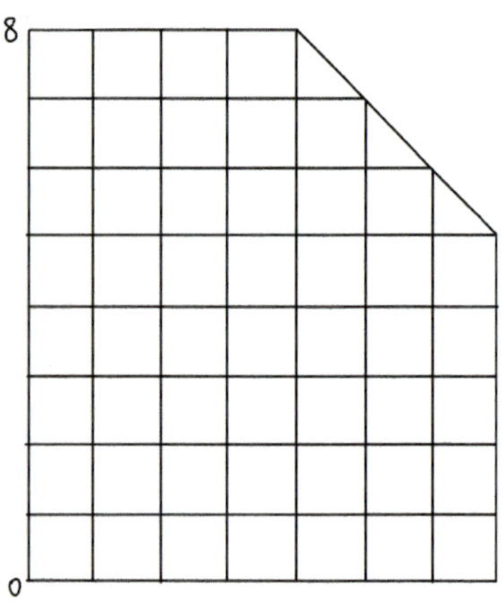

문제에서 최종 목적지는 (0, 6), (6, 0), (6, 6)이다. 주어진 물통 문제는 여전히 수평, 수직, 기울기 −1인 대각선 이동의 세 가지 이동만 가능하다. 먼저 (0, 6), (6, 0), (6, 6)은 오직 서로 간의 이동만이 가능하다는 것을 보일 수 있다. 따라서 (0, 0)이나 다른 위치에서도 그 세 지점으로 도달하는 방법은 존재하지 않는다. 따라서 원하는 방식으로 채우는 것이 불가능하다.

세 개의 산 문제

바둑돌로 이루어진 세 개의 돌무더기가 있다. A, B 두 사람이 번갈아 가며 게임을 한다. 각자는 세 무더기 중 한 곳을 선택하고, 선택한 곳에서는 1개부터 전부까지 돌을 가져갈 수 있다. 최종적으로 자기 차례에 가져갈 돌이 없으면 게임에 지는 것으로 한다. A가 먼저 돌을 가져갈 때, A의 필승 전략은 무엇인가? 예를 들어 바둑돌이 6, 8, 15개 씩 있다면 어떻게 해야 하는가?

각 수를 이진법으로 바꾼 뒤, 각각의 자리수를 더한다. 각 자릿수를 더하면 합은 0, 1, 2, 3 중 한 가지 경우가 된다. 만약에 세 무더기 가운데 한 군데의 바둑돌을 덜어내서 이진법의 각 자릿수의 합이 모든 자릿수에서 0 또는 2가 되게 해준다면 그리고 자기 차례에 계속해서 이 원칙을 지키면 게임에서 이길 수 있다. 예를 들어 합한 결과가 2020, 2000, 2220 등의 모양이 만들어지면 이기게 된다. 그런데

2020이나 2000 등은 두 무더기에서 돌을 가져와야만 만들 수 있는 모양이다. 따라서 문제의 규칙을 지키면서 만들 수 있는 결과가 아니다. 주어진 예시에서는 문제의 규칙을 지킨다면 오직 2220으로 변형하는 것만 가능하다. 따라서 앞의 예시 (6, 8, 15)에서는 처음에 15에서 1개를 가져가고 그 이후 계속해서 필승 원칙을 지키며 게임을 진행하면 된다.

풀이

$6:\ 110_{(2)}$	$6:\ 110_{(2)}$
$8: 1000_{(2)}$	$8: 1000_{(2)}$
$15: 1111_{(2)}$	$14: 1110_{(2)}$
2221	2220

만약, 게임에 참여하는 두 사람 모두 이 전략을 알고 있다면 이 게임의 승패는 처음 놓여 있는 돌의 개수에 의해서 자동으로 결정된다. 이진법으로 어떤 자릿수의 합이 0 또는 2가 아닌 경우 게임을 시작하는 A는 필승이며, 이진법으로 모든 자릿수의 합이 0 또는 2가 되는 경우에는 A는 필패이다. 님(NIM) 게임의 일종으로 비트별 XOR 연산을 사용하는 것으로 이해할 수 있다. 주어진 과제를 풀기 위해서는 다음의 두 가지를 해결하면 된다.

1. 이진법으로 모든 자릿수의 합이 0 또는 2가 되어 있는 경우 어느 무더기에서 돌을 가져오더라도 모든 자릿수의 합이 0 또는 2가 되는 필승 규칙이 깨진다.
2. 이진법으로 모든 자릿수의 합이 0 또는 2가 아닌 경우 적당한 무더기 하나를 선택해서 돌을 집어오는데 남은 돌의 개수가 필승 규칙이 되게 할 수 있다.

미로 찾기

1. 미로의 핵심 정보

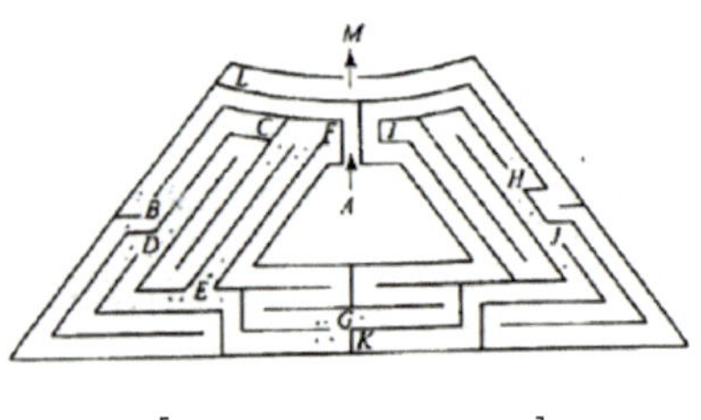

[Hampton court maze]

미로 찾기는 단순한 오락의 대상이기도 하지만 다양한 알고리즘과 방법들이 알려져 있는 대상이기도 하다. 먼저 위와 같은 미로에서 헤매지 않고 입구 지점에서 출구 지점으로 가는 경로를 찾는 단순한 방법이 알려져 있다. 좌수법, 우수법이라고 하는 방법은 미로의 입구에서부터 한쪽 벽을 한 손으로만 짚고 계속 이동해가는 방법이다. 이와 같은 방법은 매우 편리한 방법이다. 이 경우 미로를 탈출하려고 할 때, "미로의 모든 영역을 모두 지날 수 있을까?"라는 질문을 생각해보자. 핵심접근 아이디어를 사용하여 주어진 미로를 간단하게 표현해줄 수 있다. A에서 출발하여 나아가면 B 지점에 도착한다. B 지점에서는 두 갈래의 갈림길이 나온다. 갈림길에서 오른쪽으로 진행하면 D 지점이 나오고 왼쪽으로 진행하면 막다른 길 C에 도달한다. 이 과정은 근본적으로 간단하게 선분으로 처리 가능하다.

다음은 Hampton court 미로의 모든 경로를 핵심접근 아이디어를 사용하여 간단하게 나타낸 그림이다. 출발점 A와 도착점 M까지 가기 위한 경로를 쉽게 결정할 수 있고, 불필요한 경로도 쉽게 제거 가능하다.

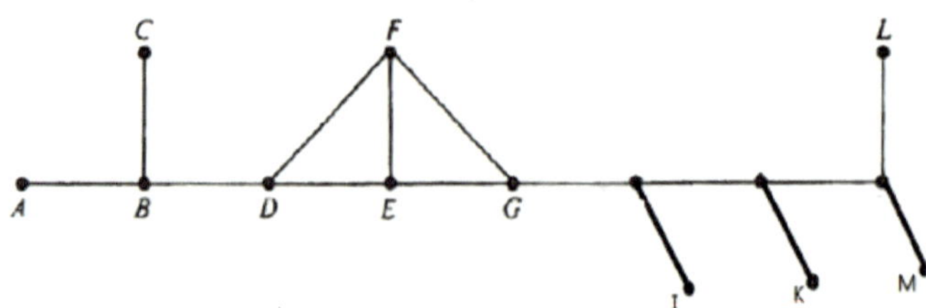

조금 더 자세하게 그리면 다음과 같다.

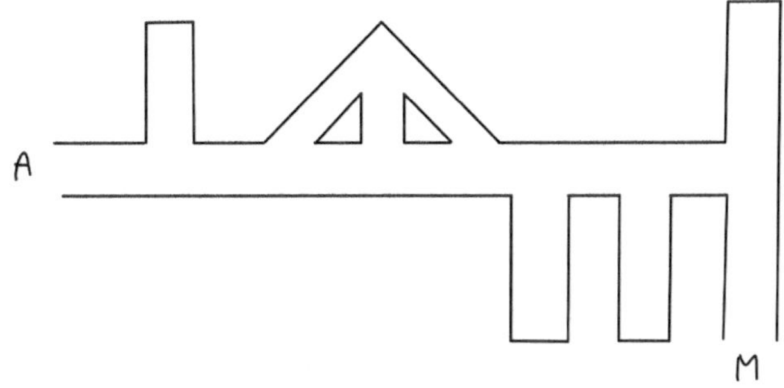

그림에서 확인할 수 있듯이 A에서 출발하여 왼쪽이든 오른쪽이든 한 쪽 벽만 짚고 통과를 할 때 지나지 않는 통로가 생기게 된다. 이 경우 통로 EF는 좌수법과 우수법으로 통과할 수 없는 길이다. 이유는 통로 EF의 양쪽 면이 입구의 오른쪽 면 또는 왼쪽 면과 연결되어 있지 않기 때문이다. 주어진 미로는 위상수학의 관점에서 보면 네 개의 연결 덩어리로 이해 가능하다.

위의 그림들처럼 미로의 핵심적인 정보들만 뽑아서 미로 지도를 만들어 주게 되면 복잡한 미로의 구조를 보다 간단하게 파악할 수 있다. 예를 들어 A에서 M으로 가기 위해서는 첫 번째 교차로에서 오른쪽 경로를 선택하며 두 번째 교차로에서는 오른쪽 경로를 세 번째, 네 번째에서도 오른쪽 경로를 다섯, 여섯 번째 교차로에서는 왼쪽 경로를 마지막 일곱 번째 교차로에서는 오른쪽을 선택하면 된다는 것을 미로 지도로부터 쉽게 확인할 수 있다. 추가로 외길로 이어지는 통로의 길이 정보까지 추가한다면 사실상 미로의 모든 정보가 들어있다고 볼 수 있다.

2. 미로 해결 방법

① 실타래를 이용한다.

고대 그리스의 크레타 섬의 왕 미노스는 반인반우(半人半牛)인 괴물 미노타우르스를 미궁 속에 감금한다. 미노스 왕은 미노타우르스의 먹이로 사람을 바쳤다. 세 번째 제물로 아테네의 왕자 테세우스가 미궁 속으로 들어가 미노타우르스를 죽인다. 들어가기 전 크레타 공주는 실뭉치를 주어 탈출하도록 도와준다. 입구에서부터 실뭉치를 풀어서 자기가 가는 경로를 표시하고 역으로 실뭉치를 감아서 입구까지 되돌아오는 방법을 사용한다.

② 좌수법과 우수법을 사용한다.

왼쪽이든 오른쪽이든 한 쪽 벽만 짚고 통과하는 방법이다. 간편한 미로 해결 방법으로 편리하게 사용가능하다. 단, 미로의 모든 곳을 지나지는 못한다.

③ 지도를 보고 해법을 찾는다.

미로지도가 있는 경우, 주어진 미로지도에 대한 간단한 미로 지도를 새로 그리거나 여러 기법을 사용하여 미로를 탐색할 수 있다.

④ 가스톤 태리(Gaston Tarry) 또는 트레모(Trémaux) 방법을 사용한다.

복잡하지만 미로의 모든 경로를 지나는 방법으로 사용가능하다.

3. 가스톤 태리(Gaston Tarry) 방법[2)]

교차로는 미로의 길을 따라서 가다가 여러 갈림길이 나와서 진행해야 하는 길을 선택을 하는 순간의 위치를 말한다. 그리고 통로는 교차

---

2) 프랑스의 아마추어 수학자인 Gaston Tarry가 1895년에 발표한 방법으로 그래프 탐색이론인 깊이우선탐색(DFS, Depth-First Search)의 초기 형태 중 하나이다.

로에서 시작하여 외길로 가다가 새로운 교차를 만날 때까지의 미로 길을 의미한다.

① 항상 교차로에서만 판단한다.

② 처음 통로 입구에 점 2개 표시

③ 처음 보는 교차로의 통로 출구에 점 3개 표시

④ 다시 보는 교차로의 통로 출구에 점 1개 표시

⑤ 점 1개의 통로를 들어갈 때 통로 입구에 점 1개 추가

⑥ 점 2개의 통로는 사용 불가

⑦ 점 3개의 통로 보다 점 0, 1개의 통로를 우선 선택

다음과 같은 미로를 위의 방법으로 탈출하여 보자.

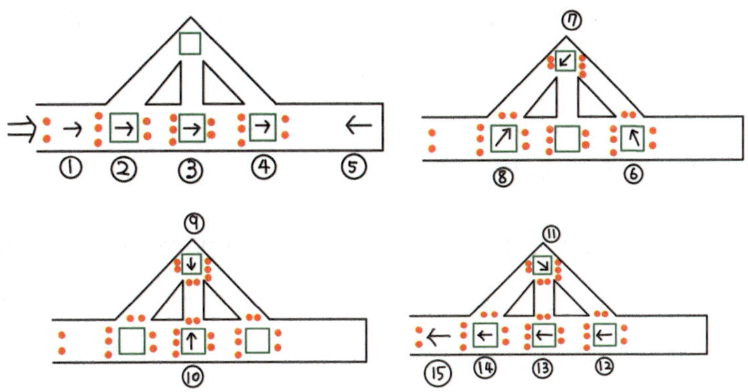

① - 처음 지나는 통로이므로 통로 입구에 점 2개를 찍었다.

②, ③, ④ - 처음 보는 교차로의 출구에 점 3개를 찍고 처음 지나는 통로이므로 점 2개를 찍었다.

⑤ - 막다른 길이므로 이전의 교차로로 되돌아간다.

⑥ - 다시 보는 교차로의 통로 출구에 점 1개를 찍었고 점 2개의 통

로는 지나갈 수 없으며 7번 조건에 의해 위쪽을 향해 간다. 점 1개의 통로를 지나므로 점 1개를 추가하였다.

⑦ – ②와 동일하다.

⑧, ⑨, ⑩ – ⑥과 동일하다.

⑪~⑮ – 점 2개의 통로는 사용할 수 없다.

4. 트레모(Trémaux) 방법[3]

① 특정 교차로에 다다르면 내가 온 통로에 표시를 한다. 표시는 통로의 시작과 끝에서 인식될 수 있어야 한다.

② 통로는 0, 1, 2개의 표시가 가능하다. 교차로에서 2개의 표시가 있는 통로는 가지 않는다.

③ 교차로에서 가장 표시가 적게 된 통로들 중에서 임의로 선택하여 갈 통로의 시작에 표시하고 통로를 따라 간다.

④ 교차로에 도착 시, 모든 통로에 1개의 표시가 있으면, 방금 지나온 통로로 되돌아간다.

트레모의 방법에서 4를 제외하고 나머지 방법만을 사용해도 많은 경우 되기도 하지만 미로 탐색이 불가능한 경우가 실제로 존재하기 때문에 제외하면 곤란하다. 구체적으로 다음과 같은 미로를 생각하자.

미로의 입구 1에서 미로의 경로를 다음과 같이 따라가자. a → b → c → d → g → c → f.

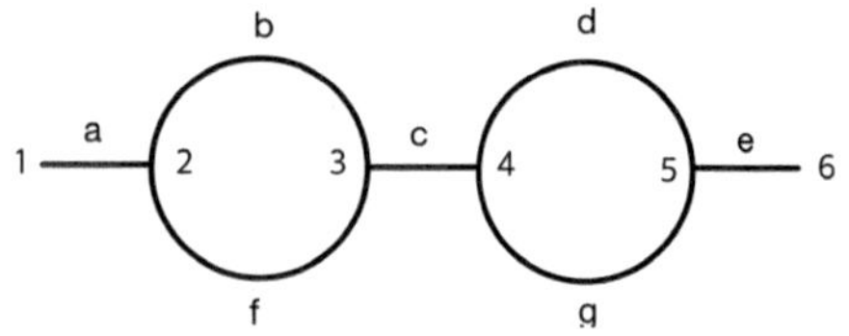

g에서 c로 갈 때 중간에 교차로 4에 도착하게 된다. 트레모의 규칙

---

3) 19세기 말 무렵에 프랑스 과학아카데미에 보고서 형태로 제출되었다.

4를 지킨다면 교차로 4에 도착 후 뒤로 돌아 경로 g를 다시 선택해야 한다. 그렇지만 트레모의 규칙 4를 무시하면 통로 c로도 갈 수 있고 그런 다음 다시 f로 갈 수 있다. 이 경우 통로 c를 두 번 통과하게 되므로 출구 6으로 나오는 방법은 찾을 수 없게 된다. 따라서 주어진 그래프를 통하여 트레모의 규칙 4가 반드시 필요함을 알 수 있다.

가스톤 태리 또는 트레모의 미로 해법은 주어진 미로 그래프에 대하여 미로의 모든 선분을 지나는 방법을 제공해 준다. 그것이 되기 위한 가장 좋은 방법은 주어진 미로 그래프가 한붓그리기가 가능한 그래프 즉 오일러 그래프이면 된다. 그러나 당연히 일반적인 미로 그래프는 오일러 그래프일 수 없다. 이때 주어진 미로 그래프의 한 점에서 다른 점으로 연결된 각각의 선분마다 추가 선분을 그 선분의 옆에 인접하게 하나 더 그려주면 모든 점이 짝수점이 된다. 이와 같은 상황에서 두 사람은 새로운 그래프에 대한 오일러 경로를 찾는 알고리즘을 발견한 것이다.

[미로 그래프에 선분 추가하기]

보드게임 SET[1]

SET라는 보드게임은 다음 네 가지 속성을 가지는 있다.

- 개수 : 1, 2, 3
- 색깔 : 빨강, 초록, 보라
- 무늬 : 빈 무늬, 줄 무늬, 속이 찬 무늬
- 모양 : 둥근 모양, 꿈틀이, 다이아몬드

각각의 카드는 네 개의 각각의 속성에서 세 가지 중 하나만 선택되어 있다. SET는 같은 카드는 없고, 각 속성 마다 세 가지 가능성이 있기 때문에 총 $3 \times 3 \times 3 \times 3 = 81$개의 카드로 구성되어 있다. 81개의 카드 중에서 어떤 세 장의 카드가 네 가지 속성이 모두 같거나 모두 다른 세 장의 카드를 “SET”라고 명명한다. 게임은 두 명 이상(혼자서도 할 수 있다)부터 할 수 있는 게임으로 규칙은 다음과 같다.

① 카드 섞기 및 배치 : 81장의 카드 덱을 잘 섞어 테이블 위에 12장을 펼쳐 놓는다.

② 게임 시작 : 플레이어 모두 동시에 SET가 되는 3장의 카드를 찾기 시작한다.

③ SET 찾기 : 카드에는 개수, 색깔, 무늬, 모양의 네 가지 속성이 있으며, 이 4가지 속성 모두 같거나 모두 달라야 한다.

④ SET 외치기 : SET가 되는 3장의 카드를 찾은 플레이어는 즉시 “SET”이라고 외치고, 해당 카드를 가져간다.

⑤ 카드 보충 : 가져간 카드 3장을 더미에서 보충하여 다시 12장을 유지한다.

⑥ SET가 없을 경우 : 기존의 카드에서 SET를 더 이상 찾을 수 없다면, 3장의 카드를 가져와 추가한다.

⑦ 오류 처리 : (게임 전 협의 사항) SET가 아닌 카드를 SET로 잘못 외치거나, 가져간 카드의 SET가 틀렸을 경우, 점수를 잃거나 이미 가져온 SET를 반납하는 등의 페널티를 준다.

⑧ 게임의 종료 및 승리 : 더미의 카드가 모두 소진되고 남은 카드에서 더 이상 SET를 찾을 수 없을 때 게임이 종료된다.

⑨ 우승자 선정 : 가장 많은 SET를 모은 플레이어가 승리한다.

구체적인 예시로 SET를 이루는 쌍들을 살펴보자.

[네 개의 속성 중에서 한 개의 속성만 모두 다른 경우]

[네 개의 속성 중에서 두 개의 속성만 모두 다른 경우]

[네 개의 속성 중에서 세 개의 속성만 모두 다른 경우]

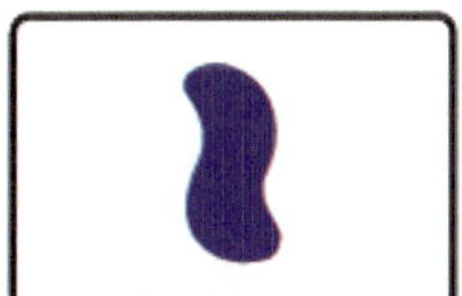

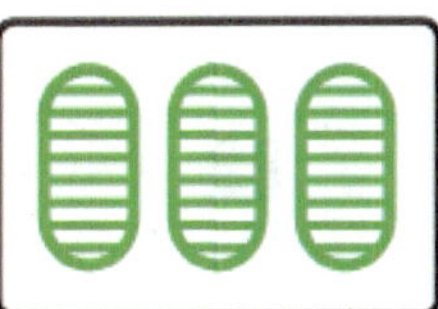

[네 개의 속성이 모두 다른 경우]

SET에서 중요한 다음 정리를 소개한다.

정리(SET의 기본 정리) 임의의 두 장의 카드에 대하여, 두 장을 포함하는 SET를 만드는 나머지 한 장의 카드가 유일하게 존재한다.

증명 두 장의 카드의 속성이 같다면 나머지 한 장의 카드도 속성이 같아야 하고, 만약에 다르다면 나머지 한 장의 카드도 달라야 하고 그 방법은 유일하다.

Q 81장의 카드에서 만들 수 있는 SET의 총 개수는 얼마인가?

풀이 81장 중에서 임의로 한 장을 고르고 A라 하자. 나머지 80장 중에서 아무 카드 B를 고르면 SET를 이루는 나머지 카드 한 장 C가 79장에서 유일하게 존재한다. 비슷하게 나머지 78장에서 카드 D를 고르면 A, D와 SET를 이루는 나머지 카드 E가 77장에서 유일하게 존재한다. 이런 방식으로 카드 A를 포함하는 SET가 40개가 존재하게 된다. 그리고 A를 기준으로, B를 기준으로, C를 기준으로 SET (A,B,C)가 한 번씩 나타나므로 중복을 피하기 위해서 3으로 나누어준다. 따라서 SET의 총 개수는 $\frac{81 \times 40}{3} = 1080$ 이다.

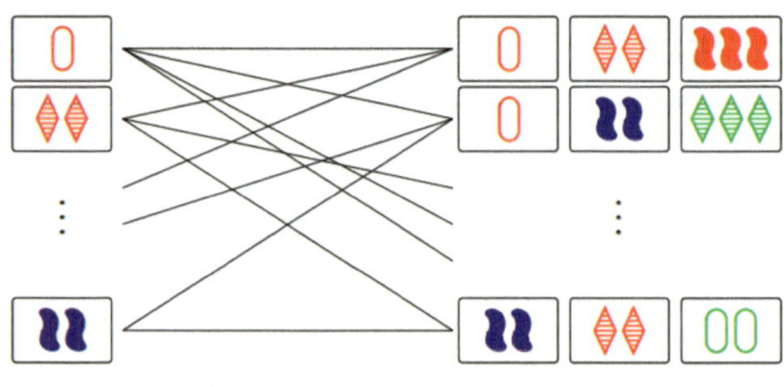

[81장의 카드와 모든 SET의 대응]

SET의 총 개수를 다른 관점에서 보자. 그림에서 왼쪽은 81장의 카드들을 나열해 놓은 것이다. 그리고 오른쪽은 모든 가능한 SET 들을 나열해 놓았다. 양쪽을 연결하는 선분은 왼쪽에서 보면 자신을 포함하는 SET를 찾는 선분이고, 오른쪽에서 보면 SET가 가지고 있는 카드를 찾는 선분이다. 왼쪽에서 나가는 선분의 수는 각 카드마다 40개가 존재한다. 따라서 총선분의 수는 $81 \times 40 = 3240$이다. 오른쪽에서 SET의 총 수를 x라 하면, 각 SET 마다 세 개의 선분이 나가므로 오른쪽에서 보는 총 선분의 수는 $3x$가 된다. 결론적으로 SET의 총 개수는 1080개다. 이 방법은 매우 훌륭한 방법으로 Double Counting (이중 계산)이라고 부르는 방법이다.

Q 9장의 카드로부터 만들 수 있는 최대 SET의 개수는 얼마인가?

풀이 9장에서 임의로 한 장을 선택하여 A라 하자. 나머지 8장으로 네 쌍의 (B, C) 쌍을 만들 수 있다. 이때 A를 포함하는 SET가 네 쌍이 만들어진다. A의 다른 선택에서도 비슷한 작업을 할 수 있고, 중복이 세 번 발생한다. 따라서 SET의 최대 개수는 $\frac{9 \times 4}{3} = 12$이다.

실제로 9장의 카드에서 만들어지는 SET의 최소 개수는 0개이고, 최대 개수는 12개이다. 아래 그림에서 확인도 가능하다. 오른쪽 그림에서 12개의 SET는 각자 스스로 찾아보자.

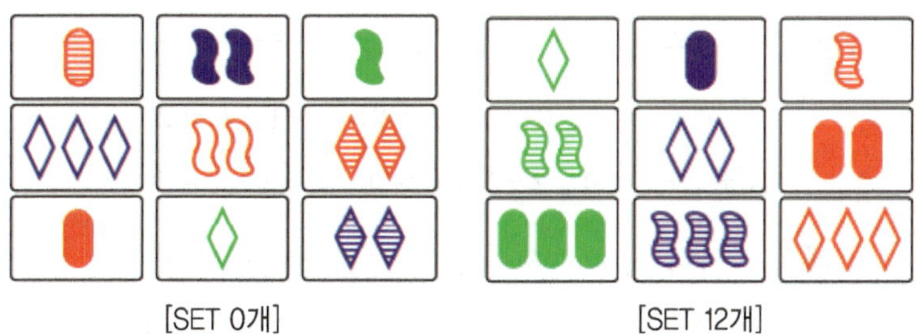

[SET 0개] [SET 12개]

이제 본격적인 핵심접근 아이디어를 사용하자.

카드 한 장에는 네 가지 속성이 각각의 속성에는 세 가지 경우가 존재한다. 이것을 간단하게 처리하는 방법은 속성을 좌표로 나열하고,

각 속성의 세 가지 경우는 숫자 0, 1, 2로 처리하는 것이다. 이 대응 관계를 다음의 표로 정리할 수 있다.

속성	값	좌표
개수	3, 1, 2	↔ 0, 1, 2
색깔	초록, 보라, 빨강	↔ 0, 1, 2
무늬	빈 무늬, 줄 무늬, 속이 찬 무늬	↔ 0, 1, 2
모양	다이아몬드, 둥근 모양, 꿈틀이	↔ 0, 1, 2

예시로 다음 SET에서 각각의 카드에 벡터 좌표 값을 대응시켜 보자.

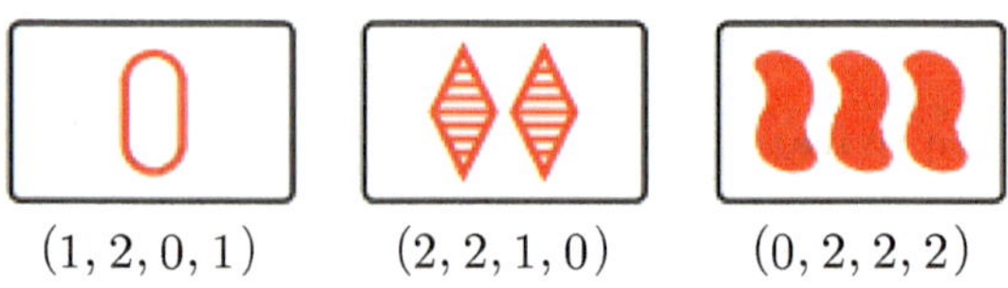

(1, 2, 0, 1) (2, 2, 1, 0) (0, 2, 2, 2)

두 번째 속성은 2로 모두 같고, 나머지 속성은 0, 1, 2가 나타난다. 그리고 속성이 모두 같거나, 다른 경우

$$0+0+0=0,\ \ 1+1+1=3,\ \ 2+2+2=6,\ \ 0+1+2=3$$

로 3의 배수가 나오고, SET가 되지 않는 경우는

$$0+0+1=1,\ \ 0+0+2=2,\ \ 1+1+0=2,$$
$$1+1+2=4,\ \ 2+2+0=4,\ \ 2+2+1=5$$

로 3의 배수가 아니다. 따라서 다음의 정리가 성립한다.

정리(SET의 기본 정리2) 세 장의 카드로 SET를 이룰 필요충분조건은 세 카드의 벡터 성분 합이 모두 3의 배수[4]가 되는 것이다.

---

4) 수학에서는 $(0, 0, 0, 0)$ (mod 3)으로 간단히 표현한다. mod 3은 모듈러 3라고 부르며 $2=8$ (mod 3)의 의미는 두 수의 차가 3으로 나누어 떨어진다는 의미이다. 모듈러 계산을 하게 되면 많은 계산에서 편리한 점이 생긴다.

81장의 카드로 SET 게임을 마치고 종결하면, 더 이상 SET를 부를 수 없어서 게임을 종결해야 하는 상황이 온다. 그 경우에 남는 카드의 수는 81장에서 3장씩 연속해서 제거하므로 여전히 3의 배수 만큼 장수가 남게 된다. 실제로는 0, 6, 9, 12, 15, 18의 여섯 가지 남는 경우가 존재한다. '3장이 남는 경우도 있을까' 생각해보자.

Q SET 게임을 마치고 종결하면, 3장만 남는 경우는 발생하지 않음을 증명하시오.

풀이 81장의 카드를 벡터 좌표로 표시하고 벡터 합인 성분별로 합하면 0, 1, 2가 각각 27번씩 나타난다.

$$\sum_{i=1}^{27} 0 + \sum_{i=1}^{27} 1 + \sum_{i=1}^{27} 2 = 81$$

이므로 모든 벡터 합은 (81, 81, 81, 81)로 각 성분 합은 3의 배수이다.

기본 정리2에 의해서 SET가 빠질 때마다 성분 별로 3의 배수 만큼 빠지므로 남는 것도 여전히 3의 배수가 된다. 만약에 3장이 남는다면 세 장의 각 성분 합도 3의 배수가 된다. 그러면 기본 정리2에 의해서 남은 카드 3장도 SET를 이루게 된다.

Q SET 게임을 마쳤는데 갑자기 시립이가 남은 카드 중에 한 장을 가져가더니 이 한 장의 카드를 맞출 수 있는지 질문하였다. 맞추는 것이 가능한가?

풀이 다음과 같은 계산을 통하여 맞추는 것이 가능하다.

한 장 빼고 나머지 카드를 모두 알고 있다. 나머지 카드들의 벡터를 모두 더하면 각 성분의 값은 $3k$, $3k+1$, $3k+2$ 중에서 한 가지 경우로 나온다. 모든 카드의 성분의 합은 3의 배수여야 한다. 따라서 각각의 경우에 나머지 한 장의 카드는 자동으로 0, 2, 1로 유일하게 결정된다.

예를 들어 게임이 끝나고 9장이 남았고, 한 장을 모르는데 나머지 8장의 카드 벡터 합이 (12, 15, 8, 10)이라면 남은 한 장의 카드는 (0, 0, 1, 2)이고 위의 표의 대응 규칙으로부터 세 개의 초록색 줄 무늬 꿈틀이로 결정된다.

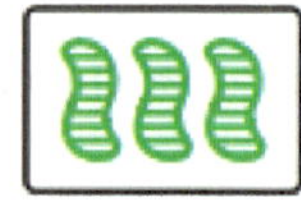
(0, 0, 1, 2)

수학의 속성 - ② 엄밀한 논리, 논증

모든 수학자는 기본적으로 주어진 논증에 대하여 시대적, 환경적, 외부 요건의 변화에 상관없이 서로 다른 참, 거짓에 대한 평가를 내리지 않는다. 즉 수학적 진리는 한번 진리로 판명되면 영원한 진리가 된다. 이는 인문, 사회과학에서의 진리와는 차이가 있다. 인문, 사회과학에서는 근본적인 질문들에 대한 답이 하나로 주어지지 않고 시대적 상황과 변화에 따라 발전하면서 이론의 변화가 생기고 다양한 관점이 생기게 된다.

자연과학은 우리가 살고 있는 세상을 눈부시게 발전시킨 주요 공로자 중의 하나이다. 인류가 달에 발을 내 딛고, 컴퓨터와 인터넷, 휴대전화 등 수학의 발전과 자연과학의 혜택을 입은 것들은 수 없이 많이 있다. 수학을 제외한 나머지 자연과학도 나름대로의 엄밀한 방법과 논증을 사용하지만, 수학하고는 사뭇 다른 모습을 보이고 있다. 자연과학에서는 실험, 관측에 의해서 이론이 검증되는 단계를 거쳐야 한다. 수학에서는 오직 논리로 검증하지만 자연과학은 근본적으로 다르다. 모든 자연과학 이론은 실험, 관측에 의한 검증을 거치면서 폐기

되거나 새로운 이론으로 거듭나게 된다. 폐기와 재탄생이라는 이러한 과정을 거쳐 결국에는 절대적인 진리에 가까이 가거나 도달하게 된다고 생각된다.

비유를 통하여 설명하면 수학은 진리에 도달하기 위해서 주어진 진리까지 벽돌을 쌓아 올리는 과정이고, 자연과학은 풍선 올리기로 설명가능하다. 어떤 이론적 기초에 의해 만들어진 이론은 하나의 풍선으로 간주가능하다. 만들어진 풍선은 실험, 관측에 의해 맞다는 것이 확인되면 점점 높이 올라가면서 절대 진리에 가까이 다가간다. 그러다가 반대되는 실험, 관찰이 나오면 풍선은 터져 버리고 한순간에 땅바닥으로 떨어진다. 그런 다음 떨어진 풍선을 녹여서 좀 더 발전된 풍선을 만들거나 주어진 풍선에 약간의 보수 공사를 가미하여 새롭게 또 다시 풍선 올리기 과정을 되풀이한다. 이때의 풍선은 보통의 경우 이전 풍선보다 더 높이 올라간다.

플라톤(Platon, BC 428 – BC 348)

- 고대 그리스의 철학자, 형이상학의 수립자
- BC 387 '아카데미아' 설립
- 오늘날 수학에서 사용하고 있는 '형상'에 관한 이론수립에 많은 공헌
- 주요저서 《소크라테스의 변명》, 《파이돈》, 《향연》, 《국가론》, 《대화편》
- "기하학이 추구하는 지식은 사라지고 일시적인 것이 아닌 영원한 진리에 관한 것이다."
- "강제로 습득된 지식은 결코 마음에 남지 않는다."

사진출처 : 위키백과

플라톤은 기원전 387년 '아카데미아'를 설립하고 입구에 '기하학을 모르는 자는 이 문으로 들어오지 마라.'는 간판을 설치하였다.

아카데미아에서 산술, 기하학, 천문학 등을 가르치고, 일정한 예비 훈련을 거쳐 이상적인 통치자가 받아야할 철학을 가르쳤다. 특히 기하학은 감각이 아니라 사유에 의해 앎을 가르치는데 필수적이라고 생각했다.

윌리엄 블레이크(1757 – 1827)의 〈태고의 나날들〉

- 컴퍼스를 사용하여 창조자가 이 세상을 수학적인 방법으로 창조하였음을 묘사하고 있다.
- 갈릴레오 갈릴레이: "자연이라는 책은 수학적 언어로 쓰여 있다."
- 위에서의 설명에서 수학과 자연과학은 태생적으로는 너무나 다른 것처럼 보이지만 자연과학의 근본이 수학적 언어로 표현가능하다고 말하고 있다.

그림출처 : 위키백과

자연을 이해하기 위해서는 또는 세상이 돌아가는 근본 원리를 깨닫기 위해서는 자연의 법칙을 이해하여야 한다. 그런데 놀랍게도 자연의 법칙은 오직 수학식 또는 수학 방정식으로 쓰여진다. 예를 들어, 현재의 우주를 있게 한 만유인력 법칙은 수학식으로 간편하게 표현된다.

$$F = \frac{G m_1 m_2}{r^2}$$

F: 두 물체 사이의 중력, G: 만유인력 상수, m_i: 각 물체의 질량, r: 두 물체 사이의 거리

맥스웰 전자기 방정식은 전기와 자기의 연관성을 보여주는 자연 법칙으로 다음의 식을 만족하여야 한다.

$$\nabla \cdot \mathrm{D} = \rho, \ \nabla \cdot \mathrm{B} = 0, \ \nabla + \mathrm{E} = -\frac{\partial \mathrm{B}}{\partial t}, \ \nabla \times \mathrm{H} = \mathrm{J} + \frac{\partial \mathrm{D}}{\partial t}$$

미시 세계에서는 입자는 파동과의 이중성을 가지고 있다. 미시 세계에서의 물질의 상태와 움직임을 이해하기 위해서는 다음의 슈뢰딩거 방정식을 이해하여야 한다.

$$i\hbar\frac{\partial|\psi\rangle}{\partial t}=\hat{H}|\psi\rangle$$

이외에도 물과 공기와 같은 유체의 흐름을 이해하기 위하여 나비에-스토크스 방정식이 필요하고 물질의 기본 입자인 양성자와 중성자를 구성하는 쿼크를 찾는데 수학 이론이 중요하게 사용된다.

폴 에이드리언 모리스 디랙(Paul Adrian Maurice Dirac, 1902 – 1984)

- 영국의 이론 물리학자
- 양자역학과 전자스핀을 연구하였으며 양자역학 이론 체계를 건설하고 복사장의 양자론과 '변환이론'을 제출, 행렬역학과 파동역학의 통일에 공헌하였다. 또, 상대론적 양자역학을 개척하고 다시간이론으로 장의 이론 형성에 공헌하였다.
- 1933 '원자 이론의 새로운 형식의 발견'으로 노벨물리학상 수상

사진출처 : 위키백과

디랙은 전자 하나가 만족해야할 방정식을 연구하였는데 그 식은 이러하다.

$$(i\hbar\Upsilon^{\mu}\nabla_{\mu}-\mathrm{mc})\psi=0$$

디랙은 이 식에서 두 가지 해를 구하였다. 하나는 기존의 이론과 부합하는 양의 에너지에 대한 해였고, 다른 하나는 음의 에너지를 가지는 또 다른 해를 구하였다. 디랙은 음의 해를 통해 반입자라는 것을

예상하였고 이후 실제로 반입자가 발견되었다. 그는 신은 누구보다도 위대한 수학자이기 때문에 쓸모없는 해를 만들지 않았을거라 생각하고 일반적이지 않은 해(음의 에너지의 해)를 연구하였던 것이다. 디랙은 오직 수학식만으로 반입자를 예상하였는데 이는 자연의 수학적 속성을 극명하게 보여주는 예이다.

겔만과 쿼크 그리고 군

겔만(Gell-Mann, 1929-2019)은 미국의 입자 물리학자로 쿼크(Quark) 이론의 창시자이다. 1950년대 거대 가속기로 수 많은 소립자들이 연달아 발견되었다. 소립자의 수가 수백 개에 이르면서 기존의 이론으로는 예측하거나 분류하는데 문제가 생겼다. 따라서 양성자와 중성자도 다른 기본 입자들의 합성일 수도 있다는 생각이 나타나게 되었다.

1961년 겔만은 $SU(3)$ 군을 기반으로 하는 팔중도(The Eightfold way)라는 분류체계를 제안하였고, 그것에 기초하여 겔만은 Ω^-(오메가-마이너스)입자의 존재를 예측하였다. 그리고 1964년 그 입자가 실제로 발견되었다. 1964년에는 그러한 대칭적인 성질이 양성자와 중성자가 더 기본적인 3개의 쿼크의 결합으로 만들어진다는 혁명적인 제안을 하였다. 그리고 4년 후에 입자 가속기 실험으로 쿼크의 실재성도 인정받게 된다. 겔만의 쿼크 이론은 수학 이론으로 소립자의 세계를 이해할 수 있는 명확한 틀을 제공하는 위대한 업적이다.

[1964년 쿼크의 개념을 제안한 이론입자물리학자]

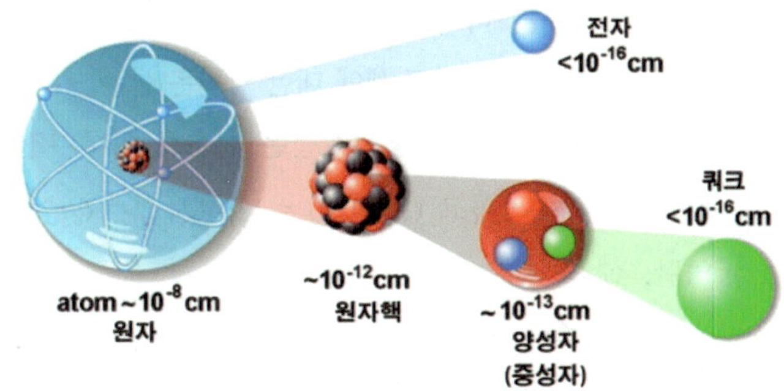

출처 : sedaily.com

[쿼크의 모습. 쿼크는 양성자와 중성자를 이루는 기본 단위입니다.]

군(Group)의 수학적 정의를 소개한다.

군은 집합 G위에 연산 $\circ$이 주어지는 구조로 다음의 성질을 만족하는 것이다.

- 연산은 함수 $\circ : \begin{array}{l} G\times G \to G \\ (a,b) \mapsto a\circ b \end{array}$ 로 연산에 대하여 닫혀있다고 말한다.
- 연산은 결합법칙이 성립한다.

$$a\circ (b\circ c) = (a\circ b)\circ c$$

- 임의의 G의 원소 a에 대하여 다음 성질을 항상 만족하는 항등원이라 불리는 G의 원소 e가 존재한다.

$$a\circ e = e\circ a = a$$

- 임의의 G의 원소 a에 대하여 다음 성질을 만족하는 a의 역원이라고 불리는 G의 원소 a^{-1}가 존재한다.

$$a\circ a^{-1} = a^{-1}\circ a = e$$

대표적인 군의 예로 $(G, \circ) = (R, +)$인 덧셈연산이 주어진 실수

집합이 군이다. 두 실수를 더하면 실수이고, 결합법칙이 성립하며, 덧셈의 항등원은 0이고, 실수 a의 덧셈에 대한 역원은 실수 $-a$가 된다.

또 다른 군으로 $SO(3)$군이 있다. 이 군은 실수로 이루어진 3×3 행렬 Q로 행렬식의 값이 1이고 $(\det(Q)=1)$, $Q^TQ=QQ^T=I$를 만족하는 군이다. 참고로

$I=\begin{pmatrix}1&0&0\\0&1&0\\0&0&1\end{pmatrix}$이며, $Q=\begin{pmatrix}a_{11}&a_{12}&a_{13}\\a_{21}&a_{22}&a_{23}\\a_{31}&a_{32}&a_{33}\end{pmatrix}$에 대하여 $Q^T=\begin{pmatrix}a_{11}&a_{21}&a_{31}\\a_{12}&a_{22}&a_{32}\\a_{13}&a_{23}&a_{33}\end{pmatrix}$로

정의된다. 물리적으로는 $SO(3)$군은 3차원 공간에서 원점을 지나는 대칭 축을 중심으로 하는 회전을 의미한다.

$SU(3)$군은 복소수로 이루어진 3×3행렬 Q로 행렬식의 값이 1이고 $(\det(Q)=1)$, $Q^\dagger Q=QQ^\dagger=I$를 만족하는 군이다. I는 $SO(3)$ 경우와 같고, $Q^\dagger$는 다음과 같이 정의된다.

$Q=\begin{pmatrix}a_{11}+b_{11}i & a_{12}+b_{12}i & a_{13}+b_{13}i\\a_{21}+b_{21}i & a_{22}+b_{22}i & a_{23}+b_{23}i\\a_{31}+b_{31}i & a_{32}+b_{32}i & a_{33}+b_{33}i\end{pmatrix}$에 대하여

$Q^\dagger=\begin{pmatrix}a_{11}-b_{11}i & a_{21}-b_{21}i & a_{31}-b_{31}i\\a_{12}-b_{12}i & a_{22}-b_{22}i & a_{32}-b_{32}i\\a_{13}-b_{13}i & a_{23}-b_{23}i & a_{33}-b_{33}i\end{pmatrix}$로 정의된다. 물리적으로는

$SU(3)$군은 3차원 공간에서 3개 벡터의 단위 크기를 보존하는 모든 대칭변환으로 8차원의 성질을 가지고 있다.

자연과학의 속성[1]

자연과학은 다음과 같은 다섯 개의 속성을 가지고 있다.

1. 자연법칙에의 종속성

자연과학은 우선 "자연법칙에 따라야 한다."고 말한다. 자연과학은

우리 인간이 만들어낸 법규나 종교적인 강령이 아니라 오직 자연에 존재하는 자연의 원리를 따라야 한다는 뜻이다.

2. 자연법칙에 따른 설명 가능성

"모든 것을 자연법칙에 따라 설명할 수 있어야 한다." 지금 당장은 설명이 불가능하더라도 언젠가는 자연법칙에 의하여 자연현상의 모든 것은 설명될 것이라는 하나의 믿음이다.

3. 실험 관측에 의한 확인가능성

"실제 세계에서 검증할 수 있어야 한다." 예를 들어 모든 것을 하느님이 창조했다는 주장은 검증이 불가능하다. 따라서 신의 존재 여부는 자연과학의 관심대상이 아니다.

4. 과학이론의 잠정성

"자연과학의 연구 결과는 언제나 잠정적일 수밖에 없다." 새로운 이론이 등장하고 더 탁월한 실험 방법이 나오면 언제나 바뀔 수 있는 가능성을 갖고 있어야 자연과학으로서 힘을 얻는다는 말이다. 비록 잠정적이지만 자연과학 이론은 조금씩 모양을 바꾸면서 진화하는 과정을 거친다. 그리고 언젠가는 진리에 도달할 것이라고 믿는다.

5. 반증 가능성

마지막으로 "반박할 수 있어야 한다." 기존의 학설이나 믿음을 반증을 통해 뒤집을 수 있어야 자연과학의 법칙이라고 할 수 있다. 이것을 통하여 자연과학 이론은 끊임없이 버려지고 새롭게 재탄생하는 과정을 거치면서 끊임없이 발전을 거듭하게 된다.

칼 포퍼(Karl Raimund Popper) (1902–1994)

- 오스트리아에서 태어난 영국의 철학자로, 런던 정치경제대학교(LSE)의 교수를 역임하였다.
- 20세기 가장 영향력 있었던 과학 철학자로 꼽히고 있으며, 과학철학 뿐 아니라 사회 및 정치철학 분야에서도 많은 저술을 남겼다. 고전적인 관찰-귀납의 과학 방법론을 거부하고, 과학자가 개별적으로 제시한 가설을 경험적인 증거가 결정적으로 반증하는 방법을 통해 과학이 발전함을 주장하였다.[1]
- 주요저서: 《탐구의 논리》, 《열린사회와 그 적들》 등

출처: 위키백과

자연과학의 속성들 중에서 반증 가능성을 가장 중요하게 제시하였다.

만약에 실험 또는 관측에 의하여 어떤 과학이론이 깨지더라도 부족한 점을 메우기 위해 다시 새로운 이론들이 나타나게 되고 그리고 그 과정 속에서 살아남은 이론에 대하여 또다시 실험 또는 관측이 수행되면서 하나의 이론이 점점 더 절대 진리를 향해 변신하는 과정을 거치게 된다. 이것은 현재의 인류가 누리고 있는 과학 문명의 혜택을 주는 자연과학의 절대적인 모습이다. 언젠가는 모든 것을 아우르는 완벽한 자연 법칙이 발견될 것으로 믿고 있으며 그 시기에는 우리가 살고 있는 우주, 자연이 완벽하게 이해될 것이다.

유클리드(BC 330? – BC 275?)와 원론

- 유클리드 원론 13권을 집필하였다.
- 유클리드 원론은 그리스 이전에 등장한 다른 어떤 수학책보다 월등했기 때문에 그 이전의 책은 모두 폐기되었다. 그리고 2000년 넘게 많은 사람들에게 영향을 주었다.

출처: 위키백과

유클리드 원론은 기원전 3세기에 씌어진 총 13권으로 구성된 책이다. 131개의 정의와 공리 5개, 공준 5개에만 근거하여 465개의 명제를 엄밀하게 연역적 논리만을 사용하여 단계적으로 하나씩 하나씩 증명하여 하나의 거대한 진리 체계를 구성하였다. 인간이 가지고 있는 경험, 관측, 직관을 무시하고 오직 논리로만 구성된 체계를 완성하였다.

유클리드는 원론에서 삼각형이나 사각형 면적 공식을 사용하지 않는데, 이것은 최소한의 가정으로부터 만든 체계를 위한 것이다. 면적 공식을 사용하려면 수에 대한 수학 이론이 필요하기 때문에 유클리드는 이것을 피한 것으로 보여진다. 따라서 원론은 면적 공식 없이 오직 합동과 기하학적인 성질들로부터 명제들을 증명해 나간다.

1. 유클리드 원론

- 총 열세 권으로 이루어져 있으며 수학논리의 모범을 보인 책이다.
- 책에는 예제가 없고 아이디어도 제시되지 않는다.
- 소수의 개수는 무한히 많다는 증명이 나온다.
- 정의, 공준, 공리로부터 명제들을 하나씩 증명한다.
- 2000년 동안 기하학의 교과서 역할을 하였다.
- 적은 가정으로부터 많은 명제를 경험과 관찰이 아닌 연역적 논리만으로 추론한다.

정의: 명제에 쓰이는 용어를 정의

공준: 자명하다고 믿어지는 기하학 성질 5개

공리: 일반적으로 자명하다고 믿어지는 수학적 성질 5개

공준 1. 한 점으로부터 다른 한 점으로 직선을 그을 수 있다.

공준 2. 주어진 두 점을 잇는 선분이 유일하게 존재한다. 유한직선

은 직선으로 연장할 수 있다.

※ 눈금이 없는 무한히 긴 자를 사용하여 (이상세계에서의)작업이 가능하다.

공준 3. 평면 위의 두 점 A, B가 주어졌을 때, 점 A를 중심으로 점 B를 지나는 원이 유일하게 존재한다.

※ 유클리드가 생각하는 컴퍼스는 지면에서 떼는 순간 벌림이 0으로 회복된다. 그래서 현실에서의 컴퍼스와 달리 벌림을 고정할 수 없다. 컴퍼스는 사용 가능하나 주어진 선분의 길이를 원의 반지름으로 하는 특정 점에서의 원의 작도는 따로 증명을 해야 한다.

공준 4. 직각은 모두 같다.

공준 5. 두 직선과 만나는 한 직선이 같은 쪽에서 만든 두 안각의 합이 180°보다 작을 때, 두 직선을 그 쪽으로 연장시키면 만나게 된다.

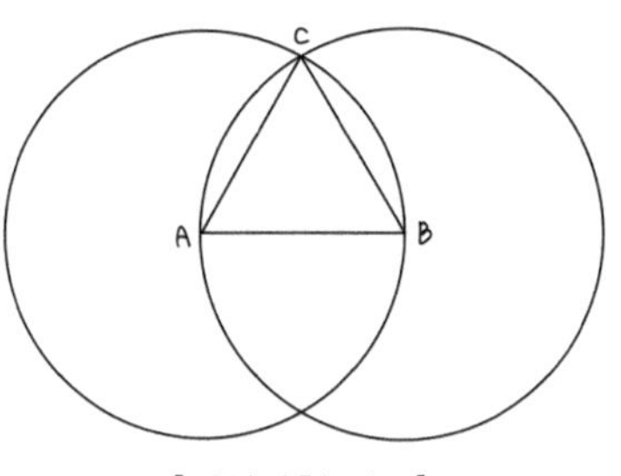

[정삼각형 작도]

명제 1. 주어진 선분을 한 변으로 하는 정삼각형을 작도할 수 있다.

선분 AB가 주어져있다. 공준3에 의하여 점 A, B를 중심으로 하고 다른 점을 지나는 두 원을 그린다. 두 원의 교 점 중 한 점을 C라고 하자. 공준1에 의하여 선분 AC와 선분 BC를 그린다. 이때 원의 성질에 의하여 삼각형 ABC는 정삼각형이 된다.

명제 2부터 명제 46까지는 생략하고 유클리드 원론의 가장 중요한 명제 47을 소개한다.

명제 47. 직각삼각형이 주어지면, 짧은 두 변의 제곱의 합은 긴 변의 제곱과 같다.(피타고라스의 정리)

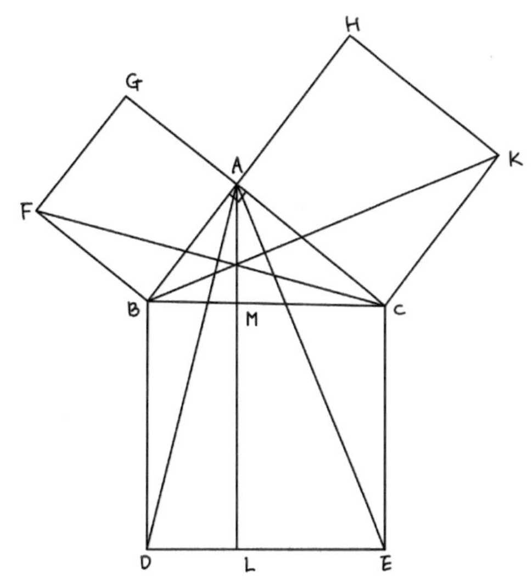

대략적인 아이디어를 소개한다. 밑변의 길이가 같고 높이가 같은 삼각형은 면적이 같다는 것을 이용하여 삼각형 BCF와 삼각형 ABF가 면적이 같고 삼각형 ABD와 삼각형 BDM도 면적이 같다. 이때 삼각형 BCF와 삼각형 ABD가 SAS 합동에 의해 면적이 같고, 따라서 삼각형 ABF와 삼각형 BDM의 면적이 같다. 그러므로 사각형 $ABFG$과 사각형 $BDLM$의 면적은 같다. 같은 방법으로 사각형 $ACKH$와 사각형 $CMLE$의 면적도 같다. 최종적으로 피타고라스의 정리가 증명된다.

참고로 피타고라스는 두 도형 P, Q의 면적이 같다는 것을 다음과 같은 방식으로 보인다. 도형 P를 $P_1, P_2, \cdots, P_n$으로 분해하고 나머지 도형 Q도 $Q_1, Q_2, \cdots, Q_n$으로 분해한다. 그런 다음 임의의 i에 대하여 P_i와 Q_i가 합동임을 보인다. 그러면 도형 P, Q는 면적이 같다고 정의 한다. 간단히 분해 합동이면 면적이 같다고 이야기한다. 예를 들어 밑변과 높이가 같은 평행사변형은 분해 합동임을 보이고, 이것으로부터 밑변과 높이가 서로 같은 두 삼각형도 분해 합동임을 보일 수 있다. 참고로 평면에서 두 다각형의 면적이 같다면 두 다각형은 분해 합동이 된다는 유명한 정리가 있다. 면적 공식을 이용하여 면적이 같음을 보이면 쉬울 것으로 생각되지만 면적 공식을 언급하면 필연적으로 수에 대해서 언급해야 한다. 그러면 수에 대한 여러 공리를 추가해야 하는 번거로움이 생긴다. 최소한의 공리체계로부터 만들어진 진리 체계를 위하여 과감히 수를 포기했다고 보면 된다.

과거에는 논리 논증을 훈련하는 방법으로 유클리드 원론을 많이 공부하였다. 그리고 유명한 저서 중에 저자가 유클리드 원론을 공부한 후에 원론의 체계에 감명을 받아 그 체계를 자신의 책에 적용한 경우가 많았다. 코페르니쿠스, 케플러, 갈릴레이, 아인슈타인, 뉴턴, 홉스, 스피노자, 화이트헤드, 러셀 등 수많은 인물들이 유클리드 원론으로부터 영향을 받았다.

- 미국의 제 16대 대통령 에이브러햄 링컨은 유클리드 원론을 말안장 주머니에 넣고 다니면서 공부하였다. "증명이라는 것이 무엇인지 이해하지 못한다면 결코 법률가가 될 수 없다."
- 알버트 아인슈타인은 어렸을 때 받은 선물 중에서 '유클리드 원론', '나침반'이 자신에게 가장 큰 영향을 끼쳤다고 얘기하였다.
- 버트런드 러셀은 "나는 열한 살 때 형에게 유클리드 기하학을 배웠다. 이는 내 일생일대의 대사건이었다. 마치 첫사랑을 하듯 여기에 빠져들었다."라고 말하였다.
- 《자연철학의 수학적 원리》 혹은 프린키피아(Principia)라고 불리는 이 책은 아이작 뉴턴이 집필한 책으로 유클리드 원론과 유사한 방법으로 내용이 진행된다. 유클리드 원론과 같이 13권의 구성 체계를 따랐고 기하학의 언어로 자신의 사상을 표현하고자 하였다.

수학의 속성 - ③ 창조성, 독창성, 다양성

수학에서는 명제를 만들고 증명하는 과정이 매우 중요하다. 수학자들은 자신의 경험과 지식을 활용하여 새로운 명제를 창조하게 된다. 만들어진 명제가 참임을 보이기 위해 수학자는 엄밀한 논리 논증을 사용하는 증명이라는 단계를 거친다. 한번 증명되면 더 이상 증명할 필요가 없지만 중요한 정리들은 계속해서 새로운 증명들을 만들어낸다. 수학자들이 보기에 수학적으로 중요한 증명들은 여러 가지 증명 방법들의 존재로 자신의 존재가치를 보여준다고 생각한다.

이러한 증명의 다양성은 주어진 명제가 얼마나 중요한지 보여주는 하나의 지표이다. 그런 관점에서 본다면 피타고라스 정리가 가장 중요한 수학의 정리가 된다. 또한 이러한 다양한 증명들은 그 독창성으로 수학자들을 매료시킨다.

《올댓 피타고라스 정리》라는 책은 피타고라스 정리의 394가지의 증명들을 모아놓은 책이다. 수학에서 가장 많은 증명이 존재하는 정리이고 지금도 계속해서 새로운 증명들이 만들어지고 있다. "$\sqrt{2}$는 무리수이다."라는 명제도 10여 가지의 증명 방법이 알려져 있고, 수학의 각 분야에서 중요한 명제들은 여러 개의 증명 방법이 나타난다.

수학의 증명은 그 형이상학적 속성상 현실세계와 거리를 두고 있는 것처럼 보인다. 물론 우리가 살고 있는 세상의 인과관계가 논리학의 삼단논법으로, 우리가 보는 대상에서 수를 끄집어 낼 수 있듯이, 수학은 겉으로 드러나지 않게 우리가 살고 있는 세계를 반영하고 있다. 그러나 수학 자체의 언어나, 논리체계는 지극히 형식적인 것이어서 보통의 경우 수학의 증명에서 전혀 다른 별개의 세상을 경험하는 신선함(또는 많은 경우에 전혀 이해할 수 없는 느낌)과 함께 아름다움 그리고 독창성을 느끼게 된다. 다음의 피타고라스 정리의 세 가지 증명에서 그러한 경험을 독자들이 느끼기를 희망한다.

피타고라스 정리의 증명(가필드의 증명법)[1]

미국의 대통령 중 몇 명은 수학에 우호적이었다. 조지 워싱턴(George Washington)은 유명한 측량가였고, 토마스 제퍼슨(Thomas Jefferson)은 미국에서 고등 수학을 가르칠 것을 장려하려고 많은 노력을 했으며, 에이브러햄 링컨(Abraham Lincoln)은 유클리드의 '원론'을 공부함으로써 논리를 배웠다는 이야기가 있다.

더욱 독창적이었던 사람은 20대 대통령 제임스 가필드(James Abram Garfield, 1831-1881)였는데, 그는 학창 시절에 초등수학에 대한 강렬한 흥미와 상당한 재능을 갖고 있었다. 그가 독창적으로 피타고라스 정리에 대한 멋진 증명을 발견했던 시기는, 그가 대통령이 되기 5년 전인 하원의원 시절이었던 1876년 이었다. 그는 다른 상원의원들과 수학에 대해서 토론을 하던 중에 그 증명이 떠올랐는데, 그 증명은 뒤에 뉴잉글랜드 교육 잡지에 게재되었다. 이 증명은 직각삼각형의 면적 공식과 사다리꼴의 면적 공식을 사용하여 쉽게 보여진다.

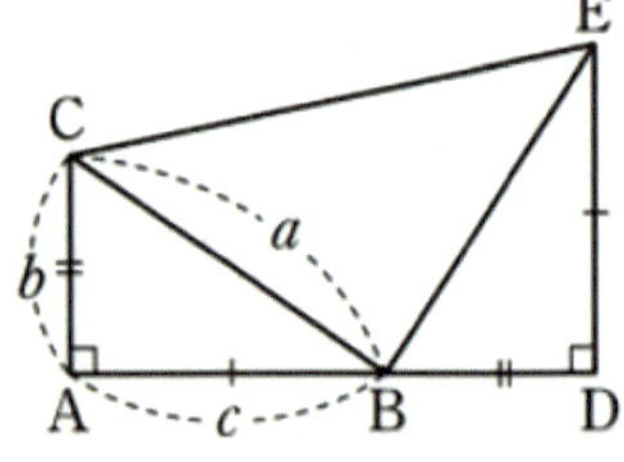

출처 : howmath
[가필드의 피타고라스 정리 증명 그림]

△ABC ≡ △DEB (SSS)이므로

△CBE는 직각이등변삼각형이다.

$$\square \mathrm{ACED} = 2\times\triangle ABC + \triangle CBE$$

$$\Rightarrow \frac{1}{2}(b+c)(b+c) = 2\times\frac{1}{2}bc + \frac{1}{2}a^2$$

$$\Rightarrow \frac{1}{2}(b^2+c^2+2bc) = bc + \frac{1}{2}a^2 \qquad \therefore b^2+c^2=a^2$$

피타고라스 정리의 증명(박부성의 증명법)

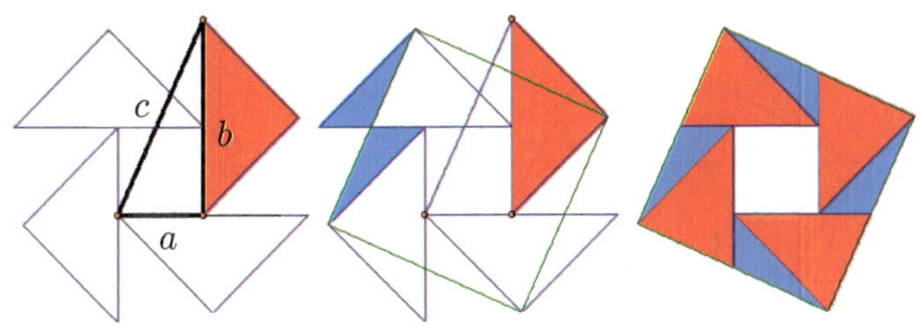

[박부성의 피타고라스 정리 증명 그림]

이 증명은 박부성교수가 1999년 12월 Mathematics Magazine에 발표한 설명 없는 증명(PWW :Proofs Without Words)이다.

처음 진한 검은 색 둘레를 가진 삼각형은 각 변의 길이가 a, b, c ($a < b < c$(빗변))인 직각삼각형이다. 또, 빨간 삼각형은 빗변의 길이가 b인 직각이등변삼각형이다. 따라서 (빨간 삼각형의 넓이)$=\frac{b^2}{4}$이고, 가운데 (정사각형의 넓이)$=a^2$이다.

두 번째 그림에서 직각이등변삼각형의 직각을 이루는 꼭짓점들을 이으면 정사각형이 만들어진다. 이 때 정사각형의 한 변의 길이는 처음에 주어진 삼각형의 대각선의 길이 c와 같다(같아지는 이유는 각자 생각해보자). 또, 직각 이등변 삼각형의 빗변은 한 변의 길이가 c인 정사각형의 한 변의 중점을 지난다. 이때, 정사각형 내부에 파란 삼각형과 직각 이등변 삼각형이 큰 정사각형에 의해 잘린 빨간 삼각형 부분이 서로 합동이 된다. 따라서 큰 정사각형의 면적 c^2은 직각 이등변 삼각형 4개의 면적과 가운데 정사각형의 면적을 합친 것과 같다.

$$c^2 = a^2 + 4 \times \frac{b^2}{4}$$

피타고라스 정리의 증명(바스카라의 증명)

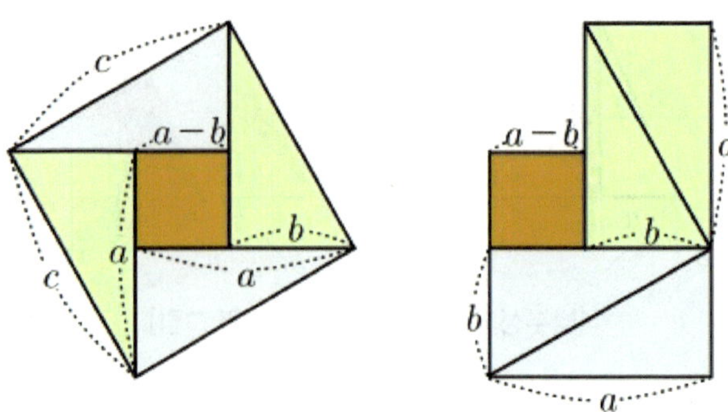

[바스카라의 피타고라스 정리 증명 그림]

이 그림은 인도의 수학자이자 천문학자인 바스카라(Bhaskara, 1114 - 1185)의 피타고라스 정리의 증명인데, 그는 두 개의 그림을 나란히 그려놓고 '봐라!'라는 말 이외에는 더 이상의 설명을 제시하지 않았다. 먼저 왼쪽 그림을 사용하여 간단한 대수를 이용해 증명해보자.

$$c^2 = \frac{ab}{2} \times 4 + (a-b)^2 \quad \Rightarrow \quad c^2 = a^2 + b^2$$

오른쪽 그림으로도 피타고라스의 정리가 유도 가능하다. 이유는 각자 고민해보자.

흥미로운 평면기하 문제들[1]

기하학에는 다양한 문제들과 풀이가 다양한 경우를 많이 볼 수 있다. 박부성 교수의 facebook에서 다양한 평면 기하 문제들을 접할 수 있다. 수학계에서 유명한 문제들과 박부성 교수가 스스로 창작한 문제들을 접할 수 있다. 아래 왼쪽 작품은 일본의 퍼즐작가 이나바 나오키의 작품으로 면적미로(area maze)라 불린다.

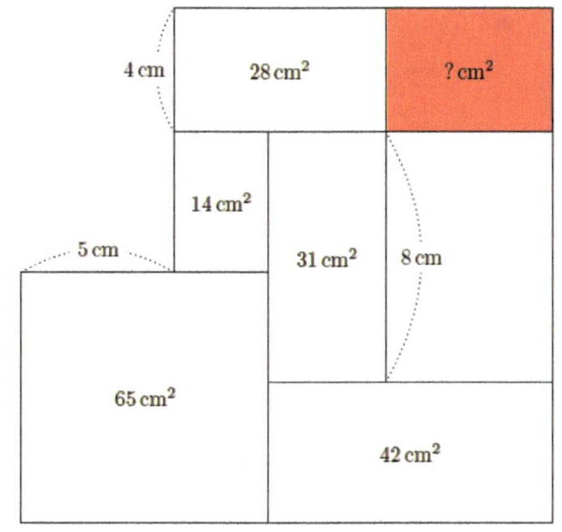

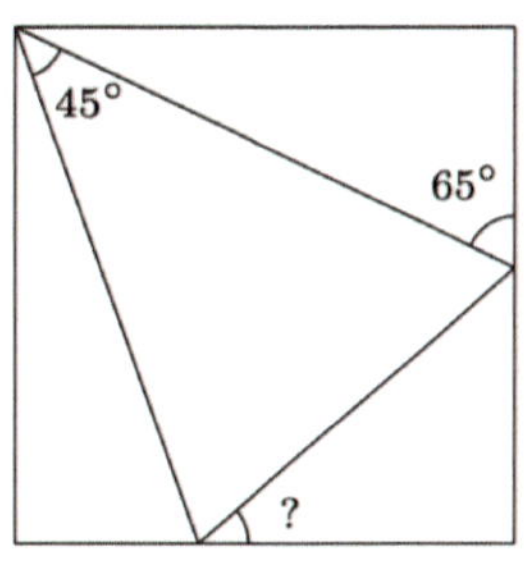

출처 : 박부성 교수

수학계의 흥미로운 논문들

수학에서 의미 있는 결과들은 주로 논문을 통하여 발표된다. 기록적으로 짧았던 수학 논문은 전체 내용이 13줄인 굉장히 짧은 논문이다. 그 논문은 1989년 The American Mathematical Monthly에 〈Counting the Rationals〉라는 논문이다. 증명에 단어가 아예 나오지 않고 그림만 있는 수학 증명들도 존재한다. 그러한 증명을 'Proof without words'로 부른다. 그런 증명들을 모아놓은 책도 출판되고 있다.

한편, 내용이 방대했던 논문으로는 아펠과 하켄이 해결한 4색문제, 히로나카 헤이스케 교수의 대수다양체 특이점 해소 정리, 페르마의 마지막 정리, 헤일즈가 해결한 케플러 추측, 페렐만이 해결한 포앙카레 가설 등이 있다.

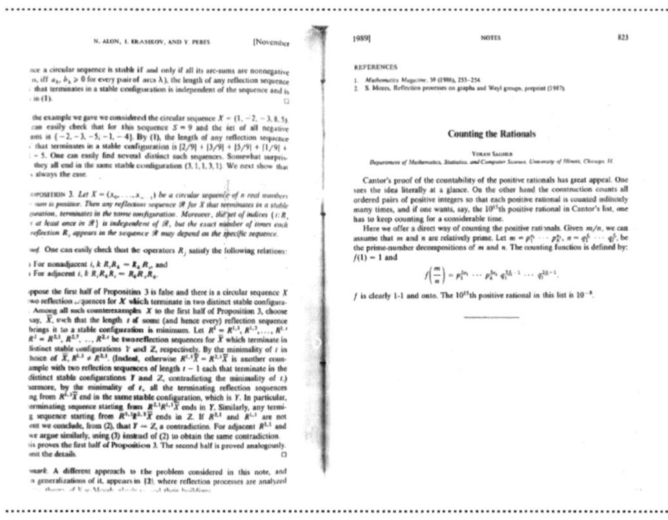

N. ALON, I. KRASIKOV, AND Y. PERES [November

nce a circular sequence is stable if and only if all its arc-sums are nonnegative s, iff $a_\lambda, b_\lambda \geq 0$ for every pair of arcs λ), the length of any reflection sequence that terminates in a stable configuration is independent of the sequence and is in (1). □

the example we gave we considered the circular sequence $X = (1, -2, -3, 8, 5)$. can easily check that for this sequence $S = 9$ and the set of all negative sums is $\{-2, -3, -5, -1, -4\}$. By (1), the length of any reflection sequence that terminates in a stable configuration is $\lceil 2/9 \rceil + \lceil 3/9 \rceil + \lceil 5/9 \rceil + \lceil 1/9 \rceil + \ldots = 5$. One can easily find several distinct such sequences. Somewhat surprisingly, they all end in the same stable configuration $(3, 1, 1, 3, 1)$. We next show that s always the case.

ROPOSITION 3. Let $X = (x_0, \ldots, x_{n-1})$ be a circular sequence of n real numbers sum is positive. Then any reflection sequence $\mathscr{R}$ for X that terminates in a stable guration, terminates in the same configuration. Moreover, the set of indices $\{i : R_i$ at least once in $\mathscr{R}\}$ is independent of $\mathscr{R}$, but the exact number of times each reflection R_i appears in the sequence $\mathscr{R}$ may depend on the specific sequence.

oof. One can easily check that the operators R_j satisfy the following relations:

For nonadjacent i, k $R_iR_k = R_kR_i$, and
For adjacent i, k $R_iR_kR_i = R_kR_iR_k$.

ppose the first half of Proposition 3 is false and there is a circular sequence X two reflection sequences for X which terminate in two distinct stable configura- Among all such counterexamples X to the first half of Proposition 3, choose say, $\bar{X}$, such that the length t of some (and hence every) reflection sequence brings it to a stable configuration is minimum. Let $R^1 = R^{1,1}, R^{1,2}, \ldots, R^{1,t}$ $R^2 = R^{2,1}, R^{2,2}, \ldots, R^{2,t}$ be two reflection sequences for $\bar{X}$ which terminate in distinct stable configurations Y and Z, respectively. By the minimality of t in hoice of $\bar{X}$, $R^{1,1} \neq R^{2,1}$. (Indeed, otherwise $R^{1,1}\bar{X} = R^{2,1}\bar{X}$ is another counterexample with two reflection sequences of length $t-1$ each that terminate in the distinct stable configurations Y and Z, contradicting the minimality of t.) hermore, by the minimality of t, all the terminating reflection sequences ng from $R^{1,1}\bar{X}$ end in the same stable configuration, which is Y. In particular, terminating sequence starting from $R^{2,1}R^{1,1}\bar{X}$ ends in Y. Similarly, any terminating sequence starting from $R^{1,1}R^{2,1}\bar{X}$ ends in Z. If $R^{2,1}$ and $R^{1,1}$ are not ent we conclude, from (2), that $Y = Z$, a contradiction. For adjacent $R^{1,1}$ and we argue similarly, using (3) instead of (2) to obtain the same contradiction. is proves the first half of Proposition 3. The second half is proved analogously. mit the details. □

mark. A different approach to the problem considered in this note, and n generalizations of it, appears in [2], where reflection processes are analyzed

1989] NOTES 823

REFERENCES

1. *Mathematics Magazine*, 59 (1986), 253–254.
2. S. Mozes, Reflection processes on graphs and Weyl groups, preprint (1987).

Counting the Rationals

YORAM SAGHER
Department of Mathematics, Statistics, and Computer Science, University of Illinois, Chicago, IL

Cantor's proof of the countability of the positive rationals has great appeal. One sees the idea literally at a glance. On the other hand the construction counts all ordered pairs of positive integers so that each positive rational is counted infinitely many times, and if one wants, say, the 10^{15}th positive rational in Cantor's list, one has to keep counting for a considerable time.

Here we offer a direct way of counting the positive rationals. Given m/n, we can assume that m and n are relatively prime. Let $m = p_1^{e_1} \cdots p_k^{e_k}$, $n = q_1^{f_1} \cdots q_l^{f_l}$, be the prime-number decompositions of m and n. The counting function is defined by: $f(1) = 1$ and

$$f\left(\frac{m}{n}\right) = p_1^{2e_1} \cdots p_k^{2e_k} q_1^{2f_1 - 1} \cdots q_l^{2f_l - 1}.$$

f is clearly 1-1 and onto. The 10^{15}th positive rational in this list is 10^{-8}.

[13줄 수학 논문]

밑의 논문은 프린스턴 대학교의 교수인 콘 웨이와 소이퍼의 논문이다. 제목과 저자명 그리고 저자 두 명의 주소를 제외하면 단어 두 개와 그림 두 개가 전부인 논문이다. 콘 웨이는 셀룰러 오토마타인 라이프 게임의 창시자로 유명하다.

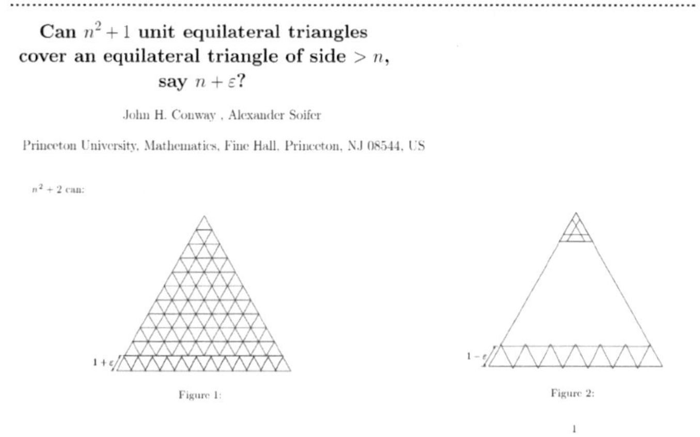

Can n^2+1 unit equilateral triangles cover an equilateral triangle of side $> n$, say $n+\varepsilon$?

John H. Conway , Alexander Soifer

Princeton University, Mathematics, Fine Hall, Princeton, NJ 08544, US

n^2+2 can:

Figure 1:

Figure 2:

1

1. 4색 정리

4색 정리는 평면을 유한개의 영역으로 나누어 맞닿은 영역끼리는 서로 다른 색을 칠하려 할때, 4개의 색으로 충분하다는 정리이다. 1852년 프랜시스 구쓰리(Francis Guthrie)가 제기한 문제이다. 1879년 켐프(Kempe)가 4색 정리의 증명을 발표하고, 그다음 해에 테이트(Tait)가 다른 방법으로 증명하였다. 그러나 1890년에 히우드(Heawood)는 켐페의 증명에 오류를 발견하고 5색으로 충분하다는 5색 정리를 증명하였다. 그리고 다음 해에 테이트의 증명도 오류가 있다는 것이 밝혀졌다.

최종적으로 문제 제기 후 124년이 지난 1976년에 아펠(Appel)과 하켄(Haken)에 의해 해결되었다. 아펠과 하켄은 지도는 무한히 많지만 기본적인 1936개의 지도로 줄일 수 있음을 컴퓨터로 확인하고, 각 지도는 4색을 칠하여 확인하였다. 전체 내용은 500쪽을 넘겼고 컴퓨터 수행 시간도 상당히 소요되었다. 4색 정리 문제는 누구나 이해가능하고, 3색으로 안되는 것은 당연하며, 5색 정리는 비교적 간단하게 증명된다. 그렇기 때문에 현재도 4색 정리를 컴퓨터의 도움 없이 증명하는 시도를 하는 수학자들이 존재한다.

[4색 지도]

[아펠과 하켄]

2. 특이점 해소정리

대수방정식에서 특이점은 매끄럽지 않은 점을 의미한다. 예를 들어 평면에서 $y^2 = x^3$은 원점에서 뾰족한 형태를 가지고 있고, 이 경우 원점이 특이점이 된다. 이러한 특이점이 존재하는 방정식을 적절하게 처리하여 특이점을 없애는 과정이 대수기하학에서 중요하다. 대표적인 논문으로 히로나카 헤이스케(Heisuke Hironaka) 교수의 대수다양체의 특이점 해소 정리를 발표한 1964년 논문이 있고 217쪽의 논문이다. 그 당시 논문이 너무 두꺼워서 '히로나카의 전화번호 책'이라는 별칭으로 불리웠고, 95쪽, 122쪽의 논문 두 개로 나누어 출판하였다. 논문 제목은 〈Resolution of singular of an algebraic variety over a field of characteristic zero〉이다. 이 논문은 1962년 6월 3일 수학저널 Annals of Mathematics에 투고되어 1964년 1월 판에 출판되었다. 이 논문의 경우 투고에서 출판까지 1년 반 정도의 시간이 소요되었는데 이례적으로 빨리 진행된 경우이다.

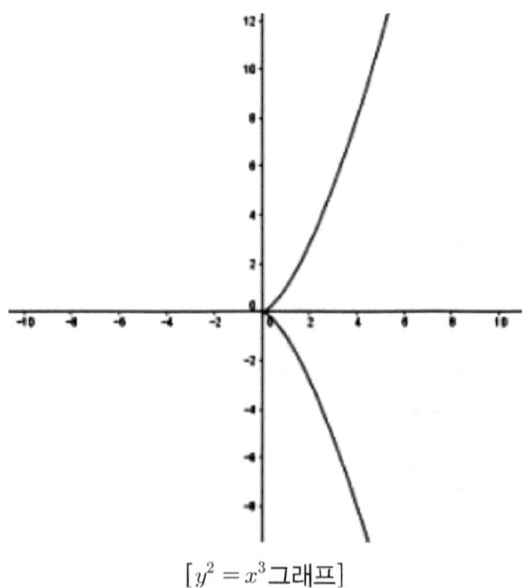

[$y^2 = x^3$ 그래프]

3. 페르마의 마지막 정리(FLT: Fermat's Last Theorem)

페르마의 마지막 정리는 정수론에서 3 이상의 정수 n에 대하여, $a^n + b^n = c^n$을 만족하는 양의 정수 a, b, c가 존재하지 않는다는 정리이다. 1637년 법률가이면서 취미로 수학을 연구하였던 페르마가 추측하였다. 페르마는 1621년 출간된 고대 그리스 수학자 디오판토스(Diophantus)의 《산법(Arithmetica)》을 혼자 독학으로 연구하고 그 책의 여백에 '나는 이것을 경이로운 방법으로 증명하였으나 책의 여백이 부족하여 적지 않는다'라는 주석을 스스로 달았다.

$n = 2$인 경우 즉 $a^2 + b^2 = c^2$를 만족하는 양의 정수를 찾는 문제는 잘 알려져 있으며 식을 만족하는 (a, b, c)를 피타고라스 삼조(Pythagorean triple)이라고 부른다. 대표적으로 $(3, 4, 5)$와 $(5, 12, 13)$등이 있으며 피타고라스 삼조의 모든 해는 $a = k(m^2 - n^2)$, $b = 2kmn$, $c = k(m^2 + n^2)$ (m, n, k는 $m > n$인 자연수)로 표현됨이 증명되어 있다.

$n = 4$인 경우 페르마가 증명하였고 이를 통하여 나머지 n은 소수에 대해서만 증명하면 된다. $n = 3$인 경우는 오일러가 증명하였고, $n = 5$인 경우 디리클레(Dirichlet)와 르장드르(Legendre)가 각각 증명하였고, 소피 제르망(Sophie Germain)이 100보다 작은 소수에 대하여 증명하였다. 그리고 쿰머(Kummer)에 의해 n이 정규소수인 경우에 증명을 완성하였다. 그러나 비정규소수에 대해서는 일반적인 해법을 찾을 수 없었다. 오랜 침체기를 거쳐 1950년대에 다니야마(Taniyama)와 시무라(Shimura)가 하나의 추측을 발표한다. 그것은 $y^2 = x^3 + Ax^2 + Bx + C$ (A, B, C 유리수)로 표현되는 임의의 타원곡선은 적당한 형태의 모듈러 곡선과 일대일 대응이 된다는 추측이다. 그리고 1984년 프라이(Frey)는 FLT가 거짓인 경우 $a^n + b^n = c^n$를 만족하는 a, b, c에 대하

여 타원곡선 $y^2 = x^3 + (a^n - b^n)x^2 - a^n b^n$을 생각하면 이 식은 매우 이상하여 모듈러 성질을 만족하지 않는다는 주장을 하였다. 1986년 수학자 리벳(Ribet)이 해당 곡선이 모듈러 형태로 변환될 수 없다는 것을 증명하였다. 따라서 FLT는 다니야마-시무라 추론만 남겨놓은 상태였다. 마지막 방점은 앤드류 와일즈(Andrew Wiles)가 찍었다. 6년간의 심사숙고로 마침내 단서를 찾게 된다. 그래서 1993년 6월 공개 강연으로 자신의 연구 결과를 발표한다. 그러나 오류가 발견 되었고, 다시 1년의 노력 끝에 테일러(Taylor)와 함께 논문 2편으로 FLT를 완벽하게 증명하였다. 그 논문 2편은 1995년 5월 발표되었고 358년된 문제의 최종본이 되었다.

> Wiles, Andrew (1995), 〈Modular elliptic curves and Fermat's Last Theorem〉, Annals of Mathematics, 141 (3): 443-551.
> Richard Taylor, Andrew Wiles (1995), 〈Ring theoretic properties of certain Hecke algebras〉, Annals of Mathematics 141 (3): 553-572

논문 심사는 보통 1명 또는 2명 정도인데 위 논문은 당시 6명의 심사위원이 심사를 하였고, 이례적으로 심사위원과 저자 사이에 직접 소통이 있었다. 그리고 위 논문의 초록을 보면 보통의 논문에서는 절대로 존재하지 않는 저자의 어린 시절의 FLT에 대한 꿈과 어린 시절 자신의 사진을 올리는 파격을

Annals of Mathematics, **141** (1995), 443-551

Modular elliptic curves and Fermat's Last Theorem

By Andrew John Wiles*

For Nada, Claire, Kate and Olivia

Pierre de Fermat

Andrew John Wiles

Cubum autem in duos cubos, aut quadratoquadratum in duos quadratoquadratos, et generaliter nullam in infinitum ultra quadratum potestatum in duos ejusdem nominis fas est dividere: cujes rei demonstrationem mirabilem sane detexi. Hanc marginis exiguitas non caperet.

- Pierre de Fermat ~ 1637

Abstract. When Andrew John Wiles was 10 years old, he read Eric Temple Bell's *The Last Problem* and was so impressed by it that he decided that he would be the first person to prove Fermat's Last Theorem. This theorem states that there are no nonzero integers a, b, c, n with $n > 2$ such that $a^n + b^n = c^n$. The object of this paper is to prove that all semistable elliptic curves over the set of rational numbers are modular. Fermat's Last Theorem follows as a corollary by virtue of previous work by Frey, Serre and Ribet.

Introduction

An elliptic curve over $\mathbf{Q}$ is said to be modular if it has a finite covering by a modular curve of the form $X_0(N)$. Any such elliptic curve has the property

[와일즈의 페르마 정리 증명 논문]

보여 주었다. 와일즈는 FLT의 해결로 수 많은 상을 받았다. 그렇지만 해결 당시 만 40세를 넘겨서 필즈상은 수상하지 못하고 특별상을 받게 된다.

4. 케플러 추측

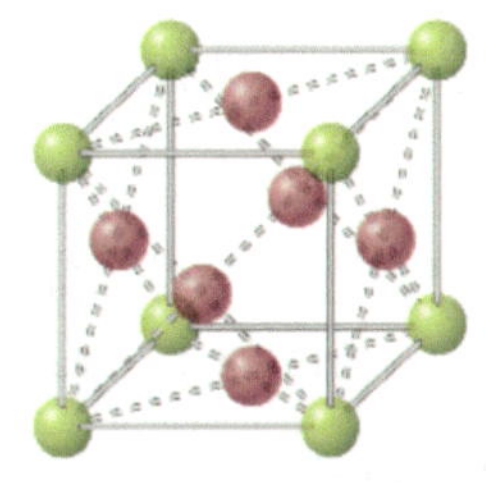

[fcc: face–centered cubic]

Annals of Mathematics, **162** (2005), 1065–1185

A proof of the Kepler conjecture

By Thomas C. Hales*

To the memory of László Fejes Tóth

Contents

Preface
1. The top-level structure of the proof
   1.1. Statement of theorems
   1.2. Basic concepts in the proof
   1.3. Logical skeleton of the proof
   1.4. Proofs of the central claims

[면심 입방 구조]

1611년 독일의 천체 물리학자인 케플러(Kepler)는 반지름이 r인 같은 크기의 공을 3차원 공간에 가장 밀집되게 넣는 방식에 대하여 하나의 추측을 제시하였다. 예를 들어 공들을 일렬로 붙여서 정사각형 형태의 공간의 1층에는 한 줄에 n개씩 n줄로 모두 붙여서 배치하고 2층에도 바로 붙여서 n개씩 n줄로 배치한다. 이웃한 8개의 구의 중심을 연결한 정육면체를 생각하면 그 안에 구의 1/8이 8개 배치되는 것을 알 수 있다. 따라서 이렇게 채우면 공간에 대한 공의 충전율이 52.4% 정도가 된다.

$$\frac{8\times\frac{1}{8}\times\frac{4}{3}\pi r^3}{(2r)^3}=\frac{\pi}{6}\cong 0.524$$

면심 입방 구조는 한 변의 길이가 l인 정육면체의 각 꼭짓점에 구를 배치하고, 정육면체의 6개 면의 중앙에 구를 배치하는 것이다. 이때 구를 최대한 밀착 시키면 각 면의 중심에서 꼭짓점 까지의 거리가 $2r$이 되고 $l=2\sqrt{2}r$이 성립한다. 이 경우 충전율이 74.0%가 된다.

$$\frac{\left(8\times\frac{1}{8}+6\times\frac{1}{2}\right)\frac{4}{3}\pi r^3}{(2\sqrt{2}r)^3}=\frac{\sqrt{2}\pi}{6}\cong 0.740$$

'면심 입방 구조보다 충전율이 높은 공간을 채우는 방법이 없다'라는 것이 케플러 추측이다.

참고로 1층은 구의 꼭짓점들이 정삼각형들이 되도록 밀착해서 배치하고, 2층은 삼각형의 중심에 놓이게 밀착해서 배치하고, 계속해서 같은 방식으로 배치해서 정사면체 구조가 나오도록 배치하면 사실 이것이 면심 입방 구조와 같다는 것을 알 수 있다.

공간을 규칙적인 패턴으로 채우는 경우에는 면심 입방 구조보다 더 좋은 채우기가 없다는 것을 가우스(Gauss)가 1831년에 증명하였다. 그러나 불규칙적인 채우기가 충전율이 높을 가능성을 배제할 수 없으므로 모든 채우기 방식을 고려하는 문제는 오랫동안 해결할 수 없는 문제였다.

그러다가 최종적으로 문제가 나온 지 387년 후인 1998년 9월 4일 헤일즈(Hales)가 Annals of Mathematics에 제출한 논문 〈A proof of the Kepler conjecture〉은 250쪽의 논문과 3기가바이트의 컴퓨터 프로그램 용량이며, 논문 심사위원 12명이 대략 7년이라는 심사기간 끝에 2005년 8월 16일에 논문게재 승인이 되었다. 이 당시 컴퓨터 프로그램을 이용한 증명이어서 사색문제처럼 증명이 되었다고는 하지만 무언가 개운하지 못했는데 헤일즈 교수가 이끄는 총 22명의 팀원이 모든 단계를 수학적으로 처리하여 완벽하게 증명한 논문을

2014년 발표하였고 그 논문은 2017년에 출판되었다.

5. 포앙카레 가설

프랑스의 수학자 앙리 푸앵카레의 1904년 논문에 처음 등장하는 위상수학 분야의 문제이다. '모든 연결, 닫힌, 단순연결된 n차원 다양체는 n차원 구면과 위상동형이다'라는 가설이다. 5차원 이상에서는 스메일(Smale)이 해결하고 1966년 필즈상을 수상하였다. 4차원에서는 프리드만(Freedman)이 해결하고 1986년 필즈상을 받았다. 마지막으로 남은 차원은 $n=3$인 경우였다. 페렐만(Perelman)은 2002년 11월과 3월 2003년 7월에 각각 30쪽, 22쪽, 7쪽 논문을 수학 저널에 투고하지 않고 논문을 모아 놓은 사이트인 아카이브에 올렸다. 국제수학 연맹(IMU)은 3년간의 분석 후에 페렐만에 의하여 최종적으로 문제가 해결되었다는 것을 인정하였다. 그리고 그 공로로 2006년 필즈상 수상자로 선정되었으나 수상을 거부하였다. 추가로 포앙카레 가설이 상금 100만 달러 문제여서 상금 수령도 가능했지만 그것도 역시 거절하였다. 페렐만은 저명한 대학들에서의 교수 제안도 모두 거절하고, 세상과의 어떠한 교류도 거부한 채 현재 은둔 생활을 하고 있다.

[페렐만]

자연과학계의 논문과 달리 수학계의 논문은 실험 및 관찰이 없으며 논리적으로 모든 단계가 완벽해야 한다. 따라서 논문 심사 기간이 자연과학 분야 중 일반적으로 가장 많은 시간이 소요된다.

수학계의 흥미로운 미해결 문제들

대표적인 수학의 미해결 문제로 밀레니엄 문제가 있다. 2000년 클레이 수학 연구소는 앞으로 수학자들이 해결해야 할 7개의 중요한 미해결 문제를 제시하고 각 문제마다 100만 달러의 상금을 걸었다. 7개의 문제는 다음과 같다. P대 NP 문제, 호지 추측, 푸앵카레 가설, 리만 가설, 양-밀즈 질량 간극 가설, 나비에-스토크스 방정식, 버치-스위너톤다이어 추측이다. 7문제 중에서 풀린 문제는 푸앵카레 가설 하나뿐이다.

수학자들이 공통적으로 가장 중요하다고 생각하는 미해결 문제는 리만 가설[5)]이다. 수학의 각 분야마다 미해결 문제가 있고 일부는 해결되고 있지만 계속해서 누적되고 있는 상황이다. 당연하게도 오래된 수학의 미해결 문제를 해결할수록 높게 평가한다. 여기에서는 정수론의 미해결 문제로 문제를 이해하기는 매우 쉬운 세 개의 문제를 소개한다. 보통의 수학의 미해결 문제들을 이해하기 위해서는 수학과 학부생 또는 대학원생 수준의 지식이 필요하다.

1. 골드바흐 추측

1742년 골드바흐(Goldbach)가 오일러와 주고 받은 편지에서 제기되었다. 문제는 '2보다 큰 모든 짝수는 두 개의 소수의 합으로 표현 가능하다'이다. 추가로 '5보다 큰 모든 정수는 세 소수의 합으로 표현 가능하다'를 약한 골드바흐 추측이라고 부른다.

1930년 모든 짝수는 20개 이하의 소수의 합으로 표현 가능함이 보여졌다. 1937년 비노그라도브(Vinogradov)는 충분히 큰 수 이상의 모든 홀수에 대하여 약한 골드바흐 추측이 참이라는 것을 보였다. 충분

5) 바젤 문제와 리만제타함수 절 참고

히 큰 수는 당시에는 $3^{3^{15}}$이었다가 나중에 3.33×10^{43000}까지 줄어들었다. 2013년 엘프고트(Helfgott)는 위의 충분히 큰 수 이하의 모든 홀수에 대하여 약한 골드바흐 추측이 참이라는 것을 보였고, 따라서 약한 골드바흐 추측은 맞다는 것이 증명되었다.

골드바흐 추측에 대한 가장 중요한 정리는 천징룬(Chen Jingrun)이 1973년에 증명한 천의 정리로 불리는 다음의 정리이다. 임의의 짝수는 두 소수의 합이거나 한 소수와 두 소수의 곱의 합으로 쓸 수 있다. 식으로는 p_i를 소수라 할 때 '임의의 짝수는 $p_1 + p_2$이거나 $p_1 + p_2 \times p_3$이다'로 표현된다.[1]

[셔먼대학에 있는 천징룬 동상(위키)]

2. 쌍둥이 소수 추측

쌍둥이 소수 추측은 다음과 같다. $p+2$가 소수인 소수 p가 무한히 존재한다. 2를 제외하고 소수는 항상 홀수이므로 가장 가까운 두 소수는 2만큼 차이가 난다. 2만큼 차이 나는 두 소수를 쌍둥이 소수라 부르고, 2만큼 차이 나는 세 개의 소수 $p, p+2, p+4$를 세쌍둥이 소수라고 부른다. 처음 5개의 쌍둥이 소수 쌍은 (3, 5), (5, 7), (11, 13), (17, 19), (29, 31) 이다.

1915년 비고 브룬(Viggo Brun)은 '쌍둥이 소수의 역수의 총합은 수렴한다'를 보였다.

$$\left(\frac{1}{3}+\frac{1}{5}\right)+\left(\frac{1}{5}+\frac{1}{7}\right)+\left(\frac{1}{11}+\frac{1}{13}\right)+\left(\frac{1}{17}+\frac{1}{19}\right)+\left(\frac{1}{29}+\frac{1}{31}\right)+\cdots$$

자연수마다 역수를 취하고 모두 더하면 무한이고, 심지어 소수마다 역수를 취하고 모두 더해도 무한이다6). 자연수에 비하면 소수는 수가 커질수록 나타나는 빈도가 매우 희박하지만 그럼에도 역수의 합은 무한이 된다. 그러나 쌍둥이 소수 쌍은 유한개인지 무한개인지 모르지만 역수를 취했을 때 유한이 나온다.

1966년 천징룬은 $p+2$가 소수이거나 두 소수의 곱이 되는 소수 p가 무한히 존재함을 보였다.[2]

2013년 장이탕(Zhang Yitang)은 두 소수의 차이가 70,000,000보다 작거나 같은 소수 쌍이 무한개임을 보였다[3]. 만약에 70,000,000을 2로 바꾸면 쌍둥이 소수 추측이 증명되는 것이므로 장이탕의 결과는 매우 혁신적인 결과이다.

장이탕은 1955년 생으로 1982년 베이징대학을 졸업하고 1991년 퍼듀대학에서 박사학위를 받았다. 졸업 후에 수년간 차에서 자고 식당 접시 닦기 등 온갖 험한 일을 전전했지만 위 결과로 2014년 60에 가까운 나이임에도 단번에 교수의 직위를 얻게 되었다. 후에 메이나드(Maynard)는 그의 2015년 논문에서 간격을 600까지 줄였다. 이 결과는 메이나드가 2022년 필즈상을 수상하는데 중요한 기여를 하였다. 현재는 수 많은 연구자들이 협력하는 폴리매쓰 프로젝트(Polymath Project)에 의해 그 간격이 246까지 줄어든 상태이다.

[장이탕]

[2022년 필즈상 수상자 메이나드]

6) 바젤 문제와 리만제타함수 절 참고

3. 콜라츠 추측

1937년 콜라츠(Collatz)에 의해 제기된 추측이다. 콜라츠 추측은 모든 자연수가 다음의 알고리즘으로 항상 1에 도달한다는 추측이다.

단계 1 : 주어진 자연수가 짝수이면 2로 나누고, 홀수이면 3을 곱하고 1을 더한다.

단계 2 : 결과가 1이면 알고리즘을 멈추고, 1이 아니면 앞의 단계 1로 복귀한다.

에르되시(Erdős)는 이 문제에 500달러의 현상금을 걸었고, 컴퓨터로는 현재 2.95×10^{20}까지 검증되었다.

수학의 속성 - ④ 아름다움, 순수성

아름다움이란 다분히 주관적인 개념일 수 있지만, 수학에서도 많은 사람들이 아름다움을 논하고 있다. 수학에서의 아름다움은 그 주장의 순수성과 증명에서의 효율성과 완벽성, 그리고 인위적으로 더하거나 감해져 있지 않는 절제된 아름다움을 가지고 있다고 평가된다. 수학자들은 많은 경우에 그리스의 걸작 조각품들을 볼 때 느끼는 완벽함과 조화로움을 수학 정리와 증명에서도 비슷하게 느낀다.

수학의 아름다움에 대한 철학자, 수학자, 물리학자들의 주장

수학의 아름다움에 대하여 얘기한 학자들을 소개하면 다음과 같다.

1. 아리스토텔레스(Aristoteles, BC 384 – BC 322)

고대 그리스의 철학자이며 플라톤의 제자이다. 플라톤과 함께 고대 그리스를 대표하는 철학자이다. 아리스토텔레스의 주장은 중세시대까지 지대한 영향을 끼쳤고, 그의 연구는 오늘날에도 연구의 대상이 된다. 그의 스승 플라톤이 관념론적 이상주의라면 아리스토텔레스는 경험론적 현실주의자로 묘사된다. 자연을 이루는 4개의 구성 원소로 불, 흙, 공기, 물을 주장하였다.

"수학은 참으로 미의 가장 위대한 형태이다."

"수학에서는, 아름다운 진리가 있다." *– 버트런드 러셀*
"수학적 아름다움은 단순함과 일반성에서 온다." *– 에드워드 위튼*
"물리 법칙은 수학적 아름다움을 가져야만 한다." *– 모리스 디랙*

2. 고드프리 해럴드 하디(Godfrey Harold Hardy, 1877–1947)

해석적 정수론에 많은 업적이 있고 가법적 수론에서의 오일러법의 개량 제타함수에 관한 '리만의 예상'의 연구 등이 알려져 있다. 푸리에급수에 대한 기여도 중요하다. 1908년에는 하디–바인베르크의 법칙을 제시하였다.

사진출처 : 위키백과

하디는 '수학자들은 화가나 시인들처럼 아름다운 심성을 갖고 있어야 한다. 수학적인 아이디어는 색채나 시어처럼 서로 조화롭게 어울려야 한다. 수학에서 아름다움은 필수적인 요소이다. 보기흉한 수학이 설 곳은 이 세상 어디에도 없다.'라고 말했다.

3. 폴 에르되시(Pál Erdős, 1913 – 1996)

헝가리 출신의 수학자

수백 명의 다른 수학자들과 공동으로 연구하여 조합론, 그래프이론, 수론 등에서 방대한 업적을 남겼다.

1951년 수론 분야의 여러 논문으로 미국 수학회에서 수여하는 Cole Prize를 수상하였다.

사진출처 : 위키백과

폴 에르되시는 "왜 수는 아름다운가? 이것은 왜 베토벤 9번 교향곡이 아름다운지 묻는 것과 같다. 당신이 이유를 알 수 없다면 남들도 말해줄 수 없다. 나는 그저 수가 아름답다는 것을 안다. 그게 아름답지 않다면, 세상에 아름다운 것은 없다."라고 말했다.

이 밖에 아름다운 정리들을 소개하면 대수학에서는 대수학의 기본정리[7], 페르마 소정리[8], 기하학에서는 피타고라스 정리, 데자르그 정리, 파푸스 정리, 다면체의 오일러지표 정리 등이 있고, 중학교에서 배우는 " $\sqrt{2}$ 가 무리수 이다" 증명은 아름다운 증명으로 유명하다. 수학자 에르되시는 신(神)만이 소유하고 있는 아름다운 수학의 증명들을 모아놓은 수학책 《THE BOOK》을 종종 언급했다. 그런 취지의 책으로 《Proofs from THE BOOK》(하늘책의 증명)이 현재 출판되어 있다. 이 책은 아쉽게도 에르되시 사후 2년 후인 1998년에 출판되었다. 에르되시가 어떤 수학자의 결과를 높게 평가하여 칭찬할 때 썼던 표현은 "당신의 증명은 하늘책에 있을법한 증명입니다."였다.

이 책의 첫 번째 증명으로 유클리드 기하학 원론에 나오는 "소수의 개수는 무한하다."를 소개한다. 아름다움의 순위를 정하는 것은 무의미하지만, 그 책의 저자는 그 증명을 가장 아름다운 첫 번째 증명으로 생각한 것으로 보인다. 아래의 증명과 언급한 책에서 독자들도 같이 수학의 아름다움을 느껴보기를 바란다.

---

7) 상수가 아닌 복소수 계수 다항식이 적어도 하나의 복소수 근을 갖는다는 정리이다. 이 정리의 결과로 상수가 아닌 복소수 계수 n차 다항식은 n개의 복소수 근을 가지게 된다. 단, 중근은 2개 삼중근은 3개의 근으로 n중근은 n개의 근으로 간주한다.

8) Fermat's little theorem: p는 소수이고, a는 정수로 p의 배수가 아니라고 하자. 이때 $a^{p-1}-1$은 p로 나누어 떨어진다. 간단하게 수학식으로는 $a^{p-1} \equiv 1(\mathrm{mod} p)$로 나타낸다. 이 정리는 공인 인증서에서 사용되는 암호수학의 핵심 정리이다.

소수의 무한개수 증명

1. 유클리드의 증명

(정리) 소수는 무한히 많다

(증명) 귀류법을 이용하여 증명한다.

(귀류법은 결론을 부정하여 모순을 이끌어내는 간접 증명법이다.)

소수의 개수가 유한하다고 가정하고, $p_1, p_2, \cdots, p_r$가 모든 소수의 목록이라 하자.

다음으로 자연수 $N = p_1 p_2 \cdots p_r + 1$을 정의하게 되면 N은 1보다 큰 자연수이다.

N은 각 소수 $p_i (1 \le i \le r)$로 나누었을 때, 나머지가 1이므로 1과 자신 이외의 약수를 가지지 않는다. 따라서 N은 소수이다.

하지만 N은 모든 소수의 목록 $p_1, p_2, \cdots, p_r$에 있지 않은 새로운 소수가 되므로 소수가 유한하다는 가정에 모순이다.

그러므로 소수의 개수는 무한하다. □

참고로 위의 증명에서 연이은 소수의 곱에 1을 더한 수는 일반적으로 소수가 아니다. 예를 들어 $2 \cdot 3 \cdot 5 \cdot 7 \cdot 11 \cdot 13 + 1 = 30031 = 59 \times 509$로 소수가 아니다. 잘못된 가정으로부터 나온 논리의 부산물이어서 일반적으로 성립하지 않는다. 다른 방식으로도 소수가 무한함을 설명할 수 있다.

2. 점화식을 이용한 소수 무한개 증명

점화식 $T_1 = 2, T_{n+1} = T_n^2 - T_n + 1$, ($n$은 자연수)을 만족하는 수열 T_n을 생각하자. 이때 $n \neq m$이면 T_n과 T_m은 서로소임을 보일

수 있다(연습문제 과제 12). 그리고 수열 $T_n \geq 2$ 임을 수학적 귀납법을 이용하면 보일 수 있다. 따라서 T_n은 소수들로 소인수 분해된다. 그 중 하나의 소수를 p_n이라 하면 T_n의 서로소 성질로부터 p_n은 $p_1, p_2, \cdots, p_{n-1}$과 같을 수 없다. 따라서 소수의 개수는 무한하다. 참고로 두 자연수가 서로소라는 것은 두 자연수의 최대 공통인수 즉 최대공약수가 1이라는 것이다.

3. 소수 무한개 한줄 증명

2015년 노스쉴드(Northshield)는 〈A One-Line proof of the Infinitude of Primes〉, The American Mathmatical Monthly, Vol. 122, No. 5에서 소수 개수의 무한성을 한 줄로 증명하였다. 소수의 개수가 유한하다고 가정하고, 유한개의 모든 소수를 곱한 것을 Q라 하면

$$0 < \prod_p \sin\left(\frac{\pi}{p}\right) = \prod_p \sin\left(\frac{\pi}{p} + \frac{2Q\pi}{p}\right) = \prod_p \sin\left(\frac{(1+2Q)\pi}{p}\right) = 0$$

가 유도되어 모순이 나온다. 식에서 p는 소수이고, $\prod_p f(p)$는 함수 f에 소수를 하나씩 대입하고 그 결과를 모두 곱하라는 의미이다. 따라서 소수의 개수는 무한개이다. 이해를 돕기 위한 추가 설명으로 임의의 자연수 n에 대하여 $\sin\left(\frac{\pi}{n}\right) > 0$이고, 양수를 유한번 곱해도 양수이다. 실수 x와 정수 k에 대하여 $\sin x = \sin(x + 2k\pi)$이 성립하므로 첫 번째 등식이 성립한다. 그리고, $1+2Q$는 합성수이기 때문에 어떤 소수 p가 존재해서 $\frac{(1+2Q)\pi}{p}$는 π의 자연수 배가 되어 sin을 취하면 0이 된다. 수 많은 수를 곱하는데 하나만 0이어도 전체곱은 0

이 되어 마지막 등식이 성립한다. 따라서 모순이 나오고 소수의 개수가 유한하다는 가정이 틀렸음을 알 수 있다.

테일러 전개식

테일러 전개식은 주어진 함수를 무한 다항식 형태로 재구성하는 방법으로 현실에서 매우 중요하게 사용된다. 따라서 테일러 전개식은 미적분과 공업수학의 가장 핵심이 되는 부분이다. 이 책에서도 몇 군데 사용하고 있다. 공식을 잘 살펴보면 함수의 극히 일부분의 정보만으로 전체 함수가 표현되는 것을 알 수 있는데 우리는 이것을 해석함수라고 말한다. 일반적으로 부분의 정보만으로는 함수 전체를 알 수 없기 때문에 해석함수는 함수 전체의 모임에서 보면 극히 일부이다. 먼저 매끄러운 함수로 무한 번 미분 가능해야하며 그리고 부분으로 전체가 묘사되는 성질을 가져야한다. 테일러 전개는 이 세상을 이해하기 위해서 필요한 매우 중요한 수학 도구이다. 대표적인 해석함수들의 테일러 전개식들을 정리해 보자. 괄호는 테일러 전개식이 수렴하는 즉 의미를 갖는 x의 범위이고, 마지막 식에서 상수 α는 임의의 실수이다.

$$\frac{1}{1-x} = 1 + x + x^2 + x^3 + \cdots \qquad (-1 < x < 1)$$

$$e^x = 1 + x + \frac{1}{2!}x^2 + \frac{1}{3!}x^3 + \cdots \qquad (-\infty < x < \infty)$$

$$\cos x = 1 - \frac{1}{2!}x^2 + \frac{1}{4!}x^4 - \frac{1}{6!}x^6 + \cdots \qquad (-\infty < x < \infty)$$

$$\sin x = x - \frac{1}{3!}x^3 + \frac{1}{5!}x^5 - \frac{1}{7!}x^7 + \cdots \qquad (-\infty < x < \infty)$$

$$\arctan x = x - \frac{1}{3}x^3 + \frac{1}{5}x^5 - \frac{1}{7}x^7 + \cdots \qquad (-1 \le x \le 1)$$

$$\ln(1+x) = x - \frac{1}{2}x^2 + \frac{1}{3}x^3 - \frac{1}{4}x^4 + \cdots \qquad (-1 < x \le 1)$$

$$(1+x)^\alpha = \sum_{n=0}^{\infty} {}_\alpha \mathrm{C}_n x^n$$

$$= 1 + \alpha x + \frac{\alpha(\alpha-1)}{2!}x^2 + \frac{\alpha(\alpha-1)(\alpha-2)}{3!}x^3 + \cdots$$

$$(-1 < x < 1)$$

tan 함수의 역함수인 arctan의 테일러 전개식은 매우 간단해서 놀라운데 원주율 π를 계산하는데 강력한 도구가 되기도 하였다. 주어진 식에 $x=1$ 대입하면 π에 대한 아름다운 식이 나오고 π의 실제 값도 구할 수 있다. 문제는 식이 매우 비효율적이라서 만 개의 항을 더해야 간신히 π의 소수 둘째 자리까지 구할 수 있다.

$$\frac{\pi}{4} = \arctan 1 = 1 - \frac{1}{3} + \frac{1}{5} - \frac{1}{7} + \cdots$$

arctan의 테일러 전개식을 이용하면 보다 효율적인 π의 계산식도 얻을 수 있다. 하나만 예로 들면, 마친(Machin 1706)에 의해 발견된 다음 식이다.

$$\frac{\pi}{4} = 4\arctan\frac{1}{5} - \arctan\frac{1}{239}$$

참고로 주어진 식은 tan 합공식 $\tan(\alpha+\beta) = \dfrac{\tan\alpha + \tan\beta}{1 - \tan\alpha \cdot \tan\beta}$를 사용하면 쉽게 보여진다.

π 계산으로 유명한 다음 식은 라마누잔의 1914년 식이다.

$$\frac{1}{\pi} = \frac{2\sqrt{2}}{99^2}\sum_{n=0}^{\infty}\frac{(4n)!}{(n!)^4}\frac{(58 \cdot 455n + 1103)}{396^{4n}}$$

복소수의 아름다움[1]

복소수의 아름다움에 대하여 다음 5가지 소주제를 거쳐서 살펴보자.

1. 허수 i가 왜 필요한가?

최초로 복소수의 필요성이 인식된 것은 이탈리아 르네상스 시절이다. 상거래가 활발해지고 카르다노 등의 3, 4차 방정식의 해법이 알려진 시대이다. 당시 3차 방정식 풀이가 활발하게 다루어졌는데 3차 방정식 $x^3 = 15x + 4$을 3차 방정식 근의 공식으로 해법을 찾으면 다음과 같은 복소수가 필연적으로 사용되는 값이 나온다. 나머지 두 개의 근도 마찬가지로 유사한 상황이다. 그런데 주어진 3차 방정식은 4를 근으로 가짐을 쉽게 알 수 있다.

$$x = \sqrt[3]{2 + \sqrt{-121}} + \sqrt[3]{2 - \sqrt{-121}} = \sqrt[3]{2 + 11i} + \sqrt[3]{2 - 11i}$$

보통의 경우 복소수가 나오면 버리면 그만이지만, 이 경우 4를 근으로 가진다는 것을 설명할 방법이 사라진다는 문제가 발생한다. 그렇지만 복소수도 수라고 인정하고 유심히 살피면 다음의 과정이 유도된다.

$$\sqrt[3]{2 + 11i} + \sqrt[3]{2 - 11i} = \sqrt[3]{(2 + i)^3} + \sqrt[3]{(2 - i)^3} = (2 + i) + (2 - i) = 4$$

이후에 수학, 물리 등에서 복소수의 필요성은 점점 확고해지고 있는 상황이다.

2. $e^{\pi i} + 1 = 0$

위 식에서 먼저 실수^{복소수}의 표현이 눈에 먼저 들어온다. 중고등학교 과정을 통하여 실수^{유리수}은 자연스럽게 정의 가능하다. 예를 들어, $\pi^{3.5} = \sqrt{\pi^7}$ 처럼 다루어진다. 실수^{실수}도 생각해 볼 수 있고 이 경우 극한을 이용하여 정의할 수 있다. 예를 들어 $\pi^{\sqrt{2}} = \lim_{n \to \infty} \pi^{a_n}$로 정의하고, 수열 a_n은 $\sqrt{2}$로 한없이 가까이 가는 유리수 수열을 생각한다.

먼저 실수^{복소수}이 필요한지 의문이 들 수 있는데, 식 $e^{\theta i} = \cos\theta + i\sin\theta$를 설명하기 위해서는 필수적으로 다루어야 한다.

위의 식에는 수들을 대표하는 상수 0, 1, i, π, e가 모두 등장하며 덧셈, 곱셈, 지수, 등호의 연산이 등장한다. 이는 $e^{\theta i} = \cos\theta + i\sin\theta$를 통해서 알 수 있는데 이는 테일러전개식을 이용하여 확인할 수 있다.

$$\cos\theta = 1 - \frac{\theta^2}{2!} + \frac{\theta^4}{4!} - \frac{\theta^6}{6!} + \cdots,\ \sin\theta = \theta - \frac{\theta^3}{3!} + \frac{\theta^5}{5!} - \frac{\theta^7}{7!} + \cdots,$$

$$e^x = 1 + \frac{x}{1!} + \frac{x^2}{2!} + \frac{x^3}{3!} + \cdots$$

에서 e^x의 x에 θi를 대입하면 확인할 수 있다.

$$1 + \frac{i\theta}{1!} + \frac{(i\theta)^2}{2!} + \frac{(i\theta)^3}{3!} + \frac{(i\theta)^4}{4!} + \cdots$$
$$= \left(1 - \frac{\theta^2}{2!} + \frac{\theta^4}{4!} - \frac{\theta^6}{6!} + \cdots\right) + i\left(\theta - \frac{\theta^3}{3!} + \frac{\theta^5}{5!} - \frac{\theta^7}{7!} + \cdots\right)$$

$e^{\theta i} = \cos\theta + i\sin\theta$가 확인이 되었으니 $\theta = \pi$인 상황을 생각해보면 $e^{\pi i} = \cos\pi + i\sin\pi = \cos 180^\circ + i\sin 180^\circ = -1 + i \times 0$ 이므로 최종적으로 $e^{\pi i} + 1 = 0$가 얻어진다. 주어진 식은 수학자들이 아름다운 식으로 꼽는 첫 번째 식이다.

3. 복소수의 마술

식 $(a^2+b^2)(c^2+d^2) = (ac-bd)^2 + (ad+bc)^2$은 두 제곱수의 합끼리 곱하면 다시 두 제곱수의 합이 된다는 결과이다. 쉽게 확인은 가능하지만 유도 과정은 생각하기 곤란하다. 그렇지만 복소수를 사용하면 자연스럽게 다음과 같이 유도할 수 있다.

$$\begin{aligned}(a^2+b^2)(c^2+d^2) &= (a+bi)(a-bi)(c+di)(c-di)\\ &= \{(a+bi)(c+di)\}\{(a-bi)(c-di)\}\\ &= \{ac-bd+(ad+bc)i\}\{ac-bd-(ad+bc)i\}\\ &= (ac-bd)^2+(ad+bc)^2\end{aligned}$$

위 식에서 $\{(a+bi)(c+di)\}\{(a-bi)(c-di)\}$ 대신 $\{(a+bi)(c-di)\}$ $\{(a-bi)(c+di)\}$를 사용하면 $(ac-bd)^2+(ad+bc)^2$ 대신 $(ac+bd)^2$ $+(ad-bc)^2$을 얻게 된다. 따라서 두 제곱수의 합으로 표현하는 방법은 일반적으로 두 가지 방법이 생긴다. 예를 들어 $125=(1^2+2^2)(3^2+4^2)$는 5^2+10^2과 11^2+2^2의 두 가지 표현이 가능하다.

4. 지수함수와 삼각함수는 친척

위에서 살펴보았던 $e^{\theta i}=\cos\theta+i\sin\theta$를 자세히 살펴보자.

$e^{Ai}=\cos A+i\sin A$, $e^{Bi}=\cos B+i\sin B$ 두 식을 곱하면

(좌변) $= e^{(A+B)i} = \cos(A+B)+i\sin(A+B)$

(우변) $=$

$\cos A\cos B-\sin A\sin B+i(\sin A\cos B+\cos A\sin B)$이므로

$\cos(A+B)=\cos A\cos B-\sin A\sin B$

$\sin(A+B)=\sin A\cos B+\cos A\sin B$ 임을 확인할 수 있다.

$e^{ix}=\cos x+i\sin x$, $e^{-ix}=\cos x-i\sin x$이므로

두 식을 더해주면 $e^{ix}+e^{-ix}=2\cos x$, 두 식을 빼주면 $e^{ix}-e^{-ix}=2i\sin x$이다.

위의 식으로부터 $\cos x=\dfrac{e^{ix}+e^{-ix}}{2}$, $\sin x=\dfrac{e^{ix}-e^{-ix}}{2i}$임을 얻는다.

지수함수로부터 주기함수인 코사인, 사인 함수를 나타낼 수 있다. 얼핏 생각하면 지수함수와 삼각함수는 아무런 관련성이 없다. 그럼에

도 불구하고 지수함수와 삼각함수는 위의 식으로부터 깊게 연관되어 있는 것을 알 수 있다. 주어진 식을 사용하면 삼각함수에서 곱을 합으로 바꾸는 공식을 쉽게 얻을 수 있다.[9)]

$$\begin{aligned}\sin x \cdot \cos y &= \frac{e^{ix}-e^{-ix}}{2i} \cdot \frac{e^{iy}+e^{-iy}}{2} \\ &= \frac{e^{i(x+y)}-e^{-i(x+y)}+e^{i(x-y)}-e^{-i(x-y)}}{4i} \\ &= \frac{1}{2}\left(\frac{e^{i(x+y)}-e^{-i(x+y)}}{2i}+\frac{e^{i(x-y)}-e^{-i(x-y)}}{2i}\right) \\ &= \frac{1}{2}(\sin(x+y)+\sin(x-y))\end{aligned}$$

중간의 계산 과정에서 복소수가 나타나지만 결과에는 복소수가 나타나지 않는다.

복소수는 식의 유도 과정에서 잠시 나타났다가 사라지지만 식을 구하는데는 결정적인 도움을 준다. 위 과정을 살펴보면 과정이 매우 단순함을 알 수 있다.

5. 공업수학 책에서의 복소수 활용 예시

$e^{\theta i}=\cos\theta + i\sin\theta$는 물체의 운동을 해석하기 위한 미분방정식에도 빈번하게 등장한다. 그리고 $e^{\theta i}=\cos\theta + i\sin\theta$는 공업수학에서 가장 중요한 식이다. 다음 예시는 공업수학 책에서의 한 예시이다.

예시[2] 스프링에 매달려 있으면서 물에 잠겨있는 물체가 있다. 그 물체의 질량m은 2이며, 스프링 상수 k는 16이고, 물에 의한 유체 감쇠계수r는 4임이 알려져 있다.[10)] 균형점을 원점으로 했을 때 물

9) 시간변수 t에 대하여 실수값을 주는 함수 $x(t)$에 대하여, $\dot{x}(t)=\frac{dx(t)}{dt}$, $\ddot{x}(x)=\frac{d^2x(t)}{dt^2}$이다.

체의 초기 위치 조건 $x(0)=0.5$와 초기 속도 조건 $\dot{x}(0)=0$으로부터 물체의 시간에 대한 위치변화를 구하시오.[11]

풀이 물체의 운동은 다음 식으로부터 구해진다.

$m\ddot{x}+r\dot{x}+kx=0,\ x(0)=0.5,\ \dot{x}(0)=0$

미분방정식 이론에 의하여 보조식[12]은 $2\lambda^2+4\lambda+16=0$이고, $\lambda=-1\pm i\sqrt{7}$이 얻어진다.[13]

이때 미분방정식 이론에 의하면 물체의 움직임을 서술하는 해는 다음과 같다.

$$x(t)=a_1 e^{(-1+i\sqrt{7})t}+a_2 e^{(-1-i\sqrt{7})t}$$

식 $e^{\theta i}=\cos\theta+i\sin\theta$를 사용하면 주어진 해는

$$\begin{aligned} x(t) &= a_1 e^{-t}(\cos\sqrt{7}t+i\sin\sqrt{7}t)+a_2 e^{-t}(\cos\sqrt{7}t-i\sin\sqrt{7}t) \\ &= e^{-t}((a_1+a_2)\cos\sqrt{7}t+i(a_1-a_2)\sin\sqrt{7}t) \\ &= e^{-t}(c_1\cos\sqrt{7}t+c_2\sin\sqrt{7}t) \end{aligned}$$

이 얻어진다. 초기조건을 대입하면 $c_1=\frac{1}{2}$, $c_2=\frac{\sqrt{7}}{14}$이 나오고, 최종적으로 물체의 운동식은

$$x(t)=e^{-t}\left(\frac{1}{2}\cos\sqrt{7}t+\frac{\sqrt{7}}{14}\sin\sqrt{7}t\right)$$

로 표현된다.

---

10) 편의상 물리량의 단위는 무시하였다.

11) 시간변수 t에 대하여 실수값을 주는 함수 $x(t)$에 대하여, $\dot{x}(t)=\frac{dx(t)}{dt}$, $\ddot{x}(t)=\frac{d^2x(t)}{dt^2}$이다.

12) 미분방정식 $A\ddot{x}+B\dot{x}+Cx=0$에서 보조식은 $A\lambda^2+B\lambda+c=0$으로 주어진다.

13) 미분방정식 $A\ddot{x}+B\dot{x}+Cx=0$의 해는 $x(t)=a_1e^{\lambda_1 t}+a_2e^{\lambda_2 t}$로 주어진다. 단, 보조식이 서로 다른 두 근 λ_1, λ_2를 가지는 경우이다.

리처드 파인만은 이렇게 말했다. "The most remarkable formula in mathematics is $e^{\theta i} = \cos\theta + i\sin\theta$, This is our jewel." 슈타인메츠는 GE에서 전기공학자들에게 복소수를 교육하였고, −1의 제곱근으로부터 전기를 발생시키는 마법사로 불렸다.

오일러 지표(표수)

다면체는 여러 개의 면(부분적으로 평면의 일부인)을 가지고 있는 입체이다. 구면이 주어져 있으면 구면을 변형하여 다면체를 만들 수 있다. 이때 만들어진 다면체에서 v를 꼭짓점의 개수, e를 모서리의 개수, f를 면의 개수라고 할 때, 오일러 지표는 다음 같다.

$$\chi = v - e + f$$

이때 구와 연결 상태가 같을 경우(homeomorphic) 오일러 지표의 값은 그 모양에 관계없이 항상 2가 된다는 것을 보일 수 있다.

예를 들어 정다면체에서의 오일러 지표, 즉 $\chi = v - e + f$를 살펴보자.

이름	그림	꼭짓점 v	모서리 e	면 f	오일러 지표: v - e + f
정사면체		4	6	4	2
정육면체		8	12	6	2
정팔면체		6	12	8	2
정십이면체		20	30	12	2
정이십면체		12	30	20	2

출처: 위키백과

정다면체 모두 오일러 지표가 2인 것을 확인해볼 수 있다.

이것은 우연이 아니며 다음과 같은 도형(깎은 정이십면체–축구공)에서도 마찬가지이다.

축구공은 다면체의 한 종류이고 따라서 오일러 지표는 2이다. 다면체는 특정 구조를 가지는 경우 다양성의 제약을 받게 된다. 축구공의 오각형 면의 수를 f_5라 하고 육각형 면의 수를 f_6이라 하자. 이때 축구공의 구조로부터 축구공의 꼭짓점의 수, 선분의 수, 면의 수를 구해보자. 미지수는 v, e, f, f_5, f_6로 다섯 개이므로 식 다섯 개가 필요하다. 하나는 오일러 지표이고 다른 하나는 $f_5 + f_6 = f$이다. 나머지 세 개의 식이 추가로 필요하다.

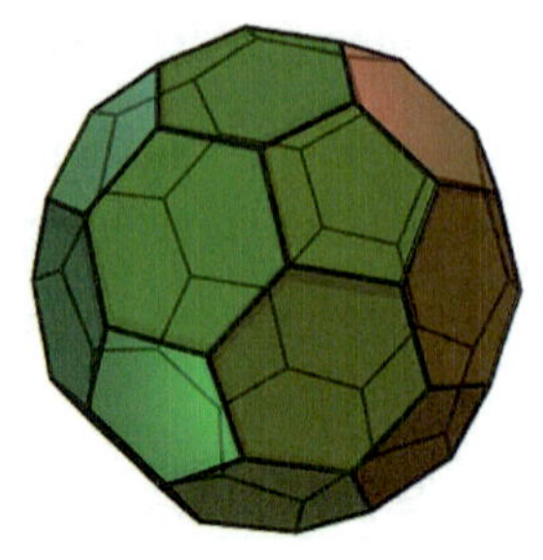

출처 : 위키백과

[축구공 다면체]

각 꼭짓점에 개미를 세 마리 올려놓자. 그리고 각 개미를 선분 방향으로 한 걸음 움직이자. 그러면 다면체의 모든 선분에 개미가 두 마리씩 놓이게 된다. 따라서 $3v = 2e$가 얻어진다.

오각형 면에는 개미 다섯 마리, 육각형 면에는 개미 여섯 마리를 놓자. 모든 개미를 주어진 면과 이웃한 각 변으로 이동시키면 모든 선분에 개미가 두 마리씩 놓이게 된다. 따라서 $5f_5 + 6f_6 = 2e$가 얻어진다.

마지막 하나의 식은 오각형 면의 개미 다섯 마리를 놓고 각 꼭짓점으로 이동시킨다. 이때 모든 꼭짓점이 개미로 채워진다. 따라서 $5f_5 = v$가 얻어진다. 다섯 개의 식을 결합하면

$$v = 60, e = 90, f_5 = 12, f_6 = 20, f = 32$$

가 최종적으로 얻어진다.

오일러 지표는 공껍질(구)의 근본적인 구조를 깨뜨리지 않은 상태에서 변형시킨다면 항상 그 값이 2가 나오게 된다. 이 작업을 구면이 아닌 원환면

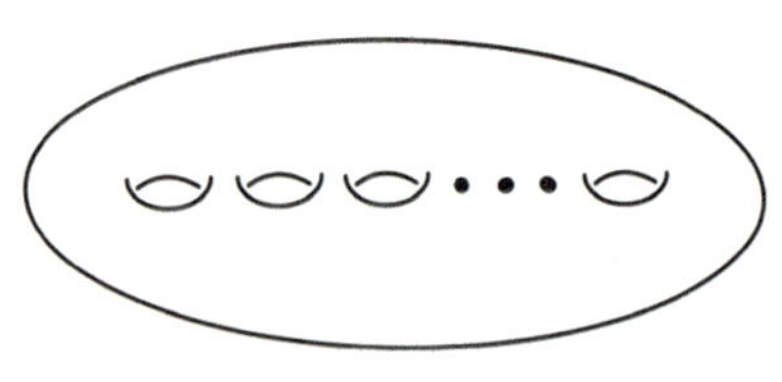

[구멍이 많은 원환면]

을 가지고 한다면 오일러 지표 값은 항상 0이 나온다. 원환면은 도너츠나 자동차 타이어 바퀴를 생각하면 된다. 도너츠는 가운데 구멍이 하나인데 구멍이 두 개인 도너츠, 3개인 도너츠도 생각할 수 있다. 일반적으로 구멍이 n개인 원환면의 오일러 지표 값은 $2-2n$이 나온다. 이와 같이 오일러 지표는 대상이 가지고 있는 근본적인 성질에만 의존한다. 이러한 성질을 우리는 위상적 성질이라고 부른다.

수학에서의 아름다움

수학에서 보여 지는 아름다움은 상당히 주관적이기도 하지만 많은 수학자들이 아름다움에 대하여 공통적으로 언급하는 다음과 같은 부분이 있다. 독자들이 동의하는 부분이 있는지는 각자 판단하기로 한다.

1. 의외의 연결다리, $\frac{1}{1^2}+\frac{1}{2^2}+\frac{1}{3^2}+\cdots=\frac{\pi^2}{6}$에서처럼 자연수와 원 사이에 예기치 못한 이외의 연결성이 존재한다. 또한 지수함수와 삼각함수는 전혀 다른 성격의 함수이지만 식 $\cos x=\frac{e^{ix}+e^{-ix}}{2}$, $\sin x=\frac{e^{ix}-e^{-ix}}{2i}$이 보여주는 두 함수의 연관성은 놀라움을 준다.
2. 놀라운 해결 능력, 복소수의 마술에서 보여지는 놀라운 복소수의 문제 해결 능력을 이미 살펴보았다.
3. 다양하고 독창적인 수많은 증명의 존재는 수학이 보여 주는 놀라운 모습이다.
4. 엄숙하고 조화로움도 수학의 한 가지 면으로 보인다.
5. 군더더기 없는 간결성, 수학은 필요한 만큼만 그리고 최대한 간결하게 진행하는 것을 선호한다. 모든 수학자들이 동의하는 것은 아니지만 "수학에서는 짧은 증명이 가장 좋은 증명이다"라는

생각이 있다.

6. 수학에는 아름다운 구조가 보여주는 신비로움이 있다고 생각된다. 한 가지 예를 들면 수에서는 자연수, 정수, 유리수 ,실수, 복소수의 계층 구조가 있다.
7. 전혀 실용적이지 않을 것 같은 느낌은 수학의 많은 결과들에서 보여 지는 느낌이다. 중고등학교 과정에서 많은 학생들은 수학을 어렵고 힘든 과정을 통해서 배운다. 거기에 전혀 실용적이지 않을 것 같은 느낌은 수학을 배우는데 동기부여를 하지 못하는 원인이 된다.
8. 수학과 예술에서의 아름다움(간결함, 조화로움, 경이로움)

수학에서 느낄 수 있는 아름다움은 고대 그리스와 로마의 예술 작품들에서 느끼는 아름다움과 유사성이 있다. 어떠한 유사성이 있는지 각자 살펴보자. 수학 그 중에서 특별히 기하학이 놀랍도록 발전했던 고대 그리스에서는 수학뿐 만 아니라 아래에서 보여지는 놀라운 조각 작품들에서 보여 지듯이 건축과 조각 같은 예술 분야에서도 놀라운 성취를 이루어 냈다.

[라오콘 군상]

[사모트라케의 니케]

출처: 위키백과

바젤 문제와 리만제타함수

바젤 문제는 1650년 이탈리아의 수학자 맹골리에 의해 제기된 문제이다. 주어진 급수

$\sum_{n=1}^{\infty}\frac{1}{n^2}=\frac{1}{1^2}+\frac{1}{2^2}+\frac{1}{3^2}+\frac{1}{4^2}+\cdots$를 닫힌 형식으로 구하라는 문제이다. 1735년 오일러는 이 급수가 $\frac{\pi^2}{6}$과 같다는 것을 보였다[1]. 왼쪽은 자연수의 제곱의 역수의 합이고 오른쪽은 원주율 π가 나타난다. 서로 관계없어 보이는 두 대상이 신비롭게 만나는 것을 볼 수 있다.

$\frac{1}{1^2}+\frac{1}{2^2}+\frac{1}{3^2}+\cdots=\frac{\pi^2}{6}$은 수학에서 아름다운 공식으로 손꼽히는 대표적인 식 중 하나이다.

바젤 문제에서 자연수 n의 지수를 2에서 s로 바꾸면 $\sum_{n=1}^{\infty}\frac{1}{n^s}=\frac{1}{1^s}+\frac{1}{2^s}+\frac{1}{3^s}+\frac{1}{4^s}+\cdots$이다.

만약 누군가가 $\sum_{n=1}^{\infty}\frac{1}{n^2}=\frac{\pi^2}{6}$과 같이 $\sum_{n=1}^{\infty}\frac{1}{n^3}$을 간단하게 표현할 수 있다면 오일러 이래로 300년 역사를 가지는 미해결 문제가 해결된다. 독자들은 도전해 보기를 바란다.

비록 $\sum_{n=1}^{\infty}\frac{1}{n^3}$의 간단한 표현을 아직까지는 모르지만 다음 식은 알려져 있다.

$$\frac{1}{1^3}-\frac{1}{3^3}+\frac{1}{5^3}-\frac{1}{7^3}+\cdots=\frac{\pi^3}{32} \quad 14)$$

14) 구간 $[0,\pi]$에서 푸리에 급수 전개식 $x(\pi^2-x^2)=12\sum_{n=1}^{\infty}\frac{(-1)^{n+1}}{n^3}\sin(nx)$에 $x=\frac{\pi}{2}$를

$$\frac{1}{1^3}+\frac{1}{3^3}-\frac{1}{5^3}-\frac{1}{7^3}+\cdots=\frac{3\pi^3\sqrt{2}}{128}$$ 15)

$$\frac{1}{1^3}+\frac{1}{2^3}+\frac{1}{3^3}+\frac{1}{4^3}+\cdots=\frac{1}{1^3}+\frac{1}{3^3}+\frac{1}{5^3}+\frac{1}{7^3}+\cdots$$
$$+\frac{1}{2^3}\left(\frac{1}{1^3}+\frac{1}{2^3}+\frac{1}{3^3}+\frac{1}{4^3}+\cdots\right)$$

이므로 등식 $\frac{1}{1^3}+\frac{1}{3^3}+\frac{1}{5^3}+\frac{1}{7^3}+\cdots=\frac{7}{8}\sum_{n=1}^{\infty}\frac{1}{n^3}$은 쉽게 유도된다. 따라서 $\sum_{n=1}^{\infty}\frac{1}{(2n-1)^3}$값을 구해도 문제가 해결된다.

미적분에 의하면 $\sum_{n=1}^{\infty}\frac{1}{n^s}$은 $s>1$의 범위에서 수렴한다. 주어진 s마다 하나의 값이 얻어지는데 우리는 그것을 리만 제타 함수 $\zeta(s)$라고 부른다. 해석적 연속이라는 방법을 사용하면 $s\neq 1$인 임의의 복소수 s에 대해서 정의되는 함수로 만들 수 있다.

다음과 같은 표현을 오일러의 곱셈 공식이라고 부른다.

$$\sum_{n=1}^{\infty}\frac{1}{n^s}=\left(1+\frac{1}{2^s}+\frac{1}{4^s}+\cdots\right)\left(1+\frac{1}{3^s}+\frac{1}{9^s}+\cdots\right)\cdots$$
$$\left(1+\frac{1}{p^s}+\frac{1}{p^{2s}}+\cdots\right)=\frac{1}{1^s}+\frac{1}{2^s}+\frac{1}{3^s}+\cdots$$

각 괄호마다 1을 선택해주면 1이 나오고,

처음의 괄호에서 $\frac{1}{2^s}$을, 나머지 괄호에서 1을 선택하면 $\frac{1}{2^s}$이 나온다.

대입하면 얻어진다.

15) 14)의 푸리에 급수 전개식에 $x=\frac{\pi}{4}$를 대입하면 얻어진다.

이러한 방법으로 모든 항들을 나타낼 수 있다.

또한 각 괄호의 합들은 무한등비급수의 형태이므로 다음과 같이 나타낼 수도 있다.

$$\sum_{n=1}^{\infty}\frac{1}{n^s}=\frac{1}{1-2^{-s}}\cdot\frac{1}{1-3^{-s}}\cdot\frac{1}{1-5^{-s}}\cdots=\prod_{p}\frac{1}{1-p^{-s}},$$

p는 소수이다. 예를 들어 $s=2$인 경우 다음과 같다.

$$\zeta(2)=\frac{\pi^2}{6}=\sum_{n=1}^{\infty}\frac{1}{n^2}=\frac{2^2}{2^2-1}\cdot\frac{3^2}{3^2-1}\cdot\frac{5^2}{5^2-1}\cdots\frac{p^2}{p^2-1}\cdots$$

왼쪽의 원주율과 오른쪽의 모든 소수들에 대한 $p^2/(p^2-1)$들의 곱이 연결되어 있음을 보여주는 식이다. 이와 같은 이유로 리만제타 함수는 수학에서 매우 중요한 식으로 소수의 성질을 탐구하는 데 중요하게 사용된다.

소수의 분포는 정해진 규칙없이 매우 불규칙하게 나타난다. 그렇지만 수가 커질수록 소수가 나타나는 빈도는 규칙적이 되면서 그 빈도가 알려져 있었고 그것을 소수정리라고 한다.

임의의 실수 x에 대하여 실수 x보다 작거나 같은 소수의 개수를 세는 함수를 $\pi(x)$라 할 때 소수정리는 다음을 의미한다.

$$\lim_{x\to\infty}\frac{\pi(x)\ln(x)}{x}=1 \quad \text{또는 간단히 } \pi(x)\sim\frac{x}{\ln(x)}$$

로 나타낸다. 수학자 리만은 1859년 〈주어진 수보다 작은 소수의 개수에 대하여〉라는 논문에서 리만제타 함수의 비자명 해의 실수부가 1/2라는 리만 가설을 가정하고 소수정리가 만족함을 보였다. 후에 소수정리는 리만가설이 참이라는 가정없이 여러 수학자들에 의해 증명되었다. 그러나 정작 리만가설 자체는 현재까지도 풀리지 않고 있는 수학계의 가장 중요하고 어려운 문제로 간주되고 있다. 리만가설은 1900년 세계수학자 대회에서 힐베르트가 20세기에 수학자들이 해결해야할 문제로 제시한 23개 문제에도 있고, 2000년 클레이재단에서 개별적으로 100만 달러의 상금을 건 7개의 문제들에도 들어있다. 힐베르트는 "만약 내가 1000년동안 잠들어 있다가 깨어난다면 제일 먼저 물을 것이다. 리만가설은 증명되었습니까?"라는 말을 남겼다.

리만제타함수를 이용하여 소수의 개수가 무한개임을 보이는 오일러의 증명을 살펴보자.

$\zeta(s)=\prod_{p}\frac{1}{1-p^{-s}}$ 로부터 양변에 로그를 취하면

$\log\zeta(s)=\log\prod_{p}\frac{1}{1-p^{-s}}=\sum_{p}-\log(1-p^{-s})$이 얻어진다.

테일러 전개식에 미적분학에 의하면 $\log(1+x)=x-\frac{x^2}{2}+\frac{x^3}{3}-\frac{x^4}{4}+\cdots(-1<x\le 1)$임을 알 수 있다. 따라서 $\log(1+x)\approx x$로 근사시킬 수 있다(엄밀한 증명이 필요하지만 그냥 넘어간다). 결론적으로 다음의 식이 얻어진다.

$$\log\zeta(s)=\sum_{p}-\log(1-p^{-s})\approx\sum_{p}p^{-s}=\sum_{p}\frac{1}{p^{s}}$$

그리고 s에 1을 대입하면 $\sum_{p}\frac{1}{p}=\infty$이 얻어진다.

만약 소수의 개수가 유한하다면 $\sum_{p}\frac{1}{p}$이 유한한 값이 나왔어야 하지만 그렇지 않고 무한대가 나왔기 때문에 소수의 개수가 무한하다는

것을 확인할 수 있다. 이 증명은 수학적으로 미흡한 부분이 여러 군데 보인다. 그렇지만 대략적인 아이디어와 오일러 곱셈 공식의 중요성을 보여준다.

데자르그의 정리

삼각형 ABC와 삼각형A′B′C′에서 대응하는 꼭짓점을 연결한 세 직선이 한 점에서 만날 때, 대응하는 세 쌍의 변의 연장선의 교점에 있는 세 점은 한 직선 위에 있다.

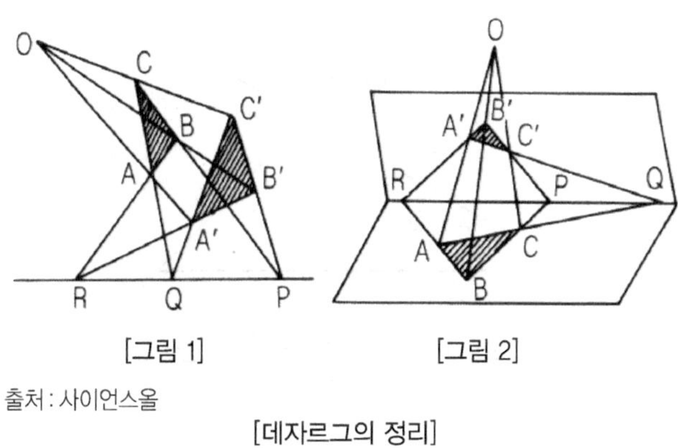

[그림 1] [그림 2]

출처 : 사이언스올

[데자르그의 정리]

파푸스 정리

복비를 소개한다. 복비는 하나의 직선 위에 있는 네 점에 대하여 어떤 실수값을 주는 방식이다.

네 점 A, B, C, D 에 대하여 복비 (AB, CD)는 $\dfrac{AC/CB}{AD/DB}$로 정의한다. 한 점 O를 지나는 네 개의 직선에 대하여 직선 l, l'는 각각 네 개의 교차점을 가지게 된다. 직선 l 위의 네 점에 대한 복비와 직선 l' 위의 l과 대응되는 네 점에 대한 복비는 같아진다. 정리는 상당히 심오하지만 증명은 의외로 간단하다.

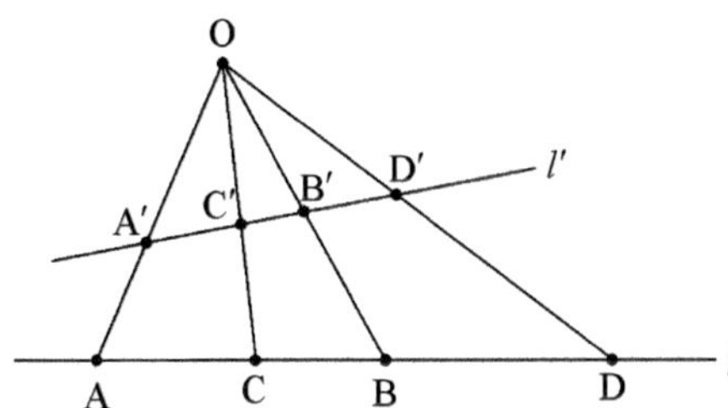

(파푸스 정리)

사영 아래에서 복비는 보존된다.
식으로는 다음과 같다.

$(AB, CD) = (A'B', C'D')$

증명

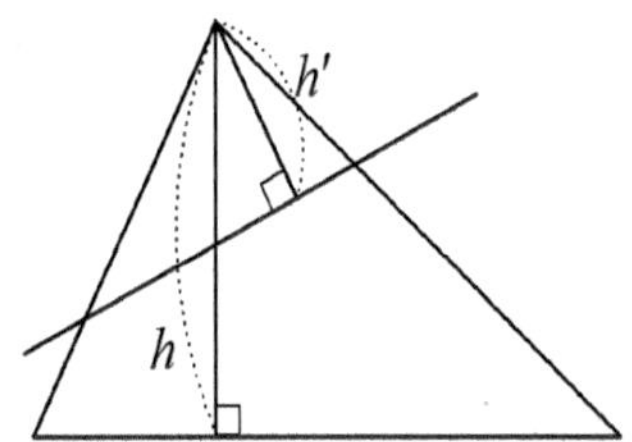

$$\frac{h \cdot \overline{DB}}{2} = (\triangle ODB \text{ 의 면적}) = \frac{1}{2} \cdot \overline{OD} \cdot \overline{OB} \cdot \sin(\angle DOB)$$

$$\frac{h \cdot \overline{AC}}{2} = (\triangle OAC \text{ 의 면적}) = \frac{1}{2} \cdot \overline{OA} \cdot \overline{OC} \cdot \sin(\angle AOC)$$

$$\frac{h \cdot \overline{CB}}{2} = (\triangle OCB \text{ 의 면적}) = \frac{1}{2} \cdot \overline{OC} \cdot \overline{OB} \cdot \sin(\angle COB)$$

$$\frac{h \cdot \overline{AB}}{2} = (\triangle OAB \text{ 의 면적}) = \frac{1}{2} \cdot \overline{OA} \cdot \overline{OB} \cdot \sin(\angle AOB)$$

$$(AB, CD) = \frac{AC / CB}{AD / DB} = \frac{\triangle OAC / \triangle OCB}{\triangle OAD / \triangle ODB}$$

$$= \frac{\overline{OA} \cdot \overline{OC} \cdot \sin(\angle AOC) / \overline{OC} \cdot \overline{OB} \cdot \sin(\angle COB)}{\overline{OA} \cdot \overline{OD} \cdot \sin(\angle AOD) / \overline{OD} \cdot \overline{OB} \cdot \sin(\angle DOB)}$$

$$= \frac{\sin(\angle AOC) / \sin(\angle COB)}{\sin(\angle AOD) / \sin(\angle DOB)}$$

$$= \frac{\sin(\angle A'OC') / \sin(\angle C'OB')}{\sin(\angle A'OD') / \sin(\angle D'OB')} = (A'B', C'D')$$

□

파푸스 정리는 항공촬영이나 사진판독 등에 이용된다. 복비를 이용하여 미지의 값을 구하는 문제를 연습문제 14에서 볼 수 있다.

파스칼의 정리

원, 타원, 포물선, 쌍곡선을 원뿔곡선이라고 부른다. 원뿔곡선에 내접하는 임의의 육각형 $ABCDEF$의 서로 대하는 변 AB와 DE, BC와 EF, CD와 FA, 또는 그 연장의 교점 P, Q, R은 일직선상에 있다는 정리이다.

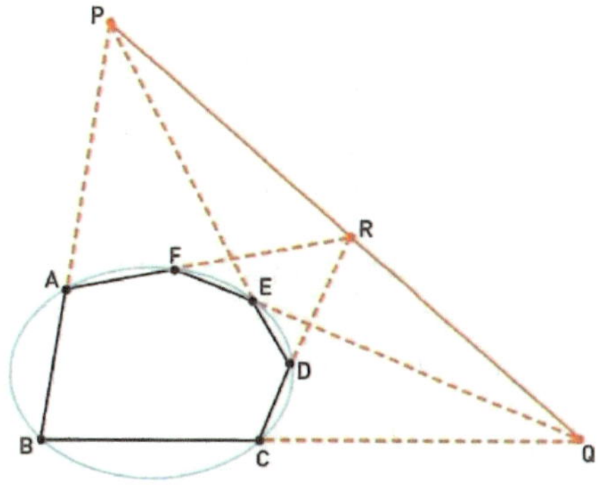

출처 : 세상의 모든 지식

[타원에서의 파스칼 정리]

1640년 파스칼이 증명하였다. 이 정리를 이용해 임의의 5점으로 정의되는 원뿔곡선을 그릴 수 있으며, 원뿔곡선 연구에 기본이 된다. 사영기하학에서 중요한 역할을 하였다.

아름다운 수학공식 10선

수학자들이 선정한 가장 아름다운 수학 공식 10개를 소개한다. 10위의 $\pi(x)$는 x이하의 소수의 개수를 세는 함수이고, 리만 가설과 연관이 있는 공식이다. 7위는 피보나치 수열의 일반항 공식으로 큰 황금비 $\Phi\left(=\frac{1+\sqrt{5}}{2}=1.6180\right)$와 작은 황금비 $\varphi\left(=\frac{-1+\sqrt{5}}{2}=0.6180\right)$ 그리고 피보나치 수열이 깊은 관련이 있는 것을 보여준다. 6위는 피타고라스 정리를 의미한다. 5위는 감마 함수로 응용 수학에서 중요하게 사용되는 함수이다. 4위는 실수집합이 비가산 집합임을 의미하는 식이다. 3위는 통계학에서 중요하게 사용되는 가우스 정규 분포에 관련된 식이다. 오일러와 직접 관계되는 식은 1, 2, 8위로 세 개가 보인다.

10위 $\pi(x)=\sum_{n=1}^{\infty}\frac{\mu(n)}{n}\mathrm{J}(\sqrt[n]{x})$

9위 $1+\frac{1}{2}+\frac{1}{3}+\cdots=\infty$

8위 $1+\frac{1}{4}+\frac{1}{9}+\frac{1}{16}+\cdots=\frac{\pi^2}{6}$

7위 $\mathrm{F}_n=\frac{1}{\sqrt{5}}(\Phi^n-(-\varphi)^n)$

6위 $a^2+b^2=c^2$

5위 $n!=\int_0^{\infty}x^n e^{-x}dx$

4위 $\mathbb{R}\sim 2^{\mathrm{N}}$

3위 $\int_{-\infty}^{\infty}e^{-x^2}dx=\sqrt{\pi}$

2위 $\sum_{n=1}^{\infty}\frac{1}{n^s}=\prod_{p:\text{소수}}\frac{1}{1-\frac{1}{p^s}}$

1위 $e^{\pi i}+1=0$

수학의 속성 - ⑤ 위태로운 벽돌 쌓기

수학의 역사에서 수학이 커다란 위기 상황을 맞이한 적이 몇 번 있었다.

그 첫 번째 사건은 무리수의 발견이었다. 고대 수학자들은 우주가 완벽하여 모든 것이 정수의 비로 표현될 수 있다고 믿었다. 피타고라스 학파는 무리수의 발견에 크게 낙담하였고 무리수를 발견한 히파소스를 살해하거나 추방했다고 알려져 있다. 고대 그리스 수학자들에게 무리수의 발견은 기존의 세계관이 부서진 위기 상황이었다.

두 번째 사건은 미적분학의 위기였다. 미적분학의 창시자인 뉴턴과 라이프니츠는 유율과 무한소를 다루었는데 둘 다 수학적으로는 문제가 있었다. 답을 구하는 데에는 문제가 없었지만 풀이에 사용되는 개념이 모호한 부분이 있었다. 그러나 코시와 바이어스트라스 등에 의하여 미적분학이 엄밀하게 다루어지면서 미적분학의 위기는 사라지게 된다.

세 번째 사건은 집합론에서 발생한다. '집합은 특정 조건을 만족하는 대상들의 모임이다.'라고 생각되었다. 이러한 간결한 집합의 정의는 러셀의 역설을 통하여 심각한 위기 상황을 맞이하게 된다. 러셀의 역설이라는 단 하나의 모순으로부터 기존의 집합론의 체계는 완전히 붕괴되었다. 수학이 추구하는 세계는 완벽하고 단 하나의 모순도 나타나지 않는 세계여야 한다. 따라서 이러한 치명적 모순은 기존의 체계를 무너뜨리고 새로운 수학을 탄생하게 하였다. 이렇듯 수학은 단 하나의 치명적 사소한 결함으로도 완전히 붕괴될 수 있는 세계이다. 이러한 붕괴는 한편으로는 치명적 결함이지만 또 다른 한편으로는 수학이 발전하고 더욱더 완벽해지는 발전의 계기로 작동하였다.

러셀의 역설

다음과 같은 집합 A를 생각해보자. 집합 A는 자기 자신을 원소로 포함하지 않는 모든 대상들을 모아놓은 집합이다. 수학 기호로는 $A = \{S \mid S \notin S\}$로 표현된다. 먼저 집합 A는 집합 A의 원소이거나 아닐 것이다. 각각의 경우에 다음을 만족한다. 어느 경우이던지 모순이 발생한다.

$$A \in A \Rightarrow A \notin A$$
$$A \notin A \Rightarrow A \in A$$

따라서 기존의 집합론 체계에서는 집합 A는 존재하면서도 있어서는 안 되는 존재가 된다.

수학자 버트런드 러셀이 1901년 발견한 논리적 역설로 프레게의 논리체계와 칸토어의 소박한 집합론이 모순을 지닌다는 것을 보여준 예이다. 프레게(Frege, 1848~1925)는 그의 1902년 역작 《산술의 기초》 인쇄 중 러셀의 파라독스를 접하고 자기의 논리체계에 심각한 모순이 있음을 파악하게 된다. 이후 집합론은 ZFC 공리계를 사용하여 새롭게 탄생하게 된다.

러셀은 화이트헤드(Whitehead, 1861~1947)와 더불어 《수학원리(Principia Mathematica)》라는 책을 저술한다. 이 책에서 집합론뿐만 아니라 논리학도 최소한의 원리로부터 쌓는 작업을 수행했다. 《수학원리》는 여러 가지 난해한 기호들이 동원된 두꺼운 책으로 1+1=2의 증명이 360쪽에 나온다.

수학의 속성 - ⑥ 무한대를 다룬다.

독일의 수학자 칸토어(Cantor, 1845~1918)는 집합론이라는 수학의 새로운 분야를 만들면서 무한집합에 관한 이론을 발전시켜 나갔다. 그 이전의 무한은 인간의 인식의 한계를 벗어난 초월의 대상으로 금기의 대상이었다. 그러나 칸토어는 일대일 대응이라는 간단한 방법을 사용하여 무한을 새롭게 조명하면서 마치 유한수처럼 무한수의 셈을 다루었다. 그의 이론은 무한의 종류가 여러 가지가 있으며, 특히 가산 무한(자연수, 유리수)과 비가산 무한(실수)이 중요한 개념으로 나온다. 수학의 해석학에서 가산무한과 비가산무한은 가장 근본적인 핵심 개념이고, 측도론과 확률론에서도 마찬가지이다. 20세기 들어 수학을 비약적으로 발전시킨 중요한 원동력 중의 하나가 되었다. 힐베르트(Hilbert, 1862~1943)의 칸토어 낙원 얘기는 칸토어의 무한이론이 현대 수학에서 얼마나 중요한지를 단적으로 보여준다. 그리고 칸토어의 이론이 현대 수학의 미흡했던 부분을 밝혀주는 등불과 같은 존재라고 생각하였다. 이후 칸토어의 이론은 수학계에 엄청난 발전을 가져다주었다. 그렇지만 칸토어의 이론은 초창기에 대부분의 수학자들에게 완벽한 무시와 멸시를 받았다.

칸토어
(독일의 수학자, 1845~1918)

힐베르트
(독일의 수학자, 1862~1943)

칸토어 – "수학의 본질은 자유이다."

힐베르트 – "어느 누구도 칸토어가 만든 낙원으로부터 우리를 내쫓을 수 없다."

에르되시 – "수학은 인간의 행위 중 유일하게 무한한 것이다. 숫자 그 자체가 무한이기 때문이다."

칸토어의 연구 내용 중 일부를 소개한다.

칸토어의 집합론

집합론에서 집합 A의 기수(cardinal number)는 대략적으로 집합 A의 원소의 개수를 의미한다. 두 집합 A, B의 원소의 개수가 같다는 것은 두 집합의 기수 $|A|, |B|$가 같다는 것이고 수학적으로는 다음과 같이 엄밀하게 정의한다.

$$|A| = |B| \Leftrightarrow \exists f : A \to B,\ f\text{는 전단사함수}$$

$\exists f : A \to B$에서 $\exists$의 의미는 집합$\{f \mid f : A \to B\}$에서 어떠한 함수가 존재해서 주어진 조건 여기서는 전단사 조건을 만족하는 함수 f를 찾을 수 있음을 의미한다. 위의 정의를 사용하여 기수가 같은 경우를 예시에서 살펴보자.

예시 자연수 집합 N과 짝수 집합 2N의 개수가 같다.

$$\begin{aligned} f : \mathrm{N} &\to 2\mathrm{N} \\ x &\mapsto 2x \end{aligned}$$

주어진 f는 전단사 함수이므로 $|\mathrm{N}| = |2\mathrm{N}|$이다.

예시 자연수 집합 N과 유리수 집합 $\mathbb{Q}$의 개수가 같다.

먼저 자연수 집합 $\mathbb{N}$과 양의 유리수 집합 $\mathbb{Q}^+$사이의 일대일 대응을 소개한다.

$$f: \mathbb{N} \quad \rightarrow \quad \mathbb{Q}^+$$

각 자연수 1, 2, 3, ⋯ 를 다음과 같이 화살표를 따라서 대응시킬 수 있다.

1	2	3	4	5	6	⋯
1/2	3/2	5/2	7/2	9/2	11/2	⋯
1/3	2/3	4/3	5/3	7/3	8/3	⋯
1/4	3/4	5/4	7/4	9/4	11/4	⋯
1/5	2/5	3/5	4/5	6/5	7/5	⋯
1/6	5/6	7/6	11/6	13/6	17/6	⋯
⋮	⋮	⋮	⋮	⋮	⋮	⋱

$$1 \rightarrow 1, 2 \rightarrow 2,, 3 \rightarrow \frac{1}{2}, 4 \rightarrow 3, 5 \rightarrow \frac{3}{2}, 6 \rightarrow \frac{1}{3}, \cdots$$

위와 같은 방법으로 $f: -\mathbb{N} \quad \rightarrow \quad \mathbb{Q}^-$ 도 전단사함수가 되고 0은 0으로 보내면 되므로정수 집합 $\mathbb{Z}$와 유리수 집합 $\mathbb{Q}$의 개수가 같다.

한편, 함수 f를 다음과 같이 정의하면 자연수 집합 $\mathbb{N}$과 정수 집합 $\mathbb{Z}$의 개수가 같은 것을 보일 수 있다.

$$f(n) = \begin{cases} \dfrac{n}{2}, n: \text{짝수} \\ \dfrac{1-n}{2}, n: \text{홀수} \end{cases}, (n\text{은 자연수})$$

그러므로 $|\mathbb{N}| = |\mathbb{Z}| = |\mathbb{Q}|$이다.

자연수 집합과 기수가 작거나 같은 집합을 가산 집합이라 부른다. 그리고 가산 집합이 아닌 집합을 비가산 집합이라 부른다. 이때, 실수 집합이 가산 집합이 아님을 보일 수 있다. 칸토어의 대각선 논법을 사용하여 실수 집합이 가산 집합이 아님을 밑의 정리에서 보인다.

정리 실수 집합은 가산 집합이 아니다.

증명 실수의 부분 집합인 열린구간 $(0,1)$이 가산이 아님을 보인다. 결론을 부정하여 가산이라고 하자. 그러면 자연수 집합 N에서 열린구간 $(0,1)$으로 가는 전단사 함수 f가 존재하게 된다. 이때 모든 자연수의 함수 값을 10진수 소수 표현으로 나타내면, 다음과 같이 전개 가능하다.

$$
\begin{aligned}
f(1) &= 0.a_{1,1}a_{1,2}a_{1,3}a_{1,4}a_{1,5}\cdots \\
f(2) &= 0.a_{2,1}a_{2,2}a_{2,3}a_{2,4}a_{2,5}\cdots \\
f(3) &= 0.a_{3,1}a_{3,2}a_{3,3}a_{3,4}a_{3,5}\cdots \\
f(4) &= 0.a_{4,1}a_{4,2}a_{4,3}a_{4,4}a_{4,5}\cdots \\
\vdots & \qquad\quad \vdots \qquad\quad \ddots
\end{aligned}
$$

그리고 실수 $c = 0.b_1b_2b_3b_4\cdots$는 만일 $a_{i,i} = 1 \Rightarrow b_i = 2$로, 만일 $a_{i,i} \neq 1 \Rightarrow b_i = 1$로부터 정의한다. c는 열린구간 $(0,1)$의 원소이다. 따라서 f의 전단사 성질로부터 어떤 자연수 k가 존재하여 $f(k) = 0.a_{k,1}a_{k,2}a_{k,3}a_{k,4}a_{k,5}\cdots = c$가 성립한다. 그러나 $b_k \neq a_{k,k}$ 이므로 $f(k) \neq c$. 따라서 모순이다.

함수 $\tan\frac{\pi}{2}(2x-1)$는 열린구간 $(0,1)$에서 실수 집합으로의 전단사 함수이다. 열린구간 $(0,1)$이 가산이 아니므로, 실수 집합도 가산이 아니다. □

참고로 실수의 소수 표현은 특정 경우에 표현이 유일하지 않을 수 있다. 10진수 표기로 유한 소수는 예를 들어 0.1234는 0.1233999⋯와 0.1234000⋯로 두 가지 표현이 가능하다. 이때 앞의 표현을 종결되지않는 표현, 뒤의 표현을 종결되는 표현이라고 부른다. 위의 증명에서도 편의상 두 개의 표현 중에서 한가지 표현을 일관되게 사용한다고 가정한다.

한편 $|A| = |B|$는 $A \sim B$로도 표현한다. 칸토어는 $\mathbb{R} \sim \mathbb{R}^2$를 보였다(부록 참조). 결론적으로 $\mathbb{N} \sim \mathbb{Z} \sim \mathbb{Q}$, $\mathbb{R} - \mathbb{Q} \sim \mathbb{R} \sim \mathbb{R}^2 \sim \mathbb{R}^n$이고, 자연수의 기수는 $\aleph_0$로 실수의 기수는 $\aleph_1$으로 표시한다. 칸토어의 집합론에 의하면 무한 집합의 기수는 $\aleph_0, \aleph_1, \aleph_2, \cdots$로 무한 종류가 있음을 알 수 있다.

칸토어의 이러한 증명을 보고 앙리 푸앵카레는 '칸토어의 집합론은 언젠가는 치유되어야 할 수학자들의 고질병이다.'라며 비난하였다.

선택 공리

공집합을 원소로 가지지 않는 집합족(집합들의 집합) $X = \{S_i\}$가 주어질 때, X의 각 원소 S_i마다 주어진 집합인 S_i에서 S_i의 원소를 하나씩 고르는 함수 f가 존재한다. 이때 함수 f를 선택 함수라고 부른다. 예를 들어 집합족 $X = \{S_1, S_2\}$에서 $S_1 = \{a, b, c, d\}$이고 $S_2 = \{x, y, z\}$라면 $f(S_1) = b$, $f(S_2) = x$인 함수 f는 집합족 $X = \{S_1, S_2\}$의 선택함수가 된다. 선택 공리는 자연스럽기 때문에 받아들이는 데 문제가 없어 보이지만, 집합족 X가 무한 집합인 경우에 예상치 못한 이상한 수학적 결과를 얻게 된다.

선택공리를 가정하면 바나흐-타르스키 역설(Banach-Tarski paradox)

이 증명된다. 3차원상의 하나의 공을 유한 개의 조각으로 잘라서 변형하거나, 늘이거나, 새로운 점을 추가하지 않고 회전 및 평행이동 만을 통하여 두 개의 공으로 만들 수 있다. 이것은 납득하기 곤란하다. 때문에 선택공리를 배제하고 싶을 수 있지만, 그럴 경우 수학의 많은 정리들이 증명 불가능해지는 치명적 단점이 생긴다. 단, 여기에서의 조각은 우리가 일상에서 보는 조각이 아닌 수학 집합으로의 조각이다.

연속체 가설(continuum hypothesis)

'자연수와 실수 사이에 새로운 무한이 존재하지 않는다.' 또는 '실수 집합의 모든 부분 집합은 가산 집합이거나 아니면 실수 집합과 같은 기수를 가진다'로 표현한다.

1884년경에 칸토어가 스스로 제기했으나 증명과 반증을 수없이 하다가 포기하였다. 수학 역사상 역대급으로 어려운 문제로 간주되었다. 다비드 힐베르트는 1900년 세계 수학자 대회에서 연속체 가설을 힐베르트의 23문제들 중에서 1번 문제로 선정하였다.

이후 1938년 독일의 수학자 쿠르트 괴델이 '연속체 가설의 부정을 증명할 수 없다.'는 것을 보였으며 1963년에는 미국의 수학자 폴 코헨(Paul Cohen)이 '연속체 가설을 증명할 수 없다.'는 것을 보였다. 따라서 연속체 가설은 증명할 수도, 부정할 수도 없는 명제라는 것이다. 코헨은 이 업적으로 1966년 필즈상을 받게 된다.

참고로 여기서 사용하는 전제 조건은 집합론의 표준적인 공리계인 체르멜로-프랭켈(Zermelo-Fraenkel) 공리계에 선택공리(Axiom of Choice)를 추가한 상태에서의 명제이다. 이를 간단히 ZFC 공리계라 부른다.

괴델의 불완전성 정리

정리 1 자연수의 사칙연산을 포함하는 어떠한 공리계(즉 페아노 공리계를 포함하는 모든 공리계)도 무모순인 동시에 완전할 수 없다. 즉 어떤 체계가 무모순이라면, 그 체계에서는 참이면서도 증명할 수 없는 명제가 존재한다.

정리 2 자연수의 사칙연산을 포함하는 어떠한 공리계가 무모순일 경우, 그 공리계는 자기 자신의 무모순에 대한 정리를 포함할 수 없다.

어떤 공리계가 무모순이라는 것은 그 공리계로부터 어떤 명제 P와 그 명제의 부정명제인 $\sim P$가 동시에 증명되는 명제 P가 존재하지 않을 때 그 공리계가 무모순이라고 한다. 그리고 어떤 공리계로부터 만들어지는 체계가 완전하다는 것은 그 체계에서 참인 명제가 있다면 그 명제가 참이라는 것을 그 체계안에서 항상 증명할 수 있다는 것을 의미한다.

20세기 초의 유럽의 시대상과 그 당시의 수학자, 논리학자들의 이야기를 다룬 만화책으로 로지코믹스가 있다. 이 책에서는 그 시대의 대표적인 수학자들과 논리학자들로 러셀, 화이트헤드, 프레게, 칸토어, 괴델, 비트게슈타인 등이 등장한다. 괴델은 20세기를 대표하는 인류의 지성 중 한 명으로 뽑힌다.

쿠르트 괴델(Kurt Gödel, 1906 – 1978)

오스트리아–헝가리 제국에서 출생. 1924년 빈 대학 물리학과 입학 후에 빈학파의 세미나 참석으로 수리논리학에 관심을 가졌다. 1930년 박사학위를 받고 이듬해 20세기 논리학에서 제일 중요한 정리로 불리는 '불완전성 정리'를 발표한다. 정확한 논문 제목은 〈On Formally Undecidable Propositions of Principia Mathematica and Related Systems (수학의 원리 및 관련 체계의 형식적으로 결정 불가능한 명제에 대하여)〉이다. 당대 일류 학자들이 "인간 이성의 한계를 보여주었다"는 평가를 하였다. 1940년경 나치를 피해 도미하여 미 프린스턴 고등연구소의 교수가 되었다.

말년에는 독살에 대한 피해망상과 그에 따른 거식증으로 사망하였다.

쿠르트 괴델

수학의 속성 - ⑦ 유용성

수학은 자연현상을 설명하는 효과적인 도구이다. 수학은 과학의 방법론으로, 그리고 과학의 언어로 그동안 위력을 발휘해왔다. 그러다가 제 2차 세계 대전을 전후로 실생활에 영향을 주지 않는다고 생각되었던 순수수학인 정수론조차도 그 응용성이 커지기 시작했다. 현대에 와서는 정보통신, 금융 분야를 비롯한 많은 분야에서 수학의 중요성이 점점 확대되고 있다. 실제로 많은 수학의 정리들이 우리가 예상하지 못한 방법으로 곳곳에서 사용되어지고 있는데, 어떤 수학 정리가 실생활에서 유용하게 쓰일지 아닐지는 그 정리가 실제로 쓰이기 전까지는 판단이 불가능함을 알 수 있다.

> 김기철(서울시립대학교 전자전기컴퓨터공학부 명예교수): "이 세상에 쓸모없는 수학은 없다."

우리에게 매우 익숙한 피타고라스 정리는 아름다우면서도 그 유용성이 매우 큰 정리이다. 삼각함수의 기본 근간을 이루며, 좌표평면, 측량의 핵심 도구이다. 다음의 예에서도 피타고라스 정리의 유용성을 살펴볼 수 있다.

울릉도에서 독도가 보이는가?

다음 조건을 이용하여 울릉도에서 독도를 온전히 볼 수 있는지 판단해 보자.

울릉도 성인봉: 986m, 독도: 169m, 울릉도와 독도 사이의 거리(d_1): 87.4km, 지구 반지름(R): 6370km

다음과 같은 그림을 살펴보자.

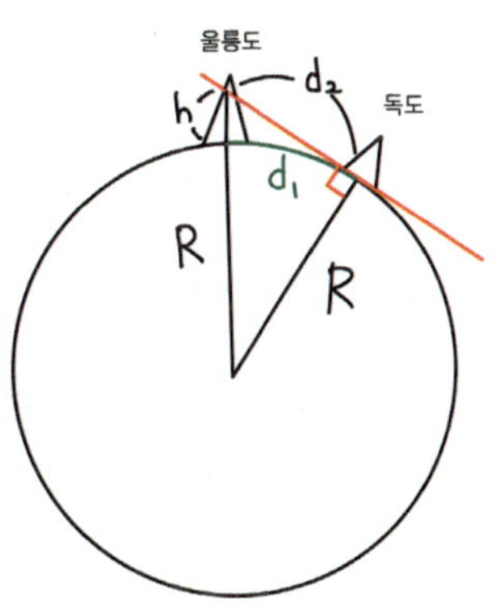

주어진 그림에서 d_1[16]과 d_2[17]의 값은 매우 비슷하다. 구체적으로 두 지점 사이의 지구 중심에서의 각도를 θ(단위는 라디안)라 하면 $d_1 = R\theta$이므로 $\theta = 0.0137$이다. $d_2 = R\tan\theta$로부터 d_1과 d_2의 거리 차 $d_2 - d_1 = R(\tan\theta - \theta)$가 된다. 구체적으로 계산해보면 거리 차이는 대략 5m로 무시할 수 있는 수준이다. 따라서 d_1과 d_2는 같은 값 d로 간주한다. 지구는 완벽한 구형이 아니다. 지구의 적도 반지름은 6378km이며 극 반지름은 6357km이다. 차이는 21km이지만 반지름에 비하면 $\frac{1}{300}$로 매우 작은 값이다. 따라서 계산 편의상 지구 반지름은 6370km로 간주한다. 그러므로 다음과 같은 직각삼각형을 생각할 수 있다.

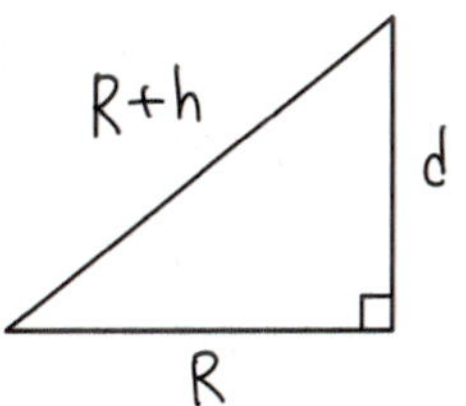

R: 6370km, d: 87.4km이므로 피타고라스의 정리에 의해 다음과 같은 식을 얻는다.

---

16) d_1은 울릉도와 독도사이의 지구 표면상의 거리이다.

17) d_2는 독도의 수평선(접선)이 울릉도와 만나는 직선거리이다.

$$(R+h)^2 = d_1^2 + R^2$$
$$\Rightarrow 2Rh = d_1^2 - h^2$$
$$\Rightarrow h = \frac{d_1^2 - h^2}{2R}$$

여기서 R은 독도의 수평선(접선)이 울릉도와 만나는 지점의 울릉도의 높이이다. 이때 h^2의 값은 d_1^2의 값에 비해 매우 작기 때문에 실제 계산에서는 무시한다.

즉 $h = \frac{d_1^2 - h^2}{2R} \approx \frac{d_1^2}{2R}$ 이고 값을 대입하면 $h ≒ 600(\mathrm{m})$를 얻는다. 따라서 울릉도의 대략 $\frac{2}{3}$지점 높이 위에서부터는 독도를 온전히 볼 수 있다. 실제로 울릉도에는 대략 해발 430m 지점에 독도 전망대가 있다. 이 위치에서는 독도의 아랫 부분이 일부 잘려서 안보이게 된다.

(참고로 독도를 온전히 전부 볼 수 있는 높이를 구한 것이다. 따라서 울릉도의 600m에서 독도를 보면 독도의 전체 169m를 보게 된다. 만약 독도의 선착장에서는 울릉도를 보면 울릉도의 600m보다 높은 곳만 보인다. 이때 986m−600m=386m이므로 높이로는 두 배 이상 면적으로는 네 배 이상의 보이는 부분의 차이가 생긴다.)

*울릉도에서 독도를 볼 수 있는 조건

① 밤에는 볼 수 없다.

② 울릉도의 특정 방향에서만 볼 수 있다.

③ 날씨가 좋아야 한다.

④ 안개가 많으면 볼 수 없다.

⑤ 미세먼지가 심하면 볼 수 없다.

위의 그림에서 울릉도 대신 바닷가에 서 있는 사람을 생각한다. 땅에서부터 사람의 눈높이까지의 높이를 h라고 하자. 이 경우에도 비슷하게 피타고라스 정리를 사용할 수 있다. $(R+h)^2 = d_1^2 + R^2$를 이용하여 수평선까지의 거리를 구할 수 있다. 대략 눈높이의 10cm 증가가 150m 거리 상승을 준다.

사람의 눈높이(h)가 1.5m인 경우 수평선까지의 거리는 4371m
사람의 눈높이(h)가 1.6m인 경우 수평선까지의 거리는 4515m
사람의 눈높이(h)가 1.7m인 경우 수평선까지의 거리는 4654m

동해 바닷가에 서서 해돋이를 보고 싶을 때, 가장 문제가 되는 것이 구름이다. 해돋이 순간의 상황은 사람의 눈과 해를 연결하는 직선이 수평선과 만날 때이다. 눈과 해를 연결하는 직선안에 방해물이 없다면 해돋이를 온전하게 보게 된다. 일반적으로 그 직선과 구름이 만나지 않을 조건은 매우 희박하므로 해가 수평선에서부터 곧바로 떠오르는 것을 보는 것은 매우 귀한 경험이 된다. 대부분의 경우 바닷가에서 수평선을 보면 수평선 바로 위로 구름이 밀집해서 보인다. 눈과 수평선 사이에는 구름이 존재하지 않기 때문에 그 구름은 수평선 너머에 있는 구름이고 해수면 위 수 km에 있는 구름이다. 대부분의 구름은 2000~7000m에 있지만, 지구가 평평하지 않기 때문에 생기는 현상이다. 만약에 한라산이나 설악산에서 온전한 해돋이를 보려면 눈과 수평선 사이에도 구름이 없어야 한다. 따라서 조건이 더 까다롭게 된다.

숫자 맞추기

Q 1~1000까지의 자연수 중 하나를 A가 마음속으로 선택한다. B는 A에게 질문을 하는데 대답은 Yes, No 둘 중에 하나만 가능하다. B는 몇 번의 질문으로 A가 생각한 숫자를 맞출 수 있는가?

풀이에 앞서 간단한 예시를 들어보자.

1, 2의 숫자만 있다면 한 번의 질문으로 맞출 수 있다.

1, 2, 3, 4의 경우는 2번이고, 1, 2, 3, 4, 5, 6, 7, 8의 경우는 3번이다.

그렇다면 1, 2, 3, 4, 5, 6, 7, 8, 9, 10의 경우는 몇 번일까?

풀이 A가 생각한 숫자가 4라고 가정해보자.

이 때 B는 다음과 같이 질문을 하면 된다.

1. 5보다 큰 수인가? → No
2. 2보다 큰 수인가? → Yes
3. 4보다 큰 수인가? → No
4. 3보다 큰 수인가? → Yes

이로서 B는 4번 만에 숫자를 맞추었다.

물론 더 빨리 정답을 맞힐 수도 있지만 최대 4번의 질문이 필요하다는 것을 의미한다.

* 위와 같은 n번의 시행을 하였을 때 다음의 중요한 정리가 성립한다.

정리. (정보의 나뭇가지 최대 경우) ≥ (가능한 답의 수)

위에서 예시로 들었던 1부터 10까지의 숫자가 있는 경우, 질문을 할 때마다 yes, no로 두 경우의 가지로 나뉘고 다시 새로운 질문에 yes, no로 마찬가지로 두 가지로 나뉜다. 따라서 n번 질문하는 경우 나뭇가지의 수는 2^n이 된다. 위의 문제에서 $2^n \geq 10$를 만족하는 최소의 자연수 n은 4가 된다. 따라서 질문은 최소 4회 이상하여야 한다. 그런데 4번의 기회로 알아맞힐 수 있으므로 정답은 4회이다.

풀이 ① 위의 방법처럼 계속해서 반으로 나눈다.

② 1~1000의 숫자를 이진법으로 표현하게 되면 열자리 숫자가 나온다. 이제 B는 다음과 같이 질문을 하면 된다.

1. 당신이 생각한 숫자를 이진법으로 나타내었을 때 첫 번째 자리의 수가 1인가?
2. 당신이 생각한 숫자를 이진법으로 나타내었을 때 두 번째 자리의 수가 1인가?

⋮

10. 당신이 생각한 숫자를 이진법으로 나타내었을 때 열 번째 자리의 수가 1인가?

그러나 ①과 ②의 풀이는 크게 다르지 않음을 금방 알 수 있다. ①의 경우 질문은 "500보다 큰 수인가?"이고, ②의 경우 질문은 "512보다 크거나 같은 수인가?"이다.

(정보의 나뭇가지 최대 경우) ≥ (가능한 답의 수)를 이용하는 다른 예제도 살펴보도록 하자.

Q **8개의 동전이 있다. 7개의 동전은 무게가 같은 진짜 동전이고, 나머지 하나는 무거운 가짜 동전이다. 양팔저울을 최소 몇 번 사용하여야 가짜 동전을 찾아낼 수 있는지 보이고, 구체적인 방법을 서술하여라.**

풀이 우선 동전이 8개가 있으므로 1부터 8까지 동전에 번호를 매긴다. 1부터 8까지 가짜 동전이 가능하므로 가능한 답의 수는 8가지이다. 양팔저울을 한 번 사용할 때마다 3가지 경우가 생기게 된다.
(왼쪽 또는 오른쪽으로 기울거나 평형을 이룬다.)
그러므로 (정보의 나뭇가지 최대 경우) ≥ (가능한 답의 수)를 이용하면,

$$3^n \geq 8 \quad \Rightarrow \quad n \geq 2$$

즉 양팔저울의 최소 사용횟수는 2회이다.

구체적으로 양팔저울을 2회 사용하는 방법을 살펴보자.

8개의 동전(1, 2, 3, 4, 5, 6, 7, 8)을 (1, 2, 3)과 (4, 5, 6)으로 나누어 양팔저울에 올린다. 여기서 (7, 8)은 그대로 둔다. 그렇게 되면 다음과 같은 3가지 경우가 생기게 된다.

$i)$ (1, 2, 3) > (4, 5, 6),
$ii)$ (1, 2, 3) = (4, 5, 6),
$iii)$ (1, 2, 3) < (4, 5, 6)

$i)$의 경우에 양팔저울에 1과 2를 올리면 다시 다음과 같은 3가지 경우가 생기게 된다.

$a)1 > 2$ $b)1 = 2$ $c)1 < 2$

$a)$의 경우 가짜 동전은 1, $b)$의 경우 가짜 동전은 3, $c)$의 경우 가짜 동전은 2가 된다.

$iii)$의 경우도 마찬가지로 $i)$의 방법처럼 가짜 동전을 찾아낼 수 있다.

$ii)$의 경우 가짜 동전은 (1, 2, 3, 4, 5, 6)중에 없다. 그러므로 (7, 8)을 비교하면 가짜 동전을 찾아낼 수 있다.

한편, 위의 식 $3^n \geq 8 \Rightarrow n \geq 2$이 성립하므로 동전이 9개가 있어도 양팔 저울을 2회만 사용하여 무거운 가짜 동전을 찾아낼 수 있다.

비슷한 예제를 살펴보도록 하자.

Q 8개의 동전이 있다. 7개의 동전은 무게가 같은 진짜 동전이고, 나머지 하나는 다른 동전들보다 무겁거나 가벼운 가짜 동전이다. 양팔저울을 최소 몇 번 사용하여야 가짜 동전을 찾아낼 수 있는지 보이고, 구체적인 방법을 서술하여라.

풀이 우선 동전이 8개가 있고, 가짜 동전이 무겁거나 가벼울 수 있으므로 가능한 답의 수는 16이다.
양팔저울을 한 번 사용할 때마다 3가지 경우가 생기므로
(정보의 나뭇가지 최대 경우) ≥ (가능한 답의 수)를 이용하면,

$$3^n \geq 16 \quad \Rightarrow \quad n \geq 3$$

즉 양팔저울의 최소 사용횟수는 3회이다.

구체적인 방법은 독자 여러분에게 맡긴다.
힌트 8개의 동전(1, 2, 3, 4, 5, 6, 7, 8)을 (1, 2, 3)과 (4, 5, 6)으로 나누어 진행하여 보아라.

Q n개의 동전이 있다. 그 중에 다른 동전들보다 무겁거나 가벼운 가짜 동전이 하나 숨어있다. 그리고 추가로 진짜 동전이 하나 주어져 있다. 양팔저울을 3회 사용하여 가짜 동전을 찾고 가짜 동전이 무거운지 가벼운지도 확인해야 한다. 그때 가능한 n의 최댓값은 얼마인가?

풀이 우선 가능한 답의 수는 $2n$개이다.
양팔 저울의 사용횟수를 k라 하자. 그러면 우리는 다음과 같은 식을 얻는다.

$$3^k \geq 2n$$

여기서 3^k는 홀수, $2n$은 짝수 이다. 홀수와 짝수는 절대 같을 수 없으므로 다음이 성립한다.

$$3^k \geq 2n \quad \Rightarrow \quad 3^k - 1 \geq 2n \quad \Rightarrow \quad \frac{3^k - 1}{2} \geq n$$

한편, 문제에서 $k = 3$이라고 주어졌으므로 위의 식에 대입하면,

$$\frac{3^3-1}{2}=13 \geq n$$

을 얻고 실제로 $n=13$인 경우에 양팔저울을 3회 사용하여 가짜 동전을 찾아낼 수 있다. 구체적인 방법은 각자 생각해보도록 하자.

* 참고로 위의 문제를 다음과 같이 변형하면 $n=14$로 답의 동전의 개수가 하나 증가한다.

Q n개의 동전이 있다. 그 중에 다른 동전들보다 무겁거나 가벼운 가짜 동전이 하나 숨어있다. 그리고 추가로 진짜 동전이 하나 주어져 있다. 양팔저울을 3회 사용하여 가짜 동전을 찾고자 한다. 그때 가능한 n의 최댓값은 얼마인가?

Q 자연수 1부터 8까지의 숫자 중에서 하나의 수를 생각한다. 최소 몇 번의 질문으로 생각한 수를 맞출 수 있을까? 이때, 대답하는 사람은 거짓말을 최대 한 번 사용할 수 있으며 대답은 'Yes' 또는 'No'로 한다.

'Yes' 또는 'No'로 대답하므로 n번의 질문에 대한 정보의 나뭇가지 수는 2^n이다.

숫자가 1부터 8까지 있고, 거짓말을 반드시 한 번 한다면 1부터 n번까지의 대답 중에 거짓말을 하여야 한다. 따라서 가능한 답의 수는 $8n$이다. 만약 거짓말을 할 수도 있지만 안 할 수도 있다면 1부터 n번까지의 대답 중에 거짓말을 안 할 수도 있으므로 가능한 답의 수는 $8(n+1)$이 된다. 그러므로 $2^n \geq 8(n+1) \Rightarrow n \geq 6$을 얻는다. 따라서 최소 6번의 질문이 필요함을 알 수 있다. 구체적인 방법은 연습문제 과제로 한다.

앨런 튜링(Alan Turing, 1912 – 1954)

사진출처 : 위키백과

정보를 모으고 문제를 수학적으로 분석하는 것은, 때로는 강력한 위력을 발휘하기도 한다. 제 2차 세계대전 중에 연합군은 영국의 블레츨리 파크(Bletchley Park)의 암호부서에서 앨런 튜링의 공로로 독일군 암호 '에니그마(Enigma)'를 해독하는데 성공한다. 튜링은 영국 최초의 컴퓨터 제작, 인공지능 테스트인 튜링테스트, 튜링기계 등으로 '컴퓨터과학의 아버지'로 불린다.

앨런 튜링의 공로로 제 2차 세계대전 당시 연합군은 추축국에 비해 전술적 우위를 점할 수 있게 되었다.

컴퓨터과학 분야에서 중요한 업적을 이룬 사람에게 주는 '튜링상'은 그의 이름을 딴 것이다. 컴퓨터과학 분야의 노벨상이라고 불리며, 컴퓨터과학 분야에서 중요한 업적을 이룬 사람에게 매년 시상하는 상이다. 튜링상은 1966년부터 현재까지 계속 진행되고 있으며 2014년부터는 구글이 매년 후원하고 있다.

루이 브라유(Louis Braille, 1809 – 1852)

사진출처: 위키백과

루이 브라유는 3살 때 사고로 왼쪽 눈이 실명되었고 이후 감염으로 인해 완전히 시력을 잃게 되었다. 14살 때 루이 점자체계를 발명하였으며 이후 맹인학교 교사로 활동하였다. 기존의 점자체계는 돋을새김 방식이나 12개의 점을 이용하는 방식이었는데 루이 점자체계는 6개의 점을 이용하는 방식이다.

루이 점자체계는 점차 그 가치를 인정받아 1847년에는 루이 점자 인쇄기가 발명이 되었으며 사후 유럽의 모든 맹인학교에서 루이 점자체계를 사용하게 되었다. 1952년 프랑스의 팡테옹 신전으로 유해가 이전되었다.

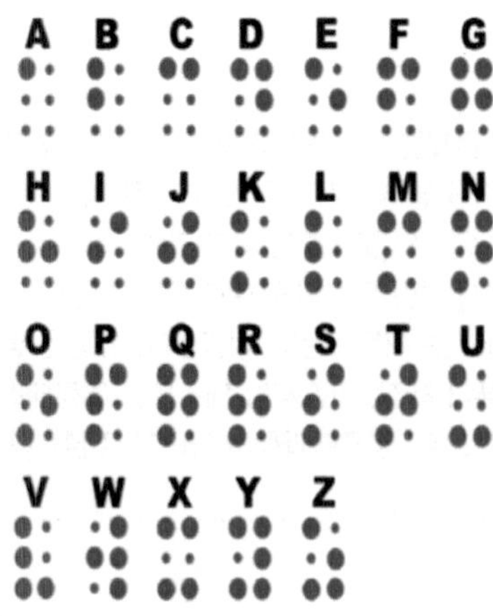

루이 브라유의 점자는 6개의 점을 사용한다. 각 위치마다 점을 찍거나 찍지 않으므로 가능한 경우의 수는 2^6 즉 64개이다. 알파벳 26자, 숫자 10개를 표현하기에는 충분한 것처럼 보이지만 그렇게 충분하지는 않다. 예를 들어 G같은 경우 점을 4개를 찍게 되는데 점을 찍지 않은 부분이 위에 2개인지 아래 2개인지 맹인들은 구분할 수 없기 때문에 못 쓰는 점이 생긴다. 알파벳 A의 경우 점 하나를 찍는 6가지 중 한 가지만 사용 가능하다. 이와 같이 사용할 수 없는 경우가 총 20개이다. 그러므로 알파벳과 숫자를 표현하면 오직 8개의 여유만 생긴다.

루이 브라유는 힘든 시련들은 잘 이겨내고 극복한 사람으로 유명하다. 실명 후 지역 신부의 도움으로 일반학교에 진학을 하고 왕립맹아학교도 진학하게 된다. 그 당시 맹인들을 위한 교재는 돋을새김 방식으로 매우 불편했다. 한편 왕립맹아학교를 찾아온 바비에르 대위는 등불없이도 의사소통이 가능하게 하는 목적의 12점 점자체계인 야간문자를 소개하고 루이는 그것에 자극받아 10대의 나이에 6점 점자 체계를 만들게 된다. 그리고 루이 브라유는 왕립맹아학교 교장의 제안으로 교사로 취업을 하게 된다. 6점 점자체계의 보급에 많은 노력을 들이는 도중에 결핵에 걸려서 잠시 요양을 하게 된다. 루이 브라유는 이 당시 보급에 많은 어려움을 겪는다. 돋을새김 방식으로 만들어지는 책을 후원하던 후원자는 새로운 문자를 개발한다는 사실에 분노하여 후원을 끊었고, 다른 맹아학교도 새로운 교육에 대한 부담으로 받아들이기를 두려워하였다. 요양 중 맹인들을 위한 책을 집필하지만 역시나 출판 거절을 당한다. 협조적이었던 교장의 퇴임 후 신임 교장은 6점 점자 체계에 대한 불신으로 학생들에게 6점 점자 체계를 금지

시켰고 관련 자료는 불태우는 등 적극적으로 방해하였다. 당시 교사들도 새로운 문자 체계가 맹인학교 교사의 직업을 사라지게 할 것이라는 두려움을 가지고 있었다. 그럼에도 학생들의 은밀한 사용은 계속되었고, 유일한 지지 동료 조셉 고데의 설득으로 교장의 마음을 돌리게 된다. 새로 지은 건물의 개관식에서 교장과 루이 브라유는 성공적으로 새로운 점자 체계의 홍보에 성공하게 된다. 이후에 건강 악화로 실제 홍보와 전파는 동료들의 도움으로 이어가게 된다. 사후 1868년 맹인들을 위한 공식 문자로 인정받고, 유럽 전역의 맹인학교로 보급되어진다.

모스부호

모스부호는 짧은 신호(·)와 긴 신호(–) 두 가지를 이용하여 정보를 전달한다.

즉 모스부호를 n개의 줄 만큼 사용하면 $2+2^2+2^3+\cdots+2^n$가지의 경우의 수가 나온다.

알파벳 26자와 숫자 10개를 표현하기 위해서 모스부호 5줄을 사용한다. 왜냐하면

$2+2^2+2^3+2^4+2^5=62>26+10=36$이고

$2+2^2+2^3+2^4=30<26+10=36$이기 때문이다.

만물은 수이다.

위 문장은 기원전 500년 경에 활동하던 고대 그리스의 철학자이며 수학자인 피타고라스가 남긴 말이다. 고대 그리스의 철학자들은 세상을 이루는 근본과 근본 물질에 대하여 다양한 주장을 펼쳤다. 탈레스는 물을 주장하였고, 엠페도클레스는 흙, 물, 불, 공기의 4원소설을

주장하였다. 피타고라스는 우주의 조화는 수의 비례에 있다고 생각하였다. 이렇듯 보여지는 현실세계에서 보여지지 않는 세계인 수의 세계가 중요한 역할을 한다는 것인데, 자연을 이해하기 위한 신의 도구로서의 수학의 역할을 생각하면 피타고라스의 주장은 현대의 디지털 세상에도 큰 의미가 있다고 본다.

위에서 다루었던 몇몇 주제들을 보면서 저울문제나 숫자 알아 맞추기 그리고 6점 점자 체계나 모스부호에서 수학적 분석이 매우 중요함을 보았다. 추가로 지문판독[1]과 안면인식기술[2] 그리고 주민등록번호에 대하여 살펴보자.

[피타고라스]

스마트폰에 쓰이는 지문인식은 대표적 생체인식이고, 지문판별은 범죄자를 구분하는 범죄수사에서의 가장 중요한 기법이다. 두 가지 모두 지문의 핵심 특징들을 수치화하여 처리한다.

사진판독기술도 사람 얼굴의 전체 정보가 필요한 것이 아니고 얼굴의 70개 정도의 특정 점들의 위치 값으로 인식을 하게 된다. 이때 두 개의 얼굴을 비교하는 것은 두 개의 수치 값을 비교하는 작업으로 순식간에 일을 처리하게 된다. 주민등록번호도 개인의 많은 정보가 담겨진 개인별 수치값이다. 이렇듯 현대사회에서는 어떤 정보가 주어질 때 그 안의 핵심정보를 수치화해서 바꾸는 작업이 매우 중요해지고 있다. 주민등록번호는 신분 증명 수단으로의 편리성이라는 장점을 가지고 있지만 개인 정보 누출 위험성이라는 단점도 가지고 있다. 과거에도 비슷한 신분증제도가 있었지만 현대적인 주민등록증 제도는 1968년부터 시행되었다. 주민등록번호는 밑에서 다룬다.

주민등록번호

다음과 같은 주민등록번호가 있다고 하자.

990101-123456X

여기서 990101은 생년월일을 말하고 1은 성별, 2345는 출생등록지 지역고유번호 (2020년 10월부터는 지역고유번호 대신에 임의 방식으로 변경), 6은 등록순서이고 X는 검증번호(check digit)이다.

주민등록번호 ABCDEF-GHIJKLX의 검증번호 X는 다음과 같이 구해진다.

$$X = 11 - (2A + 3B + 4C + 5D + 6E + 7F + 8G + 9H + 2I + 3J + 4K + 5L) \bmod 11$$

여기서 mod n은 n으로 나눈 나머지($0 \leq \bmod n < n$)를 의미한다.

위의 주민등록번호 990101-123456X에서 검증번호 X의 값을 구해보자.

$$\begin{aligned} X &= 11 - (18 + 27 + 0 + 5 + 0 + 7 + 8 + 18 + 6 + 12 + 20 + 30) \bmod 11 \\ &= 11 - 8 \\ &= 3 \end{aligned}$$

그러므로 올바른 주민등록번호는 990101-1234563이 된다.

간단히는 $2A + 3B + 4C + 5D + 6E + 7F + 8G + 9H + 2I + 3J + 4K + 5L + X$가 11의 배수가 되도록 하면 된다. X를 $\bmod 11$식로 계산하면 $0, 1, 2, \cdots, 9, 10$중 하나의 수가 된다. 만약 X값이 10이 나오면 곤란하므로 계산값이 10이 나오면 0으로 처리한다. 검증번호는 주민등록증의 위조를 막는 효과적인 방법이 된다.

성냥개비 게임

21개의 성냥개비가 있다. 두 사람이 차례로 1개 이상 5개 이하의 성냥개비를 가져갈 때, 가져갈 성냥이 없는 사람이 지는 것으로 한다. 먼저 성냥개비를 가져가는 사람이 이길 수 있는 전략이 있겠는가? 성냥개비의 개수가 임의일 때도 전략이 있겠는가?

풀이 성냥이 1~5개인 경우, 먼저 가져가는 사람이 반드시 이길 수 있다.

성냥이 6개인 경우, 나중에 가져가는 사람이 반드시 이길 수 있다.

성냥이 7개인 경우, 먼저 가져가는 사람이 처음에 1개를 가져가면 반드시 이길 수 있다.

8개인 경우, 먼저 가져가는 사람이 처음에 2개를 가져가면 반드시 이길 수 있다.

위와 같은 방법으로 성냥이 11개인 경우까지 먼저 가져가는 사람이 반드시 이길 수 있다.

성냥이 12개인 경우, 나중에 가져가는 사람이 가져간 성냥이 6개가 되도록 가져가면(1개를 가져가면 5개, 2개를 가져가면 4개 등과 같이) 반드시 이길 수 있다.

이를 통해 성냥의 개수가 $6k+1, 6k+2, 6k+3, 6k+4, 6k+5$인 경우에는 먼저 가져가는 사람이, 성냥의 개수가 $6k$인 경우에는 나중에 가져가는 사람이 이기게 된다.(k는 음이 아닌 정수)

그러므로 성냥의 개수가 21개인 위의 문제는 먼저 가져가는 사람이 처음에 성냥을 3개 가져가면 반드시 이길 수 있다.

다음의 성냥개비 문제도 생각해보자.

20개의 성냥개비가 있다. 두 사람이 차례로 1개, 2개, 4개, 8개,

2^n개 중 한 가지 방법으로 가져갈 때, 가져갈 성냥이 없는 사람이 지는 것으로 한다. 먼저 성냥개비를 가져가는 사람이 이길 수 있는 전략이 있겠는가? 성냥개비의 개수가 임의일 때도 전략이 있겠는가?

풀이 성냥이 1, 2개인 경우, 먼저 가져가는 사람이 반드시 이길 수 있다.
성냥이 3개인 경우, 나중에 가져가는 사람이 반드시 이길 수 있다.
성냥이 4개인 경우, 먼저 가져가는 사람이 처음에 1개를 가져가면 반드시 이길 수 있다.
5개인 경우, 먼저 가져가는 사람이 처음에 2개를 가져가면 반드시 이길 수 있다.
성냥이 6개인 경우, 나중에 가져가는 사람이 가져간 성냥이 앞사람과 합쳐서 3 또는 6개가 되도록 가져가면 나중에 가져가는 사람이 반드시 이길 수 있다.
이를 통해 성냥의 개수가 $3k+1$, $3k+2$인 경우에는 먼저 가져가는 사람이 $3k$가 남도록 하면 먼저 가져가는 사람이, 성냥의 개수가 $3k$인 경우에는 나중에 가져가는 사람이 먼저 가져가는 사람과 합쳐서 3의 배수만큼 가져가면 반드시 이길 수 있다.(k는 음이 아닌 정수)
참고로 $3k-2^n$는 0이 될 수 없으므로 항상 $3k'+1$, $3k'+2$가 된다.

아이스크림 31게임

게임의 규칙은 다음과 같다.

- 상대방과 내가 한 번씩 번갈아가며 숫자를 말한다.
- 숫자는 상대방이 마지막으로 말하는 수에서 1, 2, 3 큰 수까지 말할 수 있다.(상대방이 3을 말했다면 나는 4 혹은 4, 5 혹은 4, 5, 6까지 말할 수 있다.)

처음 말하는 사람은 1 또는 1, 2 혹은 1, 2, 3까지 말할 수 있다.

- 마지막 수 31을 말하는 사람이 승리한다.

풀이 두 사람 A, B가 있고, A가 항상 먼저 말한다.
만약 1을 말하면 승리하는 게임이라고 가정하자. 그렇다면 A가 반드시 이기게 된다.
2, 3을 말하면 승리하는 게임이라고 가정하여도 마찬가지다.
이번에는 4를 말하면 승리하는 게임이라고 가정하자. 이 경우는 B가 반드시 이길 수 있다.
다음으로 5를 말하면 승리하는 게임이라고 가정하자. 이 경우 A는 처음 차례에 1을 말하고 이후 B의 차례에서 말하는 숫자의 개수에 따라 합쳐서 4개가 되도록 숫자를 말하면 반드시 이길 수 있다. 6, 7의 경우도 마찬가지로 A가 반드시 이길 수 있다.
그러나 8은 A가 말하는 숫자의 개수와 합쳐 4개가 되도록 말하면 B가 이길 수 있다.

즉 이 게임에서는 말할 수 있는 수의 개수가 4의 배수냐 아니냐가 중요한 것이다.

이는 위에 나오는 성냥개비 문제로 바꾸면 1개 또는 2개 또는 3개 중에서 한 가지 방법으로 성냥개비를 가져가는 문제로 총 31개의 성냥개비가 주어지는 문제로 이해 가능하다.

국제수학올림피아드[1]

국제수학올림피아드(International Mathematical Olympiad, IMO)는 대학교육을 받지 않은 만 20세 미만의 전 세계 청소년들을 대상으로 매년 열리는 수학경시대회이다. 첫 대회는 1959년 루마니아에서 7개국 참가로 개최되었고, 1980년을 제외하고는 매년 열렸다. 100여개 이상의 국가가 참가하며 최대 6명의 학생을 보낼 수 있다. 성적에 따라 금메달, 은메달. 동메달이 주어지며 한 문제를 정확히 푼 경우 명예상이 주어진다. 문제는 총 6문제로 문제당 7점으로 42점 만점이다. 하루에 4시간 30분씩 이틀의 시간이 주어진다. 우리나라는 2012년 대회와 2017년 대회에서 종합 순위 1위를 하였다. 한국은 1988년부터 참가해 오고 있으며 현재는 중국, 미국, 한국에서 1, 2, 3위를 가지고 서로 경쟁하는 수학 강국으로 자리매김하고 있다.

Q 두 명의 선수 A와 B가 거짓말쟁이 추측 게임을 한다. 이 게임의 규칙은 두 양의 정수 k와 n에 의해 결정되고 이 숫자들을 선수들은 미리 알고 있다.

게임이 시작될 때 A는 먼저 양의 정수 x와 N을(단, $x \leq N$) 선택한 후, A는 B에게 x는 감추고 N은 무엇인지 정직하게 알려 준다. B는 x에 대한 정보를 얻기 위해 다음과 같은 방식으로 A에게 질문들을 한다.

질문 방식: B는 각 질문마다 양의 정수로 이루어진 집합 S를 지정해 그것이 무엇인지 설명한 후(이전에 지정한 집합과 같아도 상관없다.), x가 그 집합에 속하는지 물어본다. B는 원하는 만큼 얼마든지 여러 번 질문할 수 있다. A는 B가 질문할 때마다 '예' 또는 '아니오'로 즉시 답을 해야 한다. 단, A는 몇 번이고 거짓으로 대답할 수 있다. 하지만, A는 임의의 $k+1$번의 연속한 B의 질문에 대하여 적어도 한 번은 정직하게 대답하여야 한다.

B는 원하는 만큼 충분히 여러 번 질문한 후에 n개 이하의 양의 정수로 이루어진 집합 X를 제시하여야 한다. 이때, x가 X에 속하면 B

가 이기고 그렇지 않으면 B가 진다. 다음을 각각 보여라.

1. $n \geq 2^k$이면, B의 필승 전략이 존재한다.
2. 충분히 큰 모든 k에 대하면 B의 필승 전략이 존재하지 않는 어떤 정수 $n \geq 1.99^k$가 존재한다.

읽기에도 복잡한 이 문제는 2012년 국제수학올림피아드 3번 문제이다.

게임이론

게임이론은 1944년 존 폰 노이만(John von Neumann, 1903 – 1957)과 오스카 모르겐슈테른(Oskar Morgenstern, 1902 – 1977)의 공저 《Theory of Games and Economic Behavior(게임이론과 경제행동)》에서 이론적 기초가 마련되어, 제2차 세계대전 당시 잠수함 전투에 이 이론을 이용한 미국의 물리학자인 P.모스에 의해서 더욱 발전되었다. 그리고 노이만에게 게임 이론을 배운 존 츄키는 확률론을 도입하여 최소의 손실로 수행할 수 있는 전략 폭격 계획을 미군에 조언하였다.

게임이론은 주로 군사학에서 적용되어 왔으나 경제학, 경영학, 정치학, 심리학 등 여러 분야에도 널리 적용되고 있다. 게임이론에 있어서는 게임 당사자를 경쟁자라 하고, 경쟁자가 취하는 대체적 행동을 전략이라 하며, 어떤 전략을 선택했을 때의 게임의 결과로서 경쟁자가 얻는 것을 이익 또는 성과라고 한다.

게임은 경쟁자의 수에 따라 2인 게임(예: 장기, 바둑), 다수 게임(예: 포커 등으로 흔히 n인 게임이라 한다.)으로 분류된다. 가장 많이 나타나는 게임의 형태는 2인 영합 게임(zero-sum game)인데, 영합이라는 말은 서로 상반되는 이해를 가지는 2인 게임의 경우, 한쪽의 이익은 상대방의 손실을 가져오게 되어 두 경쟁자의 득실을 합하면 항상 영(zero)이 된다는 것을 의미한다.

전통적인 게임이론의 응용은 게임에서의 균형점(각 개체들이 자신의 행동을 바꾸지 않는 전략들의 집합)을 찾는 것이다. 많은 균형개념들이 개발되었는데, 그 중 내쉬 균형(Nash equilibrium)이 가장 유명하다.

초콜릿 게임

게임의 규칙은 다음과 같다.

- 초콜릿 상자 제일 왼쪽 위에는 독이 든 초콜릿이 하나 있다.
- 초콜릿 하나를 선택하면, 선택한 초콜릿을 기준으로 오른쪽, 아래쪽으로 둘러싸인 부분의 초콜릿을 모두 먹는다.
- 두 사람이 번갈아가며 남은 초콜릿 중에서 하나를 선택한다.
- 독이 든 초콜릿을 먹으면 게임에서 진다.

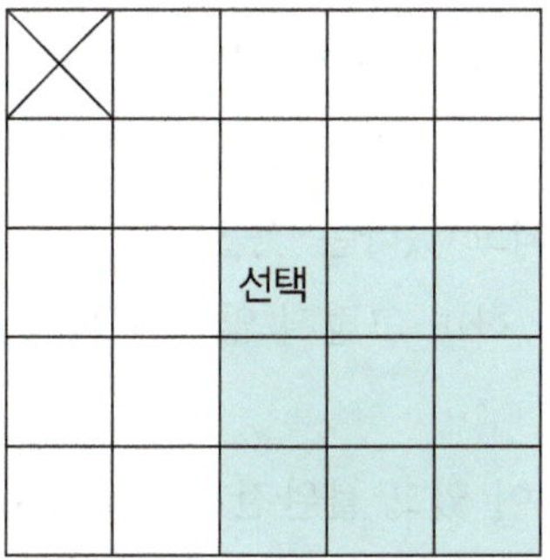

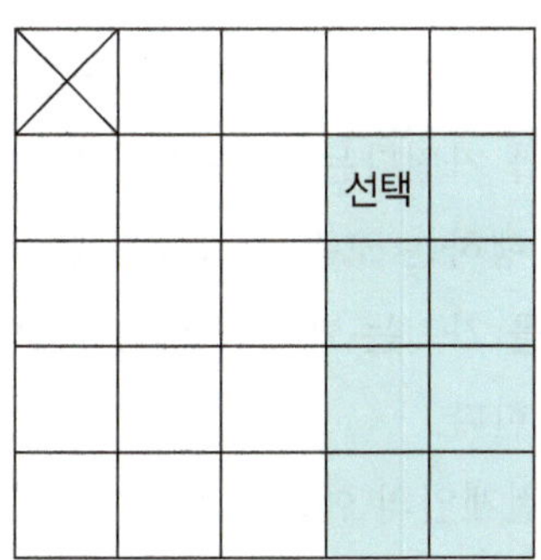

두 사람 A, B가 번갈아가며 A부터 게임을 진행한다.

우선 $1 \times n$ 의 초콜릿을 생각해보자.

선택

이 때, A가 독이 든 초콜릿의 오른쪽을 선택하면 이기게 된다.

다음으로 $2 \times n$ 의 초콜릿은 직접 해보기 바란다.

또 $n \times n$ 의 초콜릿을 살펴보면, A가 아래의 그림과 같은 위치를 선택하면 이후에 B가 어떤 위치를 선택하더라도 A는 B가 선택한 곳에 대각선을 기준으로 대칭적으로 선택하면 이길 수 있다. 예를 들어 2를 선택하면 b를 선택하고 c를 선택하면 3을 선택한다.

╳	a	b	c	d
1	선택			
2				
3				
4				

※ 독일의 수학자 에른스트 체르멜로(Ernst Zermelo, 1871 – 1953)는 1912년에 장기, 바둑, 오목과 같은 두 사람이 하는 완전한 정보를 가지는 유한게임에서는 두 사람 중 한 사람이 승리하거나 또는 두 사람이 서로 비길 수 있는 전략이 있다는 것을 증명하였다.

여기서 유한게임이란 유한 번 안에 끝나는 게임을 말하고, 완전한 정보를 가진다는 것은 게임을 진행할 때 나타나는 모든 요소가 게임을 진행하는 모든 사람들에게 전달되고 있다는 것을 말한다. 완전한 정보를 가지는 게임을 완전게임이라 하며 그렇지 않으면 불완전게임이라 한다.

완전게임의 예로는 바둑, 장기 등이 있고 불완전게임의 예로는 포커, 스타크래프트 등이 있다.

신과의 치킨 게임[1]

모든 사람의 마음을 읽을 수 있는 전지전능한 신이 인간의 몸으로 인간인 나와 게임을 한다. 서로 차를 몰고 상대방을 향하여 돌진한다. 마지막 순간에 늦게 핸들을 돌리는 쪽이 승리한다. 둘 다 돌리지 않으면 인간인 나는 죽고 신도 소멸한다고 가정하자. 인간이 이 게임에서 승리할 수 있는 방법이 존재하는가?

방법은 간단하다. 죽을 것을 각오하고 같이 죽자는 심정으로 임하면 된다. 이것은 나의 정보를 모두 상대방이 알고 있고 또한 그러한 정보를 내가 역으로 알고 있다는 강력한 정보로부터 나온다. 결국 많은 정보가 무지막지하게 강력한 상대를 제압할 수 있음을 보여준다.

조금 다르기는 하지만 첩보활동에서 누군가가 나를 도청한다는 것을 내가 안다면 나는 상대방에게 치명적인 피해를 줄 수 있게 된다.

존 내쉬(John Nash, 1928 – 2015)

1994년 '비협력 게임에서의 내쉬균형이론'으로 노벨 경제학상을 수상하였다. 수상 논문은 그의 박사 학위 논문이며 1950년대부터 망상성 조현병으로 고통을 겪었다. 30여년 동안 조현병에 시달렸지만 점차 극복했고 그의 게임 이론 결과가 높은 평가를 받게 되어 1994년 노벨경제학상을 수상하게 된다.

경제학에 게임이론을 도입하였으며 2001년 개봉한 영화 '뷰티풀 마인드'의 주인공이다.

파푸스 정리

사영기하학의 대표적인 정리인 파푸스 정리는 고대 그리스의 기하학자인 파푸스(Pappus, 290 – 350)가 발견한 정리이다. 천년도 더 지난 후에 화법기하학에서 입체도형을 평면에 기술하는데 사용하였다. 현대에 와서는 항공촬영 등에서 실제 사물의 크기나 길이를 구할 때 사용한다. 파푸스 정리와 같은 사영기하학의 정리들은 지금도 애니메이션 등 다양한 분야에서 사용되어 지고 있다.

파푸스 정리: 점 O에서 사영되는 두 직선 위의 대응되는 네 점의 복비는 보존된다. 직선 위의 네 점이 복비는 다음과 같이 정의된다.

$$\text{복비} : (AB, CD) = \frac{\overline{AC}/\overline{CB}}{\overline{AD}/\overline{DB}}$$

그리고 복비가 보존된다는 의미는 아래 그림에서의 두 복비 (AB, CD), (A′B′, C′D′)가 일치함을 말한다.

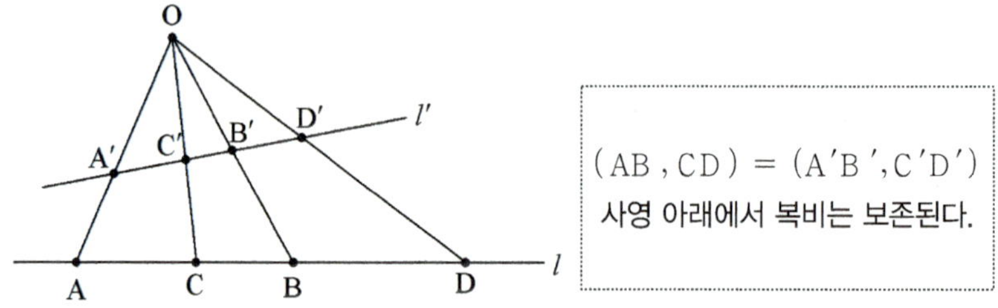

(AB , CD) = (A′B′, C′D′)
사영 아래에서 복비는 보존된다.

파푸스 정리의 증명은 수학의 4번째 속성 본문에서 확인 가능하다.

몽주(Gaspard Monge, 1746 – 1818)

몽주는 가난한 시골 행상의 아들로 태어났다. 출신 성분으로 사관학교는 못가고, 장교의 꿈을 대신해서 육군 공병학교로 진학하였다. 재학 중에 적의 포화를 피하는 요새 구축 문제를 기하학적 방법으로 짧은 시간에 풀었다. 이것이 오늘날 화법기하학(畫法幾何學)의 기원이다. 당시에는 프랑스의 군사기밀로서 15년간 공개되지 않았다. 1780년 파리대학에서 수력학(水力學)을 강의하였다. 1792년 혁명정부의 해군상(海軍相)이 되었고, 그의 제안으로 1794년 에콜 폴리테크니크가 창설되자 그곳의 중심 멤버로 활동하여 많은 인재를 양성하였다. 나폴레옹으로부터 레지옹도뇌르 훈장을 받고, 상원의장과 1808년에는 나폴레옹으로부터 백작의 작위를 받았다.

수학적 모델링[1]

수학적 개념과 언어를 사용한 시스템의 서술을 수학적 모델이라 하는데 수학적 모델을 개발하는 과정을 수학적 모델링이라고 한다. 비(非) 수학적 대상을 연구하면서 그에 대한 수학적 모델을 세워서 연구하는 방법은 넓은 범위의 학문에서 아주 중요하게 자리 잡았다.

수학적 모델링의 과정

현실세계(문제) → 1단계: 가설 설정 → 2단계: 수학적 문제로 변환 → 3단계: 수학적 문제 풀이 → 4단계: 현실에 수학적 해법 적용 → 5단계: 모델 적용 → 6단계: 현상 설명, 예측

3단계나 5단계에서 문제 해결에 적합하지 않을 경우 1단계로 되돌아 가서 다시 시작한다.

다음 수학적 모델링의 예시를 살펴보자.

로트카-볼테라 모델(Lotka-Volterra model)[1]

토끼 여우 모델이라고 불린다.

토끼를 $y_1(t)$, 여우를 $y_2(t)$라 할 때,

① 토끼는 무한정 먹이를 공급받는다.

토끼는 여우에 의해서 죽게 되므로 $y_1 \cdot y_2$에 비례한다.

$\therefore y_1{}' = a \cdot y_1 - b \cdot y_1 \cdot y_2$

($\because$ 토끼가 일정한 비율로 새끼를 낳아서 수가 증가하므로 $a \cdot y_1$, 토끼와 여우가 만나 토끼가 죽게 되므로 $-b \cdot y_1 \cdot y_2$)

② 여우는 $y_2{}' = -l \cdot y_2 + k \cdot y_1 \cdot y_2$

(∵ 토끼가 없으면 여우가 죽으므로 $-l \cdot y_2$,

여우가 토끼를 만나 여우의 수가 증가하므로 $k \cdot y_1 \cdot y_2$)

③ 토끼와 여우 개체 수에 대한 수학적 모델링

토끼의 개체 수: $y_1{}' = a \cdot y_1 - b \cdot y_1 \cdot y_2$

여우의 개체 수: $y_2{}' = -l \cdot y_2 + k \cdot y_1 \cdot y_2$

위의 미분방정식을 풀면 아래와 같은 그림의 해가 나온다.

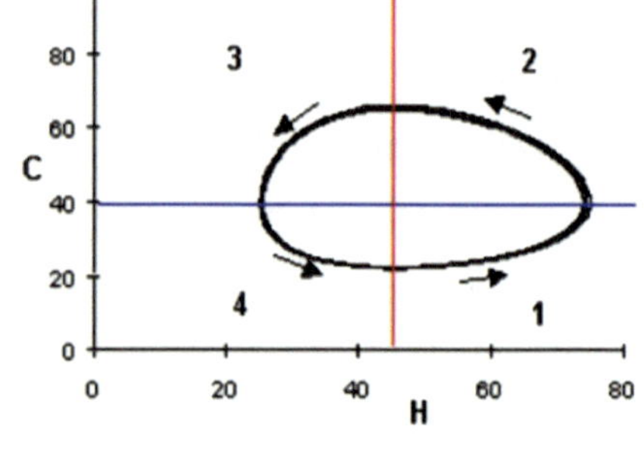

가로축은 토끼의 개체 수, 세로축은 여우의 개체 수이다.

1의 경우 토끼의 개체 수가 증가함에 따라 토끼를 잡아먹는 여우의 개체 수도 증가하고 있다.

2의 경우 여우의 개체 수가 증가함에 따라 토끼의 개체 수가 감소하고 있다.

3의 경우 토끼의 개체 수가 감소함에 따라 여우의 개체 수도 감소하고 있다.

4의 경우 여우의 개체 수가 감소함에 따라 토끼의 개체 수가 증가하고 있다.

위를 살펴보면 일종의 원과 비슷한 형태로 순환하는 것을 확인할 수 있다.

한편, 가로축은 여우의 개체 수가 0, 세로축은 토끼의 개체 수가 0인 것을 의미하고 위의 형태처럼 순환하다가 가로축에 닿게 되면 여우의 개체 수가 0이므로 토끼의 개체 수는 무한히 증가하고, 세로축에 닿게 되면 토끼의 개체 수가 0이므로 여우의 개체 수는 0으로 다가가게 된다. 다시 말해 순환하다가 어느 축에 닿게 되면 생태계가 위험해진다는 것을 의미한다.

따라서 안정적인 생태계를 유지하기 위해서는 되도록 안쪽의 원을 순환해야 한다.

Lotka(1880 - 1940)는 미국의 생물학자이고 Volterra(1860 - 1940)는 이탈리아의 수학자이다. 이론 생태학(Theoretical Ecology)에서 수여하는 상중에 Lotka-Volterra prize가 있을 정도로 Lotka-Volterra 모델이 지니는 의미는 상당하다. 허드슨 만(Hudson Bay) 근처의 스라소니와 토끼에 대하여 약 10년 주기의 주기 현상이 발견된 예시도 있다. 이는 Lotka-Volterra 모델이 잘 작동하고 있음을 보여준다. 물론 Lotka-Volterra 모델은 지나치게 단순한 가정을 기초로 하여 만들어진 이론이지만 현재 자세하고 발전된 이론들이 연구되고 있다.

위의 Lotka-Volterra 모델 이외에도 왕따 문제, 신종 인플루엔자도 수학적 모델링으로 연구되고 있다.

빅토리아 호수의 나일퍼치 이야기

빅토리아 호수는 아프리카 최대의 호수이며 세계에서 세 번째로 큰 호수이다.

그 면적은 69,485km^{2}이며 이는 남한 면적의 약 70%에 해당된다.

1954년경 영국인 식민 관리들의 취미 낚시를 위해 호수에 나일퍼치 방류하였다.(나일퍼치는 크기가 매우 큰 육식 어종이다.) 1976년 전체 어종 중 1~2%의 비중을 차지하였고 1980년에는 18% 1982년에는 61%의 비중을 차지하게 되었다. 빅토리아 호수의 어종 중 대부분을 차지하던 시클리드 400여종 중에 200여종이 멸종하였다. 초식어종의 급격한 감소로 빅토리아 호수의 조류가 급격하게 증가하게 되었다. 이에 따라 용존산소의 감소로 호수의 부영양화가 일어나게 되었다. 수생 곤충을 잡아먹던 토착 어종의 멸종위기로 모기, 파리, 강도래 류의 수생 곤충이 폭발적으로 증가하였으며 이로 인해 인근 마을에 일상생활이 불가능할 정도의 벌레들이 창궐하였다. 빅토리아 호수의 물이 식수로 사용하기에 어렵도록 오염이 심화되었고 지역 주민들에게서 수인성 질병과 피부병이 발병되었다. 현재도 오염이 계속 심화되어 호수의 물이 흘러가는 나일강 유역의 국가들에도 피해가 확산되고 있다. 장점도 있는데 호수 인근의 사람들에게는 주요 식량원이자 좋은 수출품으로 자리매김하고 있다.

빅토리아 호수의 부레옥잠 이야기

1988년경 원산지가 브라질인 부레옥잠이 호수에서 처음 발견되었다. 천적의 부재와 엄청난 번식 능력으로 급격한 증가(14일마다 두 배씩 증가)가 있었고, 1998년경에는 부레옥잠이 호안 지역을 덮어서 배의 통행이 불가능했다. 빠른 번식으로 드디어 면적이 180km^{2}으로 호수 전체의 0.25%를 차지했다. 만약에 두 배 증가가 9번 일어나면, 즉 18주가 지나면 이론적으로 호수 전체를 덮는 상황이다. 문제를 해결하기 위한 수많은 방법이 실패하고, 결국은 부레옥잠의 천적인 바구미를 들여오게되었다. 바구미의 도입으로 부레옥잠은 급격히 감소 효율적인 방법임이 밝혀졌다. 그럼에도 완전한 방제를 위해서 추가적인 생물학적 방법과 기계로 거두는 방법이 동시에 사용되고 있다.

금융수학

1. 블랙-숄즈이론

미국의 수학자 피셔 블랙(Fischer Sheffey Black, 1938-1995)과 미국의

경제학자 마이런 숄즈(Myron Samuel Scholes, 1941-)는 1973년 논문 〈The Pricing of Options and Corporate Liabilities(파생상품 이론)〉을 발표하였고 이후 1997년 숄즈와 논문에 도움을 준 로버트 C. 머튼(Robert Cox Merton, 1944-)은 노벨 경제학상을 공동 수상하였다.

논문 〈The Pricing of Options and Corporate Liabilities〉에는 다음과 같은 수학이 사용된다. 연속복리, Random walk(무작위 행보), 표준 Brownian motion(브라운 운동), 확률과정, Stochastic Calculus(확률미적분학)이 사용된다.

위에 언급한 3명이 금융시장에서 파생상품의 가격을 결정하는 방정식은 다음과 같다.

$$rV = rS\frac{\partial V}{\partial S} + \frac{\partial V}{\partial T} + \frac{1}{2}\sigma^2 S^2 \frac{\partial^2 V}{\partial S^2}$$

위의 식에서 V 는 옵션의 가격, S 는 주가, r 은 무위험 이자율, σ 는 주가의 변동성, T 는 옵션 만기까지 남은 기간이다. 위 식에서 σ 는 지금부터 주식 만기 시점까지의 변동성으로 사실은 현재 상황에서 알 수 없는 값이다. 따라서 현재 시점에서의 옵션 가격을 위 식으로부터 결정하는 것은 어느 정도 불완전한 시도가 될 수 밖에 없다.

[블랙과 숄즈 그리고 머튼]

블랙-숄즈 모형의 가정

① 주가는 대수 정규분포를 따른다.

② 거래비용과 세금은 없다. 모든 증권은 분할이 가능하다.

③ 옵션의 만기일까지 배당은 없다.

④ 무위험 차익거래기회는 존재하지 않는다.

⑤ 증권 거래는 연속적으로 이루어진다.

⑥ 투자자는 무위험이자율로 차입하거나 대출할 수 있다.

⑦ 단기 무위험이자율은 일정하다.

물론 이러한 가정이 자연스럽긴 하지만 모든 상황에서 믿을 만한 가정은 아니다.

사람들은 파생상품 이론을 토대로 무지막지한 돈을 벌어들였고 그 규모는 날이 갈수록 커져만 갔다. 그러나 2000년대에 들어서 미국발 금융위기로 많은 기업들이 천문학적인 금액의 손해를 보았다.

이처럼 기존에 잘 작동하던 이론이라도 그것을 100% 신뢰하는 것은 매우 위험한 발상이다.

10년 20년 동안 잘 작동하더라도 수학적 모델링은 언제나 불확실한 가정 위에서 만들어진 것임을 반드시 명심해야 한다.

브라운 운동을 묘사할 수 있는 것으로 유명한 확률미적분학은 일본의 수학자 이토 기요시(1915-2008)가 창시하였고 이는 블랙-숄즈 모형의 토대가 되는 이론이다. 확률이론에 대한 1940년과 1942년 논문은 현재 중요한 논문으로 평가받고 있지만 당대에는 관심을 끌지 못했다. 1944년과 46년의 논문은 확률미적분학과 확률미분방정식 이론의 시작으로 보고 있다.

[이토 기요시] [제임스 사이먼스]

2. 사이먼스와 르네상스 테크놀로지[1]

제임스 해리스 사이먼스(James Harris Simons 1938 – 2024)는 원래 상당히 유능한 수학자였는데 미국의 대표적인 퀀트 펀드 르네상스 테크놀로지를 창업하고 수학적 모델을 사용한 알고리즘 트레이딩을 이용하여 엄청난 수익을 내며 2005년에만 연봉으로 1조 4300억 원을 받았다. 사이먼스 회장의 재산은 대략 30조 원으로 추정된다. 30년간 연평균 수익률 66%를 달성하였다. 수수료를 제외하면 연평균 수익률은 39%로 모든 투자자 중에서 1위를 하였다. 사이먼스의 투자 기법은 주변 환경이나 개인의 선호도를 고려하지 않고 오직 수치적 데이터를 사용한 분석과 5분 이내에 컴퓨터로 사고 파는 초단타 기법(scalping)을 사용한다. 수없이 많은 사고 파는 과정 중에서 수익 대 손실의 비율이 단 1%라도 수익이 높은 경우 돈을 벌게 되는데 그러한 프로그래밍 기법을 찾는 것이 관건이다.

참고로 2등인 조지 소로스는 32%, 3위 스티브 코헨은 30%, 4위 피터 린치, 5위 워렌 버핏 순이다. 참고로 매주 1%의 이익을 낸다면 1년 52주가 지난 경우 $1.01^{52} = 1.68$이 된다. 따라서 사이먼스의 연평균 수익률 66%는 매주 1%의 수익을 내는 경우 가능한 수익률이다.

만약 초기 투자 금액이 100만원인 경우 10년이 지나면 100만원은 1억 7700만원이 된다. 만약 20년이 지난 경우에는 312억 원 정도 된다. 30년이 지난 경우 5조 5124억 원이 된다. 사이먼스의 수수료를 제외한 순 수익률이 39%이므로 이 수익률로 30년이 지난 경우 원금 100만원을 넣었다 가정하면 수수료를 제외한다 하더라도 다음과 같은 금액이 된다. 대략 195억 원 정도 된다.

$$1,000,000 \times 1.39^{30} = 1,000,000 \times 19,518.4 = 19,518,400,000$$

사이먼스는 "이 바닥에서는 좁고 깊은 수학적 역량보다는 넓고 얕은 수학적 역량에 다방면에 걸친 시각과 호기심, 끈기 등의 장점을 추가로 갖추는 것이 요구된다."고 말하였다.

3. 원금 2배 복리계산

금융 수학에서 미적분학이 사용되는 간단한 예를 살펴보자.

미적분학의 테일러 전개 식에 의하면

$$f(x+\Delta x) = f(x) + f'(x)\Delta x + f''(x)\frac{\Delta x^2}{2!} + f'''(x)\frac{\Delta x^3}{3!} + \cdots$$

따라서 근사적으로 $f(x+\Delta x)$는 $f(x)+f'(x)\Delta x$로 간주 가능하다.

원금 a인 금액을 은행에 넣었는데 연금리 r%로 n년 동안 넣는다고 하자. 이때 원금의 2배가 되는 기간 n을 구하기 위하여 다음과 같은 복리식을 적용한다.

$$a\left(1+\frac{r}{100}\right)^n = 2a$$

양변에 자연로그를 취하고 정리하면 다음과 같은 값 n을 구할 수 있다.

$$n = \frac{\ln 2}{\ln(1 + r/100)} \approx \frac{0.7}{r/100} = \frac{70}{r}$$

위의 식에서 ln2는 대략 0.6931이므로 근사적으로 0.7로 놓는다. $\ln(1+x)$는 테일러 근사식에 의해 x로 근사시킨다. 따라서 연이율이 10%이면 원금이 두 배가 되는 시기는 대략 7년이 걸린다. 참고로 $\ln x = \log_e x$로 자연대수 $e = 2.7182\cdots$를 밑으로 가지는 로그함수이다. $\ln x$는 자연과학과 공학에서 중요하게 사용되는 함수이다.

CT 사진의 원리(사이노그램)[1]

2차원 물체를 예를 들어 설명하자. 아래 그림에서 파란색으로 표시한 것과 같은 물건이 있다고 하자. 그림에서 동그라미로 둘러싼 영역 내부는 밖에서 보이지 않는 상황이다. 이 때, X선 사진을 여러 장 찍어 보이지 않는 물체의 위치 및 모양을 알아내는 것이 목표이다.

바깥에서 내부를 향해 일정 방향으로 X선을 쬐는데, 파란색 부분에서는 일정 비율로 흡수가 일어나고 나머지 부분은 온전히 통과한다고 하자. X선을 투입한 반대쪽에 X선 감지기를 달면 얼마나 흡수되었는지 알 수 있을 것이다. 이때, X선이 지나간 길에 놓인 물체의 길이에 따라 흡수된 양이 결정될 것이다.

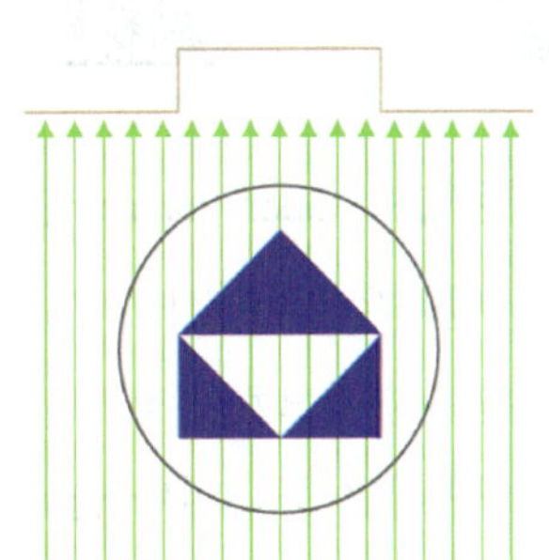

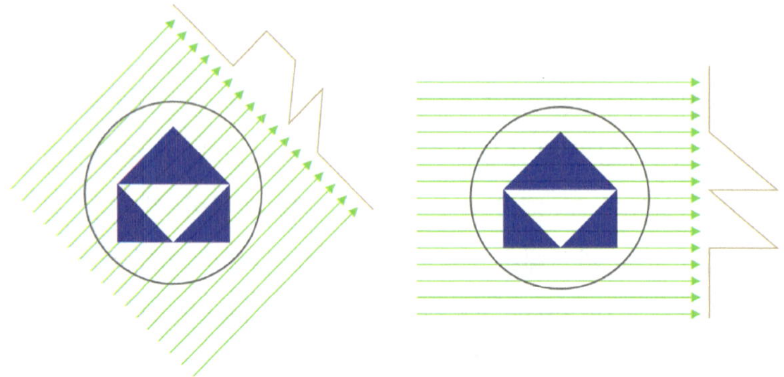

X선을 360도 모든 방향에서 쬐인 후 나타나는 여러 그래프들을 모아 라돈변환을 이용하여 인체 내부를 선명하게 확인할 수 있는 것이다(사진 참조[2]).

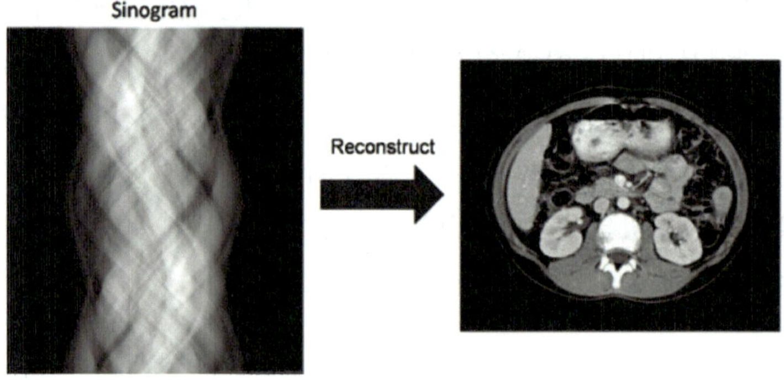

라돈변환(Radon transform)

라돈변환은 CT, MRI, fMRI, 초음파 진단기 등 의학용 진단 장비에 쓰이는 수학으로 푸리에 변환이라고 부르는 수학도구의 일종이다. 푸리에 변환은 공학이나 물리학 등에서 광범위하게 많이 등장하는 유용한 변환이다.

오스트리아의 수학자 라돈(Johann Radon, 1887 - 1956)이 발견한 라돈 변환이라는 수학 도구를 사용하여 CT촬영에 필요한 수학이 완성되었다. 거기에다 고속 컴퓨터와 고속 푸리에 변환이라는 보조적인 수학 장치에 힘입어 X선 CT 진단법이 개발되었다. 그 결과 X선 CT 진단법으로 1979년 노벨 의학 및 생리학상을 하운스필드(Godfrey Hounsfield, 1919 - 2004)와 코맥(Allan McLeod Cormack, 1924 - 1998)이 수상하게 된다.

고속 푸리에 변환(FFT, Fast Fourier Transform)[1]

푸리에 변환은 공업수학에서 매우 강력하고 중요한 수학 도구이다. 전기신호와 같은 것을 다양한 주파수를 가진 여러 개의 사인 및 코사인 함수로 분해하는 과정이다. 이 과정은 적분으로 표현된다. 적분이 일종의 무한 합이라고 한다면, 이를 유한 합으로 바꾸어 처리하는 것을 이산 푸리에 변환(DFT, Discrete Fourier Transform)이라 부른다. 적분을 이산으로 바꾸어도 여전히 현실에서는 DFT를 사용하기는 쉽지 않다. 이때 DFT를 빠르게 효율적으로 처리해주는 방법이 고속 푸리에 변환(FFT, Fast Fourier Transform)이다. FFT는 공학, 음악, 과학, 수학 등 다양한 분야에서 활용되고 있다. 1965년 쿨리와 튜키에 의해 발견되었지만 가우스도 이미 알고 있었다. FFT는 IEEE 잡지 Computing in Science & Engineering에서 선정한 "20세기 최고의 알고리즘 10선"에도 포함되었다. 핵심 아이디어는 길이 N(짝수)의 DFT를 길이 $\frac{N}{2}$인 두 개의 DFT로 변형하는 것이다. 쿨리와 튜키가 FFT를 개발한 목적은 적성 국가의 지하핵실험을 관측하기 위한 계산 도구로 만들어졌다.[2]

연습문제

과제 1[*] 그림에서 주어진 체스 판의 흰색 기사 3개와 검은색 기사 3개를 맞교환(마주 보게 교환할 필요는 없다)하기 위한 최소 이동횟수를 구하고 움직인 경로와 그것이 최소 횟수인 이유를 설명하여라. 단, 본문의 나이트 교환하기 문제의 조건을 그대로 사용한다.

과제 2 $m \times n$ ($m \leq n$) 체스 판에서 다음의 경우 닫힌 기사의 여행이 성립하지 않음을 보이시오.

$$(m,\ n)=(4,\ n),\ (3,\ 4),\ (3,\ 6),\ (3,\ 8)$$

과제 3 주어진 체스판 위의 그림상의 표시된 한 지점에서 표시된 다른 지점으로 기사를 옮기려고 한다. 이 때 체스판 위의 칸을 빠짐없이 모두 한번 씩만 경유하여 옮겨 가는 것이 불가능함을 보이시오.

과제 4 주어진 그림의 체스판 위에서 기사를 옮길 때 가장 많은 이동 횟수가 필요한 두 지점을 구하고 이유를 설명하시오. 단, A 지점에서 B 지점으로 옮기는데 한 경로는 4회, 다른 경로는 7회로 옮겨진다면, 작은 수인 4를 A에서 B로의 이동 횟수로 정의한다.

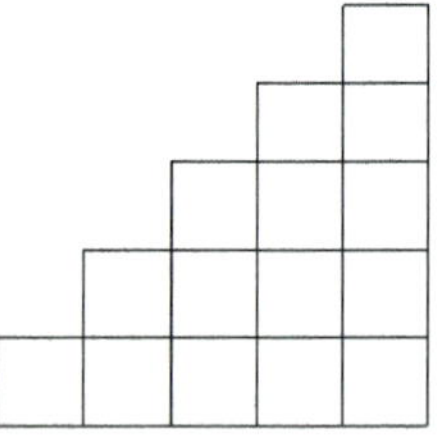

과제 5 밑의 그림으로 주어진 체스판 위에서 흰색 기사 둘과 검은색 기사 둘의 위치를 교환하고자 한다. 그때 최소 이동 횟수를 구하고 구체적인 방법을 설명하시오.

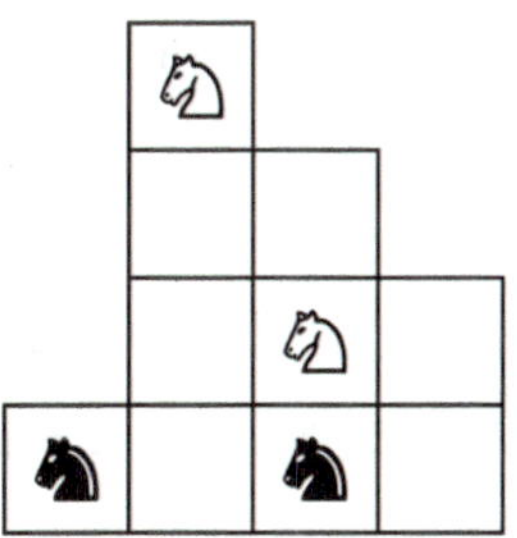

과제 6* 물을 자유롭게 공급하는 수도꼭지와 물을 버리는 것도 자유로운 상황에서 5, 7, 10리터 용기로부터 7리터 용기에 6리터의 물을 채우는 최소 이동 횟수와 과정을 찾고 최소 이동 횟수인 이유를 설명하시오.

과제 7 다음과 같이 $7l$ 짜리 물통 A와 $8l$ 짜리 물통 B와 $12l$ 짜리 물통 C가 있고, 물통 C에 물이 가득 채워져 있다. 모든 물통에는 눈금이 없으며, 추가적인 물 공급은 할 수 없다고 가정한다. 물의 총량 $12l$ 를 유지하면서, 최소 이동횟수가 가장 많이 요구되는 물통 채우기는 무엇인지 찾아보시오, 그리고 이유를 설명하시오. 예를 들어 A 물통에 $2l$, B 물통에 $8l$, C 물통에 $2l$ 를 채우기 위한 최소 이동횟수는 9회가 필요하다.

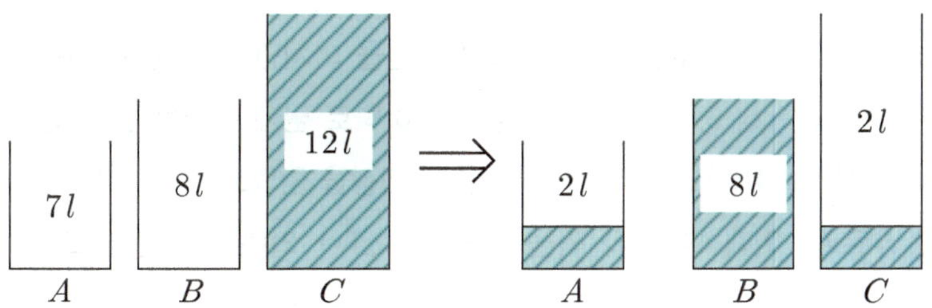

과제 8[*] 세 개의 산 문제에서 주어진 전략이 필승 전략임을 증명하시오.

과제 9 밑의 주어진 미로에서 입구에서 출발하여 ⊛를 지나서 출구로 나오는 효율적인 경로를 요약 미로지도를 사용하여 설명하여라.

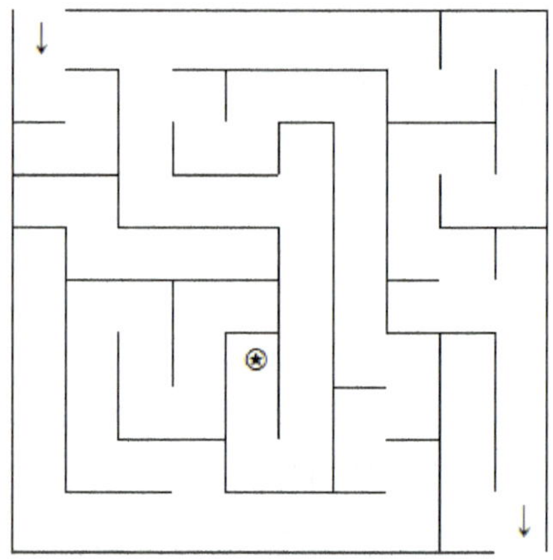

과제 10 임의의 미로가 주어져 있다. 이때 가스톤 태리나 트레모의 방법을 사용하면 미로를 탈출할 수 있음을 증명하시오.

과제 11 SET 게임에서 최종적으로 게임을 마치면 남아있는 카드의 개수는 항상 0, 6, 9, 12, 15, 18장 중에서 하나로 남게 된다는 것이 알려져 있다. 게임을 마치고 나니 6장이 남았다. 6장을 임의로 A, B, C, D, E, F로 부르자. 이때 A, B와 짝을 이루어 SET가 되는 유일한 카드 G와 C, D와 짝을 이루어 SET가 되는 유일한 카드 H, 그리고 E, F와 짝을 이루어 SET가 되는 유일한 카드 I를 찾을 수 있다. 세 카드 G, H, I가 SET를 이룸을 증명하시오.

과제 12 밑에서 주어진 왼쪽 다면체는 삼각형과 오각형 면만을 가지고 있으며, 오른쪽 다면체는 삼각형과 사각형, 오각형 면만을 가지고 둘 모두 대칭적인 구조를 가지고 있다. 다면체의 구조로부터 점, 선, 면, 삼각형, 사각형, 오각형의 개수를 구하시오.

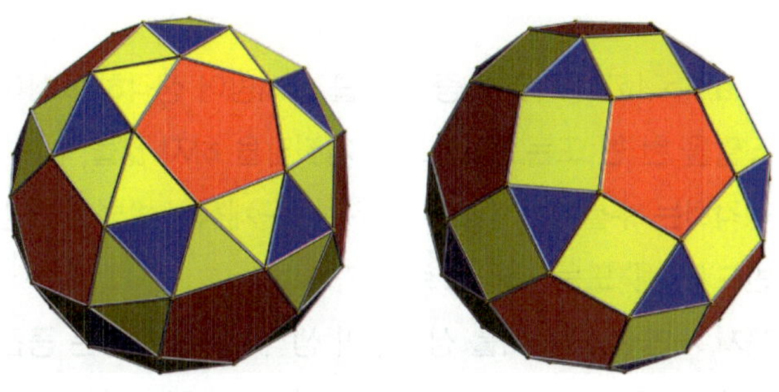

과제 13 점화식 $T_1 = 2, T_{n+1} = T_n^2 - T_n + 1, (n > 0)$을 만족하는 수열 T_n을 생각하자. 이때 $n \neq m$이면 T_n과 T_m은 서로소임을 보여라.

과제 14 적진에 스파이를 침투시켜 건물의 한단면의 사진을 찍어왔다. M, N은 출입문으로 폭이 $1m$로 알려져 있다. 사진 상에서의 길이 a, b, c, d, e를 이용하여 건물면의 총 길이를 구하여라.

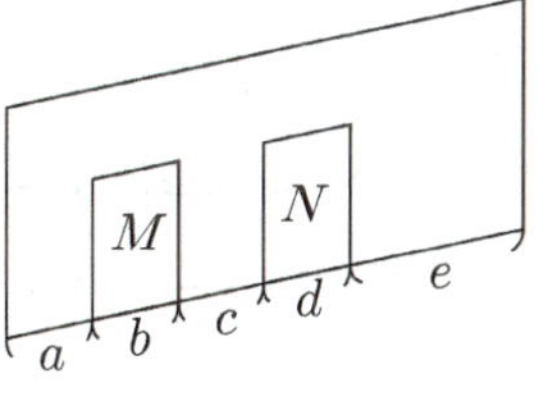

과제 15 a) 4개의 동전 중에서 가볍거나 또는 무거운 가짜 동전이 하나 있다. 그리고 정품 동전도 추가로 하나 더 주어져 있는 상황이다. 양팔저울을 2번 사용하여 가짜동전을 찾아내고 그것이 무거운지 가벼운지도 확인하는 방법을 설명하시오.

b) 1~3까지 자연수 중 하나를 상대방이 생각하고 상대방은 중간에 거짓말을 한번 할 수 있지만 거짓말을 하지 않을 수도 있다. 나머지는 항상 참말을 말한다. 대답은 반드시 '예' 또는 '아니오'로만 가능하다. 이때 4번의 질문으로 상대방이 생각하는 수를 맞추는 것이 불가능함을 설명하시오.

과제 16* a) 1~4까지 자연수 중 하나를 상대방이 생각하고 상대방은 중간에 거짓말을 한 번 또는 두 번 또는 거짓말을 하지 않을 수도 있다. 상대방이 생각하는 수를 8번에 맞추기 위한 구체적인 방법을 설명하시오. 대답은 반드시 '예' 또는 '아니오'로만 가능하다.

b) 1~8까지 자연수 중 하나를 상대방이 생각하고 상대방은 중간에 거짓말을 한번 할 수 있지만 거짓말을 하지 않을 수도 있다. 상대방의 생각하는 수를 6번에 맞추기 위한 구체적인 방법을 설명하시오. 대답은 반드시 '예' 또는 '아니오'로만 가능하다.

c) 1~16까지 자연수 중 하나를 상대방이 생각하고 상대방은 중간에 거짓말을 한번 할 수도 있지만 하지 않을 수도 있다. 상대방이 생각하는 수를 맞추는 최소한의 질문 방법으로 7번의 질문으로 찾는 구체적인 방법을 설명하시오. 대답은 반드시 '예' 또는 '아니오'로만 가능하고 언제 거짓말을 했는지도 알고 싶다.

과제 17 턴테이블의 가장자리를 따라 등간격으로 불투명하면서 동일한 컵들이 놓여있고 그 안에 1개의 검은 공과 7개의 파란 공, 7개의 빨간 공이 그림처럼 놓여있다. 모든 컵을 뒤집어서 공을 숨기고 테이블을 돌려서 위치를 모르게 한다. 시립이는 컵 한 개를 지

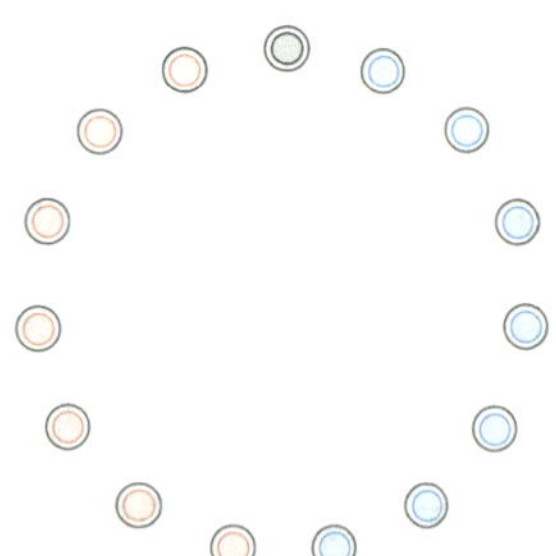

목하고 열어보고 n번 반복한다. 그런 후에 어느 컵에 검은 공이 있는지 맞춘다. n의 최소값은 얼마인가? 그리고 구체적인 컵을 선택하는 방법은 무엇인가?

과제 18* 어떤 방에 의자 하나가 있고, 그 의자 앞에 $n \times n$ 체스판이 놓여있다. n^2개의 100원짜리 동전이 체스판의 n^2개 칸에 하나씩 놓여있다. 그리고 각 칸의 동전은 앞면과 뒷면 중에서 무작위로 선택 되어져 있다. 그리고 시립이는 먼저 이 방에 들어와서 의자에 앉은 갑돌이에게 n^2개의 동전 중에서 겉으로는 전혀 표시가 안 나는 한 개의 가짜 동전의 위치를 알려 준다. 그런 다음에 시립이는 갑돌이에게 아무것도 안 하거나, 또는 오직 동전 한 개만 뒤집을 수 있다고 말한다. 이러한 정보만으로 이어서 방에 들어온 뒷사람 을순이에게 가짜 동전의 위치를 찾으라고 말한다. 이러한 규칙들은 사전에 갑돌이와 을순이는 알고 있다. 가짜 동전의 위치를 찾기 위한 갑돌이와 을순이의 방법을 찾고 가능한 이유를 설명하시오.

a) $n=2$일 때, 문제를 해결하시오.

b) $n=4$일 때, 문제를 해결하시오.

과제 19* 1부터 $2n+1$까지 쓰여진 $2n+1$개의 모자 함이 있다. 그 모자 상자에서 무작위로 한 개를 골라 한 명씩 모자를 씌어준다. 사람의 총 명수는 $n+1$명이며 자신의 모자에 적힌 숫자는 볼 수 없지만 다른 사람들의 모자에 적힌 숫자는 볼 수 있다. 그리고 자신의 이름과 모자에 적힌 숫자를 추정해서 또 다른 상자에 제출한다. 이 게임의 규칙과 목적은 사전에 통보되며, 최종 목적은 $n+1$명 중에서 누군가 자신의 모자 숫자를 맞추는 사람이 적어도 한 명 나오는 것이 목적이다. 오직 보이는 모자 숫자만으로 이 게임에서 100% 승리하게 되는 $n+1$명의 전략을 찾고자 한다.

a) $n=1$일 때, 즉 3개의 모자와 2명인 경우의 승리 전략을 찾고 이유를 설명하시오.

b) $n=2$일 때, 즉 5개의 모자와 3명인 경우의 승리 전략을 찾고 이유를 설명하시오.

c) 일반적인 $n+1$명에서의 승리 전략을 찾고 이유를 설명하시오.

과제 20 30개의 성냥개비가 있다. 두 사람이 차례로 1개, 3개, 6개 중 한 가지 방법으로 가져간다. 그리고 가져갈 성냥이 없는 사람이 지는 것으로 한다. 먼저 성냥개비를 가져가는 사람이 이길 수 있는 전략이 있겠는가? 성냥개비의 개수가 임의일 때도 전략이 있겠는가?

과제 21 20개의 성냥개비가 있다. 두 사람이 차례로 1개, 3개, 4개 중 한 가지 방법으로 가져간다. 그리고 가져갈 성냥이 없는 사람이 지는 것으로 한다. 먼저 성냥개비를 가져가는 사람이 이길 수 있는 전략이 있겠는가? 성냥개비의 개수가 임의일 때도 전략이 있겠는가?

과제 22 본문의 초콜릿 게임에서 판이 다음과 같이 주어지는 경우에 최선의 전략을 찾고 방법을 설명하시오.

a) 3×4

b) 3×5

* 표시는 어느 정도 난이도가 있는 도전과제이다.

• 집합론 부록 •

함수란 정의역의 각 원소마다 공역의 원소를 유일하게 대응시키는 방법이다. 기호 표기로는 $f : A \to B$로 나타내며 f는 함수, A는 정의역, B는 공역을 의미한다. 정의역의 원소 a에 대응하는 공역의 원소를 $f(a)$로 나타내며, 공역의 원소 $f(a)$를 모두 모아놓은 집합을 치역이라 부르며 $f(A)$로 표현한다. 기호 $\mathbb{N}, \mathbb{Z}, \mathbb{Q}, \mathbb{R}$ 은 각각 자연수 집합, 정수 집합, 유리수 집합, 실수 집합을 의미한다.

정의 1 함수 $f : A \to B$ 가 단사함수 $\Leftrightarrow$ 임의의 서로 다른 A 의 원소 a, b에 대하여 $f(a)$와 $f(b)$가 다르다. (간단히 $a \neq b \Rightarrow f(a) \neq f(b)$로 표기)

정의 2 함수 $f : A \to B$가 전사함수 $\Leftrightarrow$ 임의의 원소 $b \in B$에 대하여 A 의 원소 a가 존재하여 $f(a) = b$를 만족한다. (간단히 $\forall\, b \in B\ \exists\, a \in A$, $f(a) = b$로 표기)

정의 3 함수 $f : A \to B$ 가 전단사함수 $\Leftrightarrow$ f 가 단사함수이고 전사함수

(예)

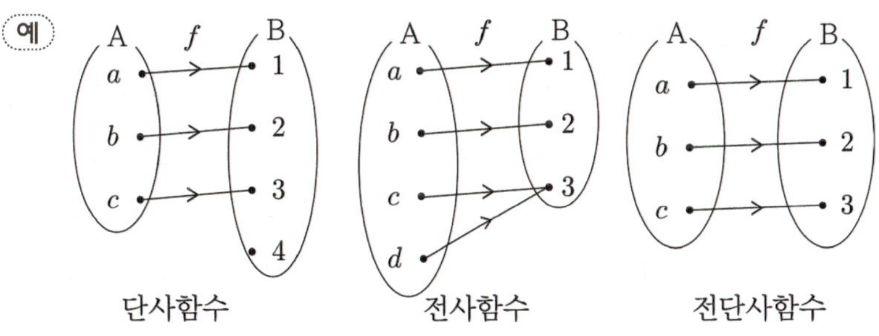

단사함수　　　　전사함수　　　　전단사함수

정의 4

- A가 유한집합 $\Leftrightarrow A=\varnothing$ 또는 $f:A \to \{1,2,3,\cdots,N\} \subset \mathbb{N}$인 전단사함수 f가 존재한다.
- A가 무한집합 $\Leftrightarrow A$는 유한집합이 아니다.
- A가 가산무한집합(가부번집합) $\Leftrightarrow f:A \to \mathbb{N}$ 전단사함수인 f가 존재한다.
- A가 가산집합 $\Leftrightarrow A$는 유한집합이거나 가산무한집합
- A가 비가산집합 $\Leftrightarrow A$는 가산집합이 아니다.

정의 5

- $|A| \le |B| \Leftrightarrow$ 단사함수 $f:A \to B$가 존재한다.
- $|A|=|B|$ (또는 $A \sim B$로 표기) $\Leftrightarrow$ 전단사함수 $f:A \to B$가 존재한다.

정리 1

a) $A \subset B$에서 B가 유한집합 $\Rightarrow A$가 유한집합
(대우명제 : A가 무한집합 $\Rightarrow B$가 무한집합)

b) $A \subset B$에서 B가 가산집합 $\Rightarrow A$가 가산집합
(대우명제 : A가 비가산집합 $\Rightarrow B$가 비가산집합)

증명 a) 증명의 아이디어 소개 그림

유한집합 B와 B의 부분집합 A가 주어졌다. B를 자연수의 부분집합 $\{1,2,\cdots,N\}$과 순서대로 일대일 대응시킨다. 차집합 $B-A$에 대응하는 $\{1,2,\cdots,N\}$의 원소들은 삭제한다. 그리고 A의 원소들과 지워지지 않은 자연수들을 차례대로 1부터 차곡차곡 빈틈없이 대응시킨다.

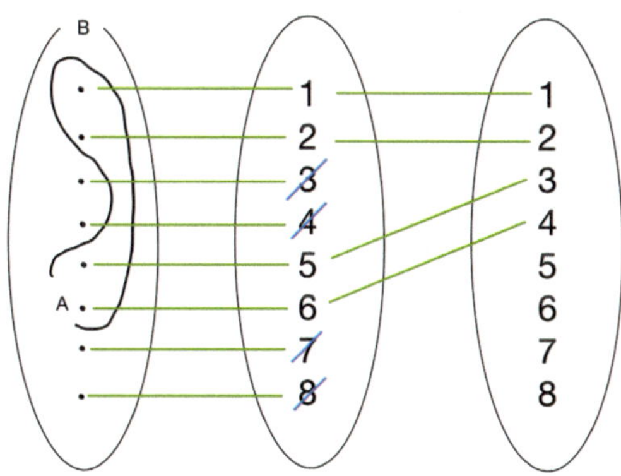

b)도 a)의 방법과 유사하게 진행된다.

정리 2 (Bernstein - Schröder)

$$|A| \leq |B|, |A| \geq |B| \Rightarrow |A| = |B|$$

상식적으로 당연해 보이지만 무한집합의 경우 문제가 생기며 증명을 필요로 한다. 칸토어가 증명하려고 시도했지만 실패하고 사후에 증명된 정리이다. 참고로 증명이 간단하지 않다.

정리 3 $\mathrm{N} \sim \mathrm{Z} \sim \mathrm{N} \times \mathrm{N} \sim \mathrm{Z} \times \mathrm{Z}$

증명 ∘ $f : \mathrm{N} \rightarrow \mathrm{Z} \quad f(n) = \begin{pmatrix} \dfrac{n}{2}, n\text{은 짝수} \\ \dfrac{1-n}{2}, n\text{은 홀수} \end{pmatrix}$로 정의하면

f는 전단사이다. 따라서 $\mathrm{N} \sim \mathrm{Z}$이다.

∘ $g : \mathrm{N} \times \mathrm{N} \rightarrow \mathrm{N}$
$\quad (a, b) \mapsto \dfrac{(a+b-2)(a+b-1)}{2} + b$ 로 정의하면 g는 전단사이다. 따라서 $\mathrm{N} \times \mathrm{N} \sim \mathrm{N}$이다.

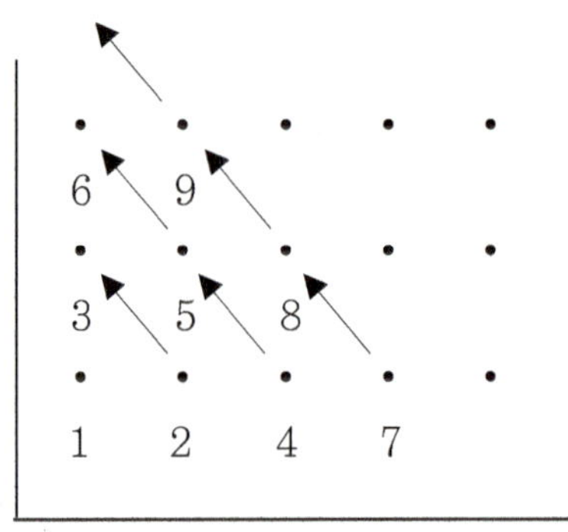

g 함수의 기하적 표현

정리 4

a) $A_1, A_2, \cdots A_n$가 가산집합 $\Rightarrow A_1 \times A_2 \times \cdots \times A_n$가 가산집합

b) $A_1, A_2, \cdots$가 가산집합 $\Rightarrow \bigcup_{i=1}^{\infty} A_i = A_1 \cup A_2 \cup A_3 \cup \cdots$가 가산집합

증명 a) A, B가 가산집합일 때 $A \times B$도 가산집합 보이면 귀납적으로 보여진다.

$|A|, |B| \leq |N|$이므로 $|A \times B| \leq |N \times N| = |N|$이고,

$A \times B$는 가산집합의 부분집합이다. 따라서 $A \times B$는 가산집합이다.

b) 새로운 집합 B_n을 $B_1 = A_1$, $B_n = (A_n \setminus \bigcup_{i=1}^{n-1} A_i)$로 정의하면

$\bigcup_{i=1}^{\infty} A_n = \bigcup_{i=1}^{\infty} B_n$이 성립한다. 이때 서로 다른 임의의 자연수 i, j에 대하여 $B_i \cap B_j = \varnothing$이다.

만약에 $B_n = \{b_{1,n}, b_{2,n}, b_{3,n}, \cdots\}$로 집합 B_n의 원소들을 표기하면, 함수 $f: \bigcup_{n=1}^{\infty} B_n \rightarrow N \times N$는 정의역의 원소 $b_{k,n}$을 공역의 원소 (k, n)으로 보내는 함수이고, f는 단사함수이다.

따라서 $\left|\bigcup A_n\right| = \left|\bigcup B_n\right| \le |N \times N| = |N|$ 이다.

결론적으로 $\cup A_n$는 가산집합이다.

정리 5 $\mathbb{N} \sim \mathbb{Q}$

증명 1 $f_1 : \mathbb{N} \to \mathbb{Q}$, $n \mapsto n$ 로 정의되는 함수 f_1은 단사함수이다. 따라서 $|\mathbb{N}| \le |\mathbb{Q}|$ 이다.

$\frac{m}{n} \mapsto (m, n)$ (m, n은 서로소인 정수, $n > 0$)으로 정의되는 함수 $f_2 : \mathbb{Q} \to \mathbb{Z} \times \mathbb{Z}$는 역시 f_2 단사함수이다.

이때 $|\mathbb{Q}| \le |\mathbb{Z} \times \mathbb{Z}| = |\mathbb{N}|$가 정리 3에 의해 보여진다.

그러므로 Bernstein – Schröder 정리에 의하여 $|\mathbb{N}| = |\mathbb{Q}|$가 성립한다.

증명 2 본문 칸토어의 집합론에서 대각선 논법을 사용하여 보였다.

정의 6 주어진 집합 A에 대하여 그것의 멱집합 $\wp(A)$는 다음과 같이 정의된다.

$\wp(A) := \{X \mid X \subset A\}$, $\wp(A)$는 A의 부분집합을 모두 모아놓은 집합

(예) $A = \{1, 2\} \Rightarrow \wp(A) = \{\varnothing, \{1\}, \{2\}, \{1,2\}\}$

$A = \{1, 2, 3\} \Rightarrow$

$= \wp(A)$

$= \{\varnothing, \{1\}, \{2\}, \{3\}, \{1,2\}, \{1,3\}, \{2,3\}, \{1,2,3\}\}$

* A가 유한집합으로 n개의 원소를 가지면 $\wp(A)$는 2^n개의 원소를 가진다.

* A가 유한집합인 경우에 $|A| \neq |\wp(A)|$이며 $|A| < |\wp(A)|$는 명백하다.

A가 무한집합인 경우에도 $|A| \neq |\wp(A)|$이며 $|A| < |\wp(A)|$는 여전히 성립한다.

이 정리는 상당히 놀라운 결과로 무한집합들 사이에도 절대로 전단사함수가 존재할 수 없는 여러 단계의 무한대가 존재함을 함의한다.

예를들어 A를 가산무한집합인 자연수 집합으로 놓으면 다음을 얻게 된다.

$$|\mathbb{N}| < |\wp(\mathbb{N})| < |\wp(\wp(\mathbb{N}))| < |\wp(\wp(\wp(\mathbb{N})))| < \cdots$$

간단히 다음과 같이 표기하며, 우리는 질적으로 서로 다른 무한개의 무한을 보게된다.

$$\aleph_0 < \aleph_1 < \aleph_2 < \aleph_3 < \aleph_4 < \cdots$$

참고 위 기호의 정확한 의미는 다음과 같다.

$$|\mathbb{N}| = \aleph_0, \ |\{0,1\} \times \{0,1\} \times \{0,1\} \times \ \cdots| = 2^{\aleph_0} = \aleph_1$$

$$\underset{\text{가산 무한}}{\aleph_0} < \underbrace{\aleph_1 < \aleph_2 < \aleph_3 < \cdots}_{\text{비가산 무한}}$$

$\aleph_0$는 가산 무한, $\aleph_1$부터는 비가산 무한이다.

정리 6 $A_i = \{0,1\}$에 대하여, $A = \prod_{i=1}^{\infty} A_i$는 비가산집합이다.

증명 $A = \{(a_1, a_2, \cdots) \mid a_i = 0,1\}$로 놓고, 귀류법을 사용하여 결론을 부정하자.

A 의 가산집합 가정으로부터, $f : N \to A$ 인 전단사함수 f가 존재한다.

이때 $f(k)$는 0, 1로 이루어진 무한 순서쌍인데, 그것의 k번째 원소와 다른 수를 $x_k \in \{0,1\}$라 하자. 그러한 x_k들로 이루어진 무한 순서쌍 $x = (x_1, x_2, \cdots)$은 당연히 $x \in A$이다.

임의의 자연수 k에 대하여, x_k와 $f(k)$의 k번째 원소와 다르므로 $x \neq f(k)$이다. 따라서 x는 함수의 치역에 포함 안된다. 그러나 x는 A에 포함되므로 당연히 전단사함수의 치역에 포함된다. 따라서 모순이다. 결론적으로 A는 비가산집합이다.

정리 7 실수집합 $\mathbb{R}$은 비가산집합이다. 그리고 $|\mathbb{R}| = \aleph_1$이다.

증명 단사함수 $f : A \to \mathbb{R}$와 단사함수 $h : \mathbb{R} \to A$를 찾으면 정리 2에 의해서 증명된다.

- $f : \{0,1\} \times \{0,1\} \times \cdots \to$
  $(a_1, a_2, a_3, \cdots) \mapsto 0.a_1a_2a_3\cdots$ (십진수 소수 표현으로 이해)

  f는 단사함수이고, $|\Pi\{0,1\}| \leq |\mathbb{R}|$이다. 따라서 $\mathbb{R}$은 비가산집합이다.

- $g : \{0,1\} \times \{0,1\} \times \cdots \leftarrow (0,1)$
  $(a_1, a_2, a_3, \cdots) \leftarrow\!\shortmid 0.a_1a_2a_3\cdots$ (종결되지 않는 이진수 소수 표현)

  g는 단사함수이다. $\mathbb{R}$에서 $(0, 1)$로 가는 전단사함수

  $k(x) = \dfrac{1}{2} + \dfrac{\tan^{-1}x}{\pi}$로 부터 함수 $h = g \circ k$는 $\mathbb{R}$에서 A로 가는

  따라서 단사함수이다.

  결론적으로 $|\mathbb{R}| = |\Pi\{0,1\}| = \aleph_1$이다.

* 참고로 정리 7에서의 함수 f의 십진수 소수 표현을 이진수 소수 표현으로 바꾸면 단사 성질이 깨진다. 함수 g는 종결되지 않는 이진수 소수 표현을 사용했는데 종결되는 표현을 선택해도 상관은 없

다. 그렇지만 이렇게 제한하지 않으면 g는 함수가 되지 못한다.
예를 들어 이진수 소수 표현으로 $0.1 = 0.0111\ldots$이고, 십진수 소수 표현으로 $1 = 0.999\ldots$이다.
1874년 칸토어는 친구인 데데킨트에게 실수의 비가산성에 대한 내용을 편지로 보냈다. 그들이 교류하고 소통한 내용은 당대에는 대부분의 수학자들에게는 매우 회의적인 내용이었지만 나중에 현대 수학의 근본이 되는 매우 중요한 개념으로 자리잡는다.

정리 8 무리수집합은 비가산이다.

증명 결론을 부정하여 무리수집합이 가산집합이라고 하자.
그러면 유리수집합은 가산집합이므로 둘의 합집합인 실수집합도 가산집합이 된다.
이는 실수집합이 비가산이라는 것에 모순이므로 증명이 끝난다.

정리 9 $|\mathbb{R}| = |\mathbb{R}\times\mathbb{R}| = |\mathbb{R}\times\mathbb{R}\times\mathbb{R}| = \cdots = |\mathbb{R}^n|$

증명 정리 2에 의해

$|\mathbb{R}| = \left|(-\frac{\pi}{2}, \frac{\pi}{2})\right| = |(0,1)| \le |[0,1]| \le |\mathbb{R}|$이므로

$|[0,1]| = |\mathbb{R}|$이다(등호 부등호 성립이유는 각자 생각해보자).
그러므로 $|[0,1]| = |[0,1]\times[0,1]|$을 보이면 충분하다.
함수 $f : [0,1] \to [0,1]\times[0,1]$를 $f(x) = (x, 0)$로 정의하면 단사함수이다. 따라서 $g : [0,1]\times[0,1] \to [0,1]$인 단사함수를 만들면 된다.
g의 구체적인 표현은 다음과 같다.
$(a, b) = (0.a_1a_2, \cdots, 0.b_1b_2, \cdots) \mapsto 0.a_1b_1a_2b_2a_3b_3\cdots$(단, a, b 모두 종결되지 않는 10진수 소수 표현)

이때 함수 g는 단사함수가 된다.

따라서 $|\mathbb{R}|=|[0,1]|\geq|[0,1]\times[0,1]|=|\mathbb{R}\times\mathbb{R}|\geq|\mathbb{R}|$가 성립하고, 정리 2에 의해 $|\mathbb{R}|=|\mathbb{R}\times\mathbb{R}|$가 성립한다.

* 정리 9에서 함수 g의 단사함수 증명은 각자 생각해 보자. 1877년 칸토어는 정리 9를 증명한다. 그러나 본인도 믿지 못해서 친구인 데데킨트에게 다음과 같은 내용의 편지를 보냈다. I see it, but I don't believe it.

Ⅱ

생활 속의 수학

생활 속의 수학

수학과 영화

수학자나 수학이 영화에서 중요한 소재로 사용되는 영화들로 다음과 같은 영화가 있다. 영화 중에서 뷰티풀 마인드, 아고라, 이미테이션 게임, 무한대를 본 남자, 히든 피겨스, 네이든은 실제 인물과 사건을 배경으로 만들어진 영화이다.

박사가 사랑한 수식

사고로 인해 기억이 80분밖에 지속되지 않는 박사와 그를 돌보는 가정부로 싱글맘인 쿄코와의 이야기이다. 박사는 사고로 인해 80분밖에 기억을 유지하지 못한다. 그럼에도 가정부와 그의 아들과의 아름답고 따뜻한 사랑과 우정이 그려지는 작품이다.

용의자 X

2012년 10월에 개봉된 영화로 원작인 용의자 X의 헌신을 리메이크한 한국 영화이다. 천재 수학자와 천재 물리학자가 하나의 살인사건을 두고 벌이는 두뇌 싸움의 이야기이다.

뷰티풀 마인드

러셀 크로우 주연의 영화로 노벨 경제학상을 받은 천재 수학자 존 내쉬의 이야기를 담은 영화이다. 실비아 네이사의 전기 '뷰티풀 마인드(A Beautiful Mind: The Life of Mathematical Genius and Nobel Laureate John Nash)'를 원작으로 한다.

굿 윌 헌팅

맷 데이먼과 로빈 윌리엄스가 주연을 맡고 맷 데이먼이 각본을 쓴 영화이다. 수학, 법학, 역사학 등 모든 분야에 재능이 있지만 어린 시절의 상처로 인해 세상에 마음을 열지 못하는 불우한 반항아와 그의 멘토가 된 교수와의 이야기이다. 70회 아카데미 시상식에 9개의 후보에 오르고 그 중 남우조연상과 각본상을 수상했다.

페르마의 밀실

어느 날 '페르마'라는 사람의 초대로 네 명의 수학자가 한 방에 모이게 된다. 그들에게는 수학 문제와 제한 시간 1분이 주어진다. 제한 시간과 함께 점점 작아지는 밀실에 갇힌 네 명의 수학자들이 문제를 풀며 동시에 범인을 찾아나가는 영화이다.

아고라

고대 그리스의 여성 수학자 히파티아의 삶을 묘사한 영화이다. 히파티아는 고대 그리스의 도시 알렉산드리아에서 활약한 수학자로 고대 그리스의 종말과 운명을 같이하며 비극적인 최후를 맞는다.

이미테이션 게임

제 2차 세계대전 속 숨겨진 영웅 앨런 튜링의 위대함을 느낄 수 있는 영화이다. 베네딕트 컴버배치가 주인공 앨런 튜링 역을 맡았다. 독일의 암호 기계인 에니그마를 해독하기 위한 앨런 튜링의 여정을 보여준다.

무한대를 본 남자

인도의 천재적인 수학자 라마누잔과 그의 천재성을 알아보고 라마누잔을 영국으로 불러서 공동 연구를 진행한 하디 교수와의 이야기이다. 전혀 다른 환경에서 자란 두 사람이지만 수학에 대한 뜨거운 열정으로 불가능하다고 여겨지는 수학 공식을 찾아나가는 과정을 보여준다.

히든 피겨스

1960년대 미국의 유인 우주선 탐사를 기획하는 NASA에서 근무하는 흑인 여성 세 명의 이야기를 보여준다. 유색인종에 대한 차별이 노골적이었던 시대에 여러 차별을 이겨내고 극복하며 뛰어난 업적을 이룬다. 세 명 중 한 명인 캐서린은 2015년에 대통령 자유 훈장을 받고 2016년에는 NASA에 그녀의 이름을 기리는 캐서린 존슨 컴퓨테이셔널 빌딩이 헌정된다.

1. 히든 피겨스의 실제 주인공은 '인간 컴퓨터' 캐서린 존슨(Katherine Coleman Goble Johnson, 1918–2020)이다. 1960년대에 흑인 여성으로 미국의 유인 우주선 발사에 중요한 역할을 하였다. 1961년 앨런 셰퍼드를 미국 최초의 우주인으로 만든 15분짜리 비행의 탄도를 직접 계산하였다. 1962년 존 글렌이 지구를 세 바퀴 도는 궤도 비행을 할 때 컴퓨터가 계산한 결과에 대해 직접 검산 작업을 진행하였다. 그 당시에 컴퓨터는 이제 막 세상에 나올 무렵이었고, 컴퓨터의 성능이 믿을만하지 못할 때였다. 모교인 웨스트버지니아주립대학에서는 동상을 세우고 그의 이름을 딴 장학금이 존재한다. 2015년에는 버락 오바마 대통령으로부터 '대통령 자유 메달'을 받았다.

네이든

영화의 제목으로 나오는 네이든은 자폐증을 앓고 있는 소년이다. 그에게는 수학에 대한 특별한 재능이 있는데 험프리스라는 선생님을 만나게 되며 자신의 실력을 키워나간다. 그리고 국제 수학 올림피아드에 참석할 수 있는 기회를 얻는다. 중국 대표인 장메이와 네이든은 서로 사랑이라는 감정을 느끼게 된다.

이상한 나라의 수학자

탈북민 이학성은 천재적인 두뇌의 수학자로 자사고 경비원으로 힘들게 하루하루를 살고 있다. 수포자인 한지우라는 학생을 만나게 되고, 그 학생에게 수학의 진정한 의미를 하나씩 하나씩 전달해준다.

마방진

중국 하나라의 우 임금 시절(약 4000년 전) 우왕은 매년 범람하는 황하의 물길을 정비할 때 이상한 그림이 새겨진 거북의 등 껍데기를 발견했다. 1부터 9까지의 숫자가 배열된 3차 마방진이었고, 가로, 세로, 대각선의 어느 방향으로 더해도 그 합(마방진 합)이 15였다. 이를 낙서(洛書)라고 한다.

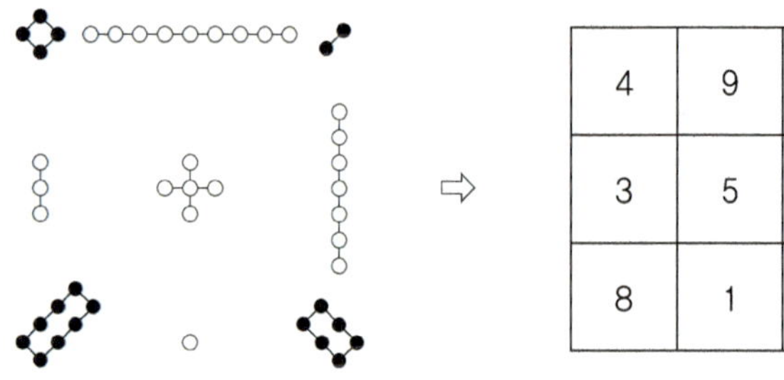

4	9	2
3	5	7
8	1	6

3차 마방진

일반적으로 n차 마방진은 n개의 행과 n개의 열을 가진다. 주어진 n^2개의 칸에 $1 \sim n^2$의 숫자를 중복하지 않고 배치한다. 각 행과 열에 주어진 숫자의 합, 두 대각선에 주어진 숫자의 합이 모두 같은 숫자를 가져야 한다. 그렇다면 한 행(한 열)의 숫자의 합은 얼마일까?

마방진에 들어가는 모든 수의 합은 $1+2+\cdots+n^2=\dfrac{n^2(n^2+1)}{2}$ 이다.

n차 마방진에는 n개의 행(열)이 있으니 위의 합을 n으로 나누면 한 행(한 열)의 합

$\dfrac{n(n^2+1)}{2}$을 얻는다. 공식에 의하면 3차 마방진은 한 행의 합이 15가 되어야 한다.

1. 3차 마방진의 유일성

※ 3차 마방진은 본질적으로 한 개 밖에 없다.

4	9	2
3	5	7
8	1	6

4	3	8
9	5	1
2	7	6

2	7	6
9	5	1
4	3	8

위 3개의 3차 마방진은 단순히 대칭시켜 칸을 옮긴 것뿐이므로 본질적으로 같다. 맨 왼쪽 마방진을 4, 5, 6을 지나는 직선에 대칭 이동시키면 가운데 마방진이 나오고, 5를 중심으로 90도 반시계 방향으로 돌리면 오른쪽 마방진이 나온다.

3차 마방진은 1~9의 수를 사용하므로 한 행의 숫자의 합은 15이다.

1을 포함하면서 세 개의 수로 15를 만들기 위해서는 1, 5, 9와 1, 6, 8의 오직 두 가지 방법만 존재한다.

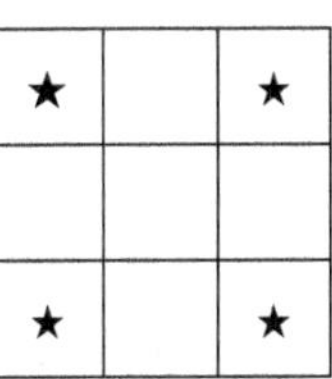

만약 다음과 같은 위치에 1이 들어갈 수 있다고 가정해보자.

가로, 세로, 대각선까지 모두 합이 15가 되어야 하는데 1을 포함하여 합이 15가 되는 경우는 두 가지 뿐이므로 이 경우는 불가능하다.

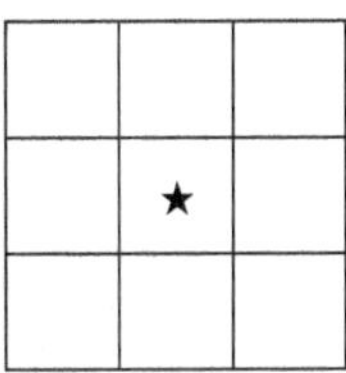

다음의 경우를 살펴보자.

마찬가지로 가로, 세로, 대각선 2개 모두 합이 15가 되어야 하므로 불가능하다.

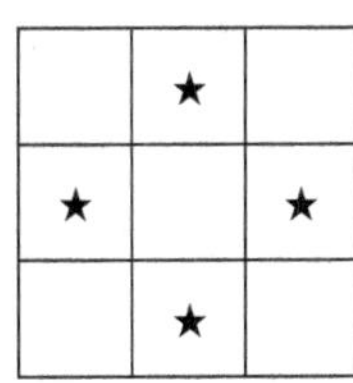

그렇다면 남은 경우는 아래와 같은 경우이다.

위의 4개의 ★자리는 회전과 대칭이동을 통하여 모두 겹쳐지므로 본질적으로 3차 마방진은 하나뿐이다.

1의 위치를 결정한 이후에 같은 방식으로 9의 위치를 정해줄 수 있다. 9를 포함하면서 세 개의 수로 15를 만들기 위해서는 9, 1, 5와 9, 2, 4의 오직 두 가지 방법만 존재한다. 9와 1은9, 1, 5 쌍에 공존하므로 바로 위의 마주 보는 ★ 위치에 존재한다. 나머지 숫자들의 위치도 쉽게 결정이 된다.

2. 홀수차 마방진을 만드는 방법

• 계단식 방법

먼저 3차 마방진의 경우부터 살펴보자.

3차 마방진을 다음과 같이 변형하여 1부터 9까지의 숫자를 계단식의 형태로 배열한다.

그다음 3×3 정사각형 바깥에 있는 숫자들을 3칸씩 이동시키면 3차 마방진이 완성된다.

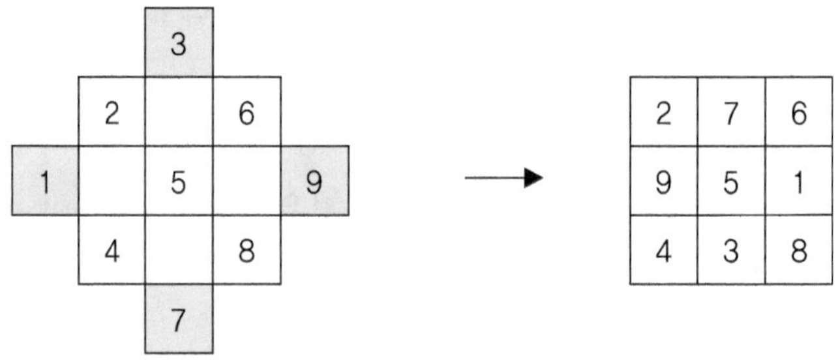

5차 마방진의 경우도 다음과 같이 변형하여 1부터 25의 숫자를 계단식의 형태로 배열한다.

그다음 5×5 정사각형 바깥에 있는 숫자들을 5칸씩 이동시키면 5차 마방진이 완성된다.

				5				
			4		10			
		3		9		15		
	2		8		14		20	
1		7		13		19		25
	6		12		18		24	
		11		17		23		
			16		22			
				21				

→

3	16	9	22	15
20	8	21	14	2
7	25	13	1	19
24	12	5	18	6
11	4	17	10	23

• 오른쪽 위 방법

먼저 규칙은 다음과 같다.

- 항상 오른쪽 위가 그 다음 숫자이다.
- n차 마방진의 테두리 밖의 수는 1번 또는 2번 수평 또는 수직 n 칸 이동하여 마방진 안으로 이동한다.
- 오른쪽 위가 막혀있는 경우 자기 아래에 그 다음 숫자를 쓴다.

3차 마방진과 5차 마방진으로 오른쪽 위 방법을 살펴보자.

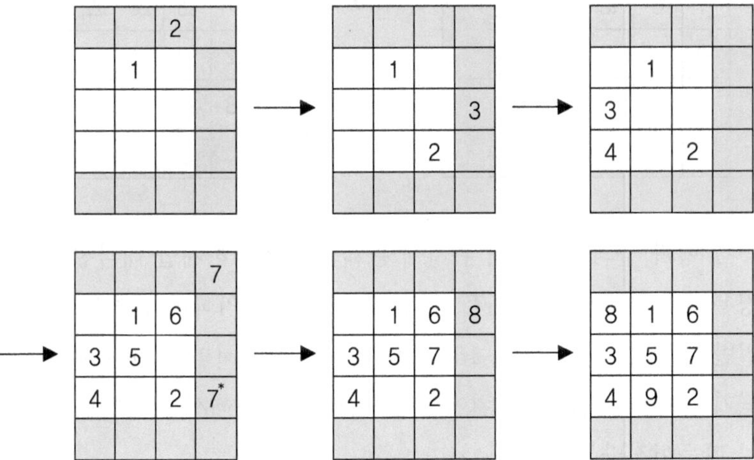

4번째 그림에서 7이 3칸을 이동하게 되면 7*의 자리에 오게 되는데 마방진 테두리 밖에 있으므로 다시 3칸을 이동시키게 되면 4의 위치에 가게 된다. 즉 6의 오른쪽 위는 막혀있다고 볼 수 있다. 따라서 7을 5번째 그림처럼 6의 아래에 위치시킨다.

			2		
		1			

→

		1	8		
	5	7			
4	6				
				3	10
			2	9	

		1	8	15	17
	5	7	14	16	
4	6	13			
10	12			3	
11			2	9	

→

17	24	1	8	15	
23	5	7	14	16	
4	6	13	20	22	
10	12	19	21	3	
11	18	25	2	9	

각 행과 열의 합은 1의 위치에 관계없이 일정하지만 대각선의 합의 경우 1의 위치에 따라 바뀔 수 있기 때문에 유의하여 만들어야 한다. 일반적으로 n차인 경우, 1의 시작 위치에 따라서 마방진이 되기도 안 되기도 한다. 1을 일단 위에서 첫 행의 가운데에서 시작하면 마방진이 만들어진다. (연습문제 숙제 참고)

3. 짝수차 마방진을 만드는 방법

짝수차 마방진은 차수가 4의 배수인 마방진($4k$)과 그렇지 않은 마방진($4k+2$)으로 나뉜다.

먼저 차수가 $4k$인 경우 중에 4차 마방진을 살펴보자.

4×4 정사각형 두 개 중에서 하나는 대각선이 지나는 부분을 쓰지 않고 다른 하나는 그 나머지 칸을 쓰지 않는다.

하나는 왼쪽 위에서부터, 다른 하나는 오른쪽 아래에서부터 숫자를 채워 넣는다.

두 사각형을 합치면 4차 마방진이 완성된다.

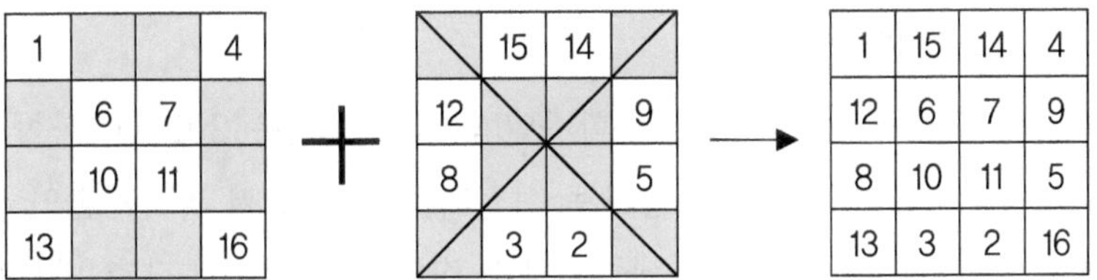

8차 마방진은 4개의 정사각형으로 분할하여 같은 방법으로 만들 수 있다.

	2	3			6	7	
9			12	13			16
17			20	21			24
	26	27			30	31	
	34	35			38	39	
41			44	45			48
49			52	53			56
	58	59			62	63	

+

64			61	60			57
	55	54			51	50	
	47	46			43	42	
40			37	36			33
32			29	28			25
	23	22			19	18	
	15	14			11	10	
8			5	4			1

차수가 $4k+2$인 마방진(singly even magic squares)의 경우 Strachey[1] 방법, Conway's Lux 방법[2]이 있다. 간단하게 해결되지는 않는다.

두 개의 마방진이 정사각형회전과 대칭변환에 의해 서로 같아진다면, 본질적으로 같은 마방진으로 볼 수 있다. 그런 관점에서 3차, 4차, 5차 마방진의 개수는 각각 1개, 880개, 275,305,224개인 것이 알려져 있다. 6차 마방진의 개수는 아직 정확히는 모르지만 Pinn과 Wieczerkowski(1998)[3]는 몬테카를로 방법을 사용하여 $(1.7745\pm0.0016)\times10^{19}$ 정도로 추정했다.

최석정과 라틴방진

1. 최석정(1646 – 1715)

조선 후기의 유학자이자 수학자인 최석정 선현은 2013년 '과학기술인 명예의 전당' 헌정 대상자로 선정되었다. 이로써 과학기술인 명예의 전당 헌정 대상자는 세종대왕과 장영실, 허준, 우장춘 박사를 비롯해 31인이 되었다.

최석정 선현은 저서 《구수략(九數略)》에서 세계 최초로 9차 직교라틴방진을 발견하였으며, 이를 활용해 마방진을 만들었다. 이러한 업적은 세계적인 수학자 오일러가 발견한 것보다 60여년 이상 앞선 것으로 알려져 있다.

2. 라틴방진

n차 라틴방진은 n개의 행과 n개의 열을 사용하며 1부터 n까지의 숫자를 사용한다.

1부터 n까지의 숫자는 모든 행, 모든 열에 중복 없이 한 번씩만 나타나야 하며, 따라서 대각선을 제외한 모든 행 모든 열의 합이 같아야 한다.

다음은 최석정이 발견한 9차 마방진이다.

1부터 81까지의 숫자를 다음과 같이 대응시키자.

1 → (1, 1), ⋯, 9 → (1, 9), 10 → (2, 1), ⋯, 18 → (2, 9), 19 → (3, 1), ⋯, 81 → (9, 9)

37	48	29	70	81	62	13	24	5
30	38	46	63	71	79	6	14	22
47	28	39	80	61	72	23	4	15
16	27	8	40	21	32	64	75	56
9	17	25	33	41	49	57	65	73
26	7	18	50	31	42	74	55	66
67	78	59	10	21	2	43	54	35
60	68	76	3	11	19	36	44	52
77	58	69	20	1	12	53	34	45

→

5,1	6,3	4,2	8,7	9,9	7,8	2,4	3,6	1,5
4,3	5,2	6,1	7,9	8,8	9,7	1,6	2,5	3,4
6,2	4,1	5,3	9,8	7,7	8,9	3,5	1,4	2,6
2,7	3,9	1,8	5,4	6,6	4,5	8,1	9,3	7,2
1,9	2,8	3,7	4,6	5,5	6,4	7,3	8,2	9,1
3,8	1,7	2,9	6,5	4,4	5,6	9,2	7,1	8,3
8,4	9,6	7,5	2,1	3,3	1,2	5,7	6,9	4,8
7,6	8,5	9,4	1,3	2,2	3,1	4,9	5,8	6,7
9,5	7,4	8,6	3,2	1,1	2,3	6,8	4,7	5,6

오른쪽 사각형을 살펴보면 모든 행과 열의 순서쌍 (n, m)에서 n, m이 1부터 9까지 한 번씩 나타나는 것을 확인할 수 있다. 또 $(n, m) \mapsto 9(n-1)+m$ 인 것도 확인할 수 있다.

이를 이용하여 라틴방진으로 마방진을 만들어보도록 하자.

3차 라틴방진 두 개에 $(n, m) \mapsto 3(n-1)+m$ 의 대응관계를 주도록 하자.

n

1	2	3
2	3	1
3	1	2

m

1	2	3
2	3	1
3	1	2

→

1	5	9
5	9	1
9	1	5

각 행과 열의 숫자의 합은 일정하지만 새로 만들어진 방진은 1, 5, 9 만 나오므로 마방진이 아니다.

다시 밑의 3차 라틴방진 두 개에 같은 대응관계 $(n, m) \mapsto 3(n-1)+m$을 주도록 하자.

n

1	2	3
2	3	1
3	1	2

m

3	1	2
2	3	1
1	2	3

→

3	4	8
5	9	1
7	2	6

위의 예시와 마찬가지로 각 행과 열의 숫자의 합은 일정하지만 대각선의 합이 일정하지가 않다.

다시 밑의 라틴방진 두 개에 같은 대응관계 $(n, m) \mapsto 3(n-1)+m$을 주도록 하자.

n

2	3	1
1	2	3
3	1	2

m

1	3	2
3	2	1
2	1	3

→

4	9	2
3	5	7
8	1	6

이번에는 각 행과 열, 그리고 대각선의 합이 15로 일정하므로 3차 마방진이 만들어졌다.

첫 번째와 두 번째 예시의 경우 라틴방진의 대각선에 있는 숫자들의 합은 6(=1+3+2)이 되거나 9(=3+3+3)가 된다. 그러나 세 번째 예시의 경우를 살펴보면 대각선의 합이 항상 6(=1+2+3 또는

$2+2+2$)으로 일정하다.

위에서 살펴본 최석정의 마방진을 (n, m)으로 바꾼 방진에서도 대각선의 합이 일정한 것을 확인해볼 수 있다. 대각선의 앞의 자리 숫자의 합과 대각선의 뒤의 자리 숫자의 합이 45로 일정하다.

위의 예시들처럼 마방진을 만들어낼 수 있는 라틴방진 쌍을 직교라틴방진이라고 한다.

오일러와 직교라틴방진

라틴방진은 모든 차수에 걸쳐 존재하지만 직교라틴방진은 존재하지 않는 차수가 있다.

가장 간단한 예시로 2차 방진을 살펴보면 된다.

오일러 또한 라틴방진을 연구하고 있었는데, 그는 차수에 따른 직교라틴방진의 존재여부에 대한 흥미로운 패턴을 발견했다. 바로 $(4k+2)$차 직교라틴방진을 찾을 수 없었던 것이다. 최석정이 만들다 실패한 10차 직교라틴방진은 $k=2$인 경우이고, 오일러는 $k=1$인 경우 즉 6차 직교라틴방진을 찾는 '36장교 문제'의 풀이를 시도했지만 해답을 얻지 못하였다.

이를 토대로 오일러는 $(4k+2)$차 직교라틴방진이 존재하지 않을 것이라는 '오일러의 추측'을 논문으로 발표하였다.

이후 1901년 수학자 가스톤 태리(Gaston Tarry, 1843 – 1913)에 의해 6차 직교라틴방진은 존재하지 않는 것이 밝혀졌고, 1959년에는 10차 직교라틴방진이 발견되면서 오일러의 추측은 틀린 것으로 판명되었다. 이후 14차, 18차 등 차례대로 직교라틴방진이 발견되면서 $k=1$인 경우를 제외한 모든 경우에 직교라틴방진이 존재하는 것으로 증명되었다.

오른쪽의 그림은 10차 직교라틴방진이다.

바깥의 사각형과 안쪽의 사각형 모두 10가지의 색으로 구성되어 있으며 각각의 색깔에 번호를 부여하면 직교라틴방진이 되는 것을 확인할 수 있다.

출처: 퍼즐 박물관

지수귀문도

최석정은 마방진 이외에도 지수귀문도를 연구하였는데 이것은 아홉 개의 육각형이 거북등 모양으로 연결되어 있으며, 육각형의 꼭짓점에 1부터 30까지 수를 배치하여 각 육각형을 이루는 여섯 개의 수의 합이 모두 같도록 만들어진 것이다.

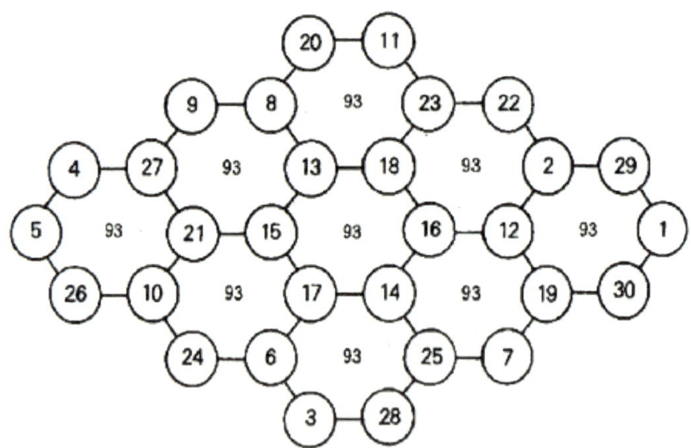

Q 최석정의 지수귀문도에서 모든 육각형의 숫자 합이 77부터 109까지 가능하다는 것을 보일 수 있다. 만약 합이 S인 해가 존재한다면, 합이 (186 − S)인 해도 존재함을 보여라. 이 문제는 연습문제로 넘긴다.

스도쿠

1. 스도쿠란 무엇인가?

스도쿠는 가로 세로 9칸인 정사각형 모양의 빈칸에 1부터 9까지 아홉 개의 숫자를 적당히 넣어 다음 세 조건을 만족하게 하는 퍼즐이다.

1. 어떤 세로줄에도 같은 숫자가 나타나지 않는다. 다시 말해, 어떤 가로줄에도 1부터 9까지 아홉 개의 숫자가 모두 나타난다.
2. 어떤 세로줄에도 같은 숫자가 나타나지 않는다. 다시 말해, 어떤 세로줄에도 1부터 9까지 아홉 개의 숫자가 모두 나타난다.
3. 굵은 테두리를 두른 가로 세로 3칸인 작은 정사각형에도 같은 숫자가 나타나지 않는다. 다시 말해, 아홉 개의 숫자가 모두 나타난다.

2. 스도쿠를 만든 사람은 누구일까?

스도쿠는 1979년 미국의 퍼즐 잡지인 델지(Dell magazine)에 Number Place라는 제목으로 실린 것이 인쇄 상태로는 최초의 것이다. 이 퍼즐은 하워드 간즈(Howard Garns, 1905 – 1989)가 창안한 것으로 알려져 있다. 이 새로운 퍼즐은 이후 일본에 전해져 일본의 퍼즐 잡지인 니코리의 카지 마키회장이 數獨이라는 이름으로 세상에 내놓았고, 이후 전 세계에 스도쿠 열풍이 불어 닥쳤다. 스도쿠를 세계적으로 유행하게 만든 데는 카지 마키(1951 – 2021)의 공이 커서 그는 '스도쿠의 아버지'라는 별명으로 불리기도 한다.

3. 방진의 개수

- 9차 라틴 방진의 개수:
  5,524,751,496,156,892,842,531,225,600개[1]
- 스도쿠 방진의 개수: 6,670,903,752,021,072,936,960개[2]

스도쿠 방진의 개수가 대단히 많지만 이것은 좌우를 뒤집거나 전체를 회전하거나 1과 2의 자리를 맞바꾸는 등의 방법을 일일이 다 센 것이다. 적당히 변형하여 같은 방진이 되는 경우를 하나로 센다면 스도쿠 방진의 개수는 대폭 줄어든다. 그 개수는 5,472,730,538개[3]라고 알려져있다.

4. 유명한 스도쿠 문제들

Q 아래의 스도쿠 문제는 17개의 수가 주어진 문제로 해가 유일하다. 해를 찾으시오.

				6		2		1
	3		4					
						8		
			7		3		4	
8			5					
1								
	4						7	
					8	6		
				2				

Q 아래의 스도쿠 문제는 핀란드의 인칼라 박사가 만든 문제로 악명 높은 스도쿠 문제이다. 해를 찾으시오. 문제에서 21개의 숫자가 주어졌는데도 불구하고 17개가 주어진 위의 문제보다 훨씬 더 어렵다[4].

8								
		3	6					
	7			9		2		
	5				7			
				4	5	7		
			1				3	
		1					6	8
		8	5				1	
	9					4		

Q 만약 16개의 수가 주어져 있고 해가 유일한 스도쿠 문제를 만들 수 있는가?

A 불가능하다. 최소 17개의 수가 주어져 있어야 해가 유일한 스도쿠 문제를 만들 수 있다. 2012년 아일랜드 더블린대 교수팀은 스도쿠 대략 55억 개를 슈퍼컴퓨터로 1년간 분석하여 16개의 숫자로는 유일 해를 가지는 스도쿠를 만들 수 없음을 확인하였다.

5. 실생활에서의 방진

영국의 수학자 피셔(Fisher, 1890 – 1962)는 농업 생산성을 조사하는데 방진을 활용했으며, 시장조사, 심리테스트, 건축 등에도 방진이 쓰이고 있다.

세계적으로 유명한 건축물인 가우디 성당(사그라다 파밀리아 성당)에서도 방진을 찾아볼 수 있다. 가우디 성당에 있는 방진은 4×4 형태이며 1부터 16까지의 모든 숫자가 한 번씩 들어가는 마방진과는 달리 12, 16이 없고 10과 14가 두 번씩 들어가 있는 특이한 방진이다. 이 방진은 가로, 세로, 대각선의 합은 33인데 이는 예수님이 돌아가셨을 때의 나이인 33을 나타낸다.

2015년에는 영국의 교도소 죄수 86명이 신문에 있는 스도쿠가 너무 어려워 답을 찾을 수 없자 스도쿠 자체에 문제가 있다고 신문사에 항의하는 일이 있었다.

마방진 난제[1]

서강대 수학과 김종락 교수의 지도로 정우석, 김연호 및 이기선 학부생들은 미해결 마방진 난제를 2014년 4월부터 8월 말까지 5개월간의 노력으로 해결하였다.

이 문제는 기존 마방진에서 각각의 원소가 다르다는 조건 대신에 중복을 허락하고, 대각선의 합뿐만 아니라 범대각선의 합까지 일정한 수를 갖는다는 조건이 있다. 또한 이때 사용되는 숫자는 0부터 $p-1$ (p는 소수)까지의 수를 사용하고 합이 p보다 크면 p로 나눈 나머지가 그 합이 된다.

a	b	c	a	b
d	e	f	d	e
g	h	i	g	h
a	b	c	a	b
d	e	f	d	e

p가 3보다 큰 경우 모든 n차 마방진의 총 개수는 이미 알려져 있었지만 p가 2이거나 3인 경우는 해결되지 않고 있었다.

3×3방진을 예시로 범대각선을 설명하면 다음과 같다.

먼저 3×3방진을 다음과 같이 5×5방

진으로 늘린 후 기존의 3×3방진의 숫자들을 3칸씩 밀어낸다.

이 상태에서 아무렇게나 3×3방진을 선택했을 때, 그 방진의 두 대각선을 범대각선이라 한다. 예시로 다음과 같은 방진을 선택했다고 하자. 그러면 범대각선은 e−i−a와 d−i−b가 된다.

a	b	c	a	b
d	e	f	d	e
g	h	i	g	h
a	b	c	a	b
d	e	f	d	e

4×4방진에서는

10−1−7−16, 15−12−2−5, 6−13−11−4 등이 범대각선에 해당된다.

3	10	15	6
13	8	1	12
2	11	14	7
16	5	4	9

다시 기존의 문제로 돌아와서 문제의 조건을 적어보면 기존의 마방진 조건에 더불어

1. 숫자는 0부터 $p-1$(p는 소수)까지 사용 가능
2. 숫자는 중복해서 사용할 수 있으며 범대각선의 합이 $pk+m$
   ($m=0, 1, \cdots, p-1$)로 모두 같은 m값을 가져야 한다.

위와 같은 조건 2개가 추가된 문제이다.

$p=2$인 경우를 한 번 다루어 보자.

- $m=0$인 2차 마방진

  $m=0$이므로 행과 열과 범대각선 숫자들의 합이 $2k+0$ 형태인 0, 2, 4, 6, $\cdots$가 되어야 한다.

0	0
0	0

1	1
1	1

두 가지 경우밖에 없다.

- $m=1$인 2차 마방진

  $m=1$이므로 숫자들의 합이 $2k+1$ 형태인 1, 3, 5, 7, …가 되어야 한다. 이 경우 분석해 보면 마방진이 존재하지 않는다.

- $m=0$인 3차 마방진

  $m=0$이므로 숫자들의 합이 $2k+0$ 형태인 0, 2, 4, 6, …가 되어야 한다.

  0, 1을 사용하여야 하므로 가능한 조합은 0, 0, 0 또는 0, 1, 1이다. 물론 1, 0, 1과 1, 1, 0도 가능하지만 이는 0, 1, 1을 사용하는 경우와 본질적으로 같다.

0	0	0
0	0	0
0	0	0

한 가지 경우만 존재한다.

- $m=1$인 3차 마방진

  $m=1$이므로 숫자들의 합이 1, 3, 5, 7, …가 되어야 한다.

1	1	1
1	1	1
1	1	1

한 가지 경우만 존재한다.

따라서 $p=2$인 경우의 2차 마방진과 3차 마방진은 각각 2개씩 존재한다. 물론 모든 차수의 마방진이 2개만 존재하는 것은 아니다.

$p=2$인 경우의 4차 마방진부터는 생각해 내기가 쉽지 않다. $p=2$, $m=0$인 경우 다음과 같은 형태의 마방진이 몇 개나 존재할까? 각자 한 번 고민하여 보자.

0	0	0	0
0			
0			
0			

0	0	0	0
0			
1			
1			

0	0	0	0
1			
0			
1			

0	0	0	0
1			
1			
0			

0	0	0	0
1			
0			
1			

샘 로이드 퍼즐

샘 로이드(Sam Loyd, 1841 – 1911)는 미국의 가장 위대한 퍼즐작가이자 '퍼즐 왕'이라 불리며 현대 퍼즐의 선구자라 불린다. 학문적 연구가 아닌 순수한 지적 유희로서 수학을 즐기고 대중들에게 쉽게 소개하는 유희수학(recreational mathematics)분야의 전문가이다.

다음은 샘 로이드가 만든 퍼즐 중에서 유명한 14–15퍼즐이다.

왼쪽의 퍼즐을 오른쪽의 퍼즐과 같이 만들어라.

(빈칸을 이용하여 숫자를 이동시킬 수 있다.)

1	2	3	4
5	6	7	8
9	10	11	12
13	15	14	

→

1	2	3	4
5	6	7	8
9	10	11	12
13	14	15	

샘 로이드는 이 퍼즐을 발표하고 푸는 사람에게 어마어마한 상금을 주겠다고 말하였다. 이후 입소문을 타고 전 세계적으로 유명해져 많은 사람들이 이 퍼즐에 도전하였다. 그러나 이 퍼즐은 수학적으로 불가능하다. 그 증명은 과제로 남기겠다.

다음은 샘 로이드가 만든 또 다른 퍼즐 'TEDDY AND THE LION' 이다.

출처: mariano tomatis 블로그

이 퍼즐을 자세히 살펴보자. 왼쪽 그림에는 7명의 남자와 7마리의 사자가 있고, 오른쪽 그림에는 6명의 남자와 8마리의 사자가 있다. 그림을 그리거나 지운 것이 아닌 가운데의 원판을 돌리기만 하였는데 사람과 사자의 수의 변화가 일어난 것이다.

위의 'TEDDY AND THE LION'과 유사한 퍼즐로 'Vanishing Leprechaun'퍼즐[1]이 있다.

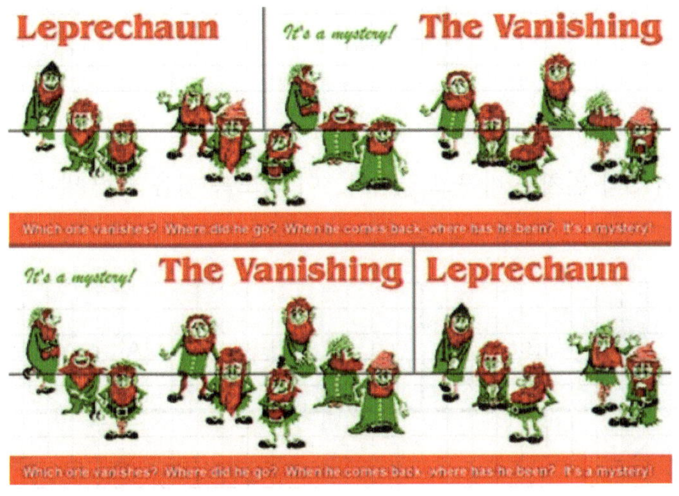

출처: Genius Puzzles

위의 그림의 요정은 총 15명인데 아래의 그림의 요정은 총 14명이다. 마찬가지로 그림을 그리거나 지운 것이 아니다. 그림을 자세히 보면 하나의 그림이 총 세 조각으로 나뉘어져 있는 것을 확인할 수 있는데, 단지 세 조각 중에서 위의 두 조각의 위치를 바꾸면 요정의 수가 변하는 것이다.

다음과 같은 방법으로 직접 요정 퍼즐을 만들어보자.

눈금이 있는 종이를 세 조각으로 나누고 왼쪽 위 조각을 A, 오른쪽 위 조각을 B라 하자.

한 눈금의 크기를 1이라 하고, A에 길이가 5가 되도록 아래와 같이 색칠한다.

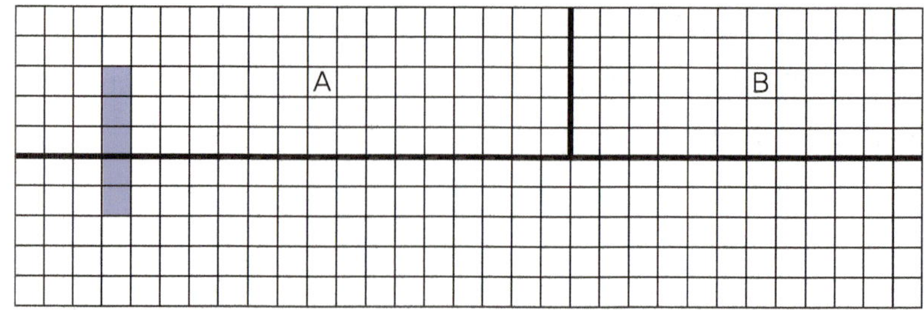

A와 B의 위치를 바꾸고 길이가 6이 되도록 처음 그림 막대기에 이어서 그린다. (빗금 친 막대기는 원래 그려져 있던 막대기이다.)

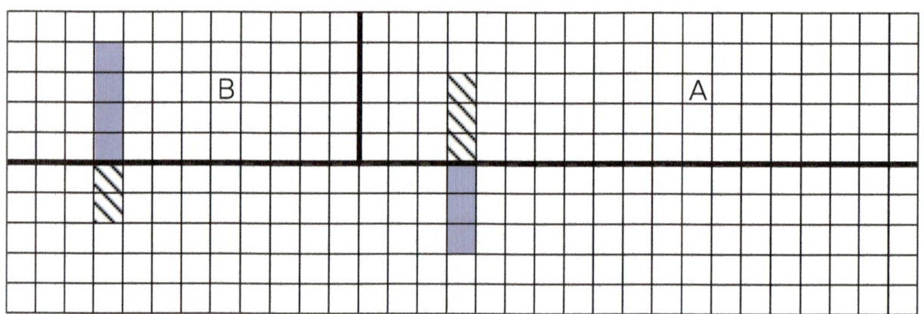

다시 A와 B를 바꾸고 길이가 5가 되도록 바로 앞의 단계에서 그린 막대기에 이어 그린다.

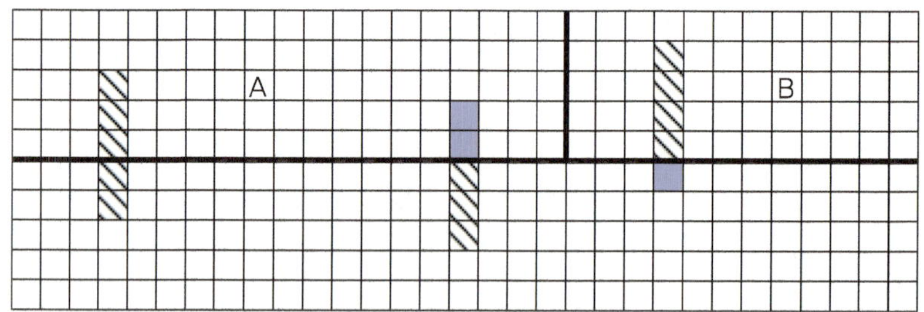

이와 같은 작업을 반복하다 보면 다음과 같은 결과물을 얻는다. A와 B를 바꿔주게 되면,

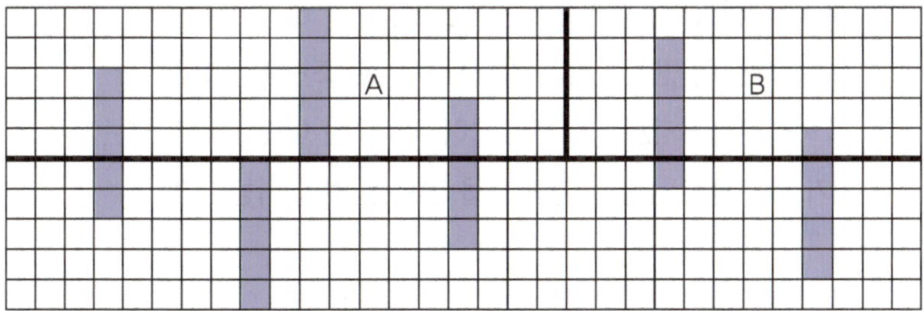

아래와 같은 모양이 나오게 된다.

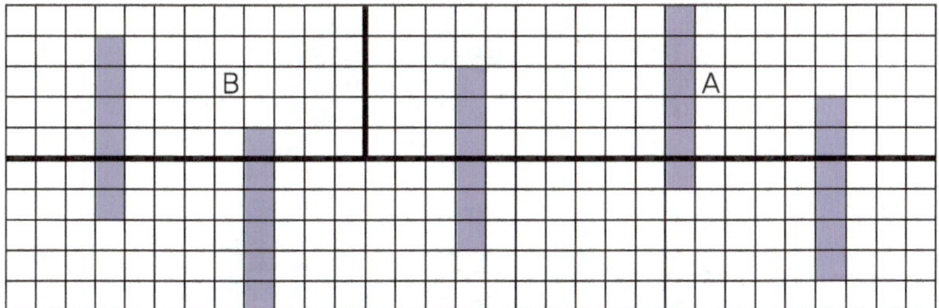

앞선 결과물은 길이가 5인 막대기가 6개였는데 A와 B의 위치를 바꾸어주니 길이가 6인 막대기가 5개가 되었다.

막대의 길이를 각각 a, b라 하자. 이 때 이 퍼즐을 (a, b)(단, $a < b$)로 나타낸다고 하자.

그렇다면 위의 퍼즐은 $(5, 6)$에 해당된다. 모눈종이의 한 칸의 길이를 1이라 했을 때, [A, B](단, A<B)로 칸의 수를 표시하면 위의 퍼즐은 [12, 19]로 표현할 수 있다.

Q 다음은 각자 시도해 보고 스스로 결과를 만들어 보자.

1. $(5, 8)$퍼즐을 만드는 것이 가능한가?
2. $(4, 6)$퍼즐을 만드는 것이 가능한가?
3. (a, b)퍼즐이 만들어지기 위해서는 어떤 조건이 필요한가?
4. a, b와 만들어지는 막대기의 넓이 사이에는 어떤 관계가 있는가?
5. B가 A의 배수인 경우에 퍼즐을 만드는 것이 가능한가?

미국의 유명 빌딩인 엠파이어스테이트 빌딩을 이용하여 만든 퍼즐도 있다.

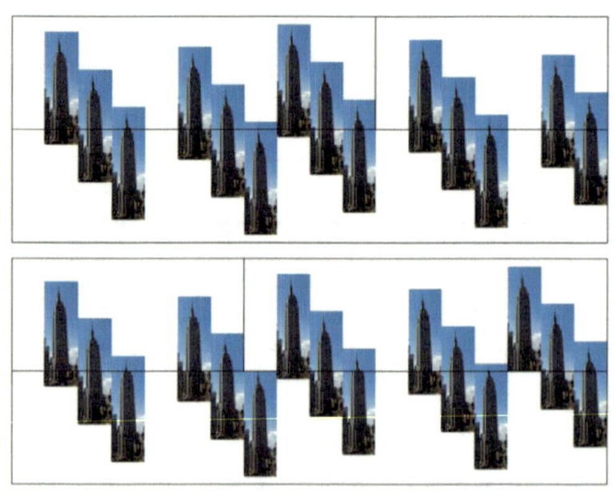

출처: The Guardian

미국의 3대 퍼즐 작가

• 헨리 듀드니(Henry Ernest Dudene, 1857–1936)

듀드니가 발표한 퍼즐 중에는 문자를 이용하여 표현된 수식에서 각 문자가 나타내는 수식을 맞추는 문제인 복면산 퍼즐이 있는데 그 예시는 오른쪽과 같다.

		S	E	N	D
+		M	O	R	E
	M	O	N	E	Y

• 샘 로이드(Samuel Loyd, 1841 – 1911)

샘 로이드 사후에 그의 아들이 아버지의 퍼즐문제를 집대성한 《샘 로이드 퍼즐 백과사전》을 1914년에 발표하였다.

• 마틴 가드너(Martin Gardner, 1914–2010)

마틴 가드너는 유희수학 분야를 집대성하고 대중에게 널리 알렸다. 그의 저서 중에 《이야기 파라독스》는 퍼즐 책들 중에서 현재까지도 인기 있는 베스트셀러이다.

한국의 대표 퍼즐작가로는 피타고라스의 정리를 독창적으로 증명한 박부성 교수가 있다.

런던 지하철과 위상수학

오른쪽의 지하철지도는 실제의 노선도와 차이가 있지만 정보를 전달하기에 충분하며 효율적이다.

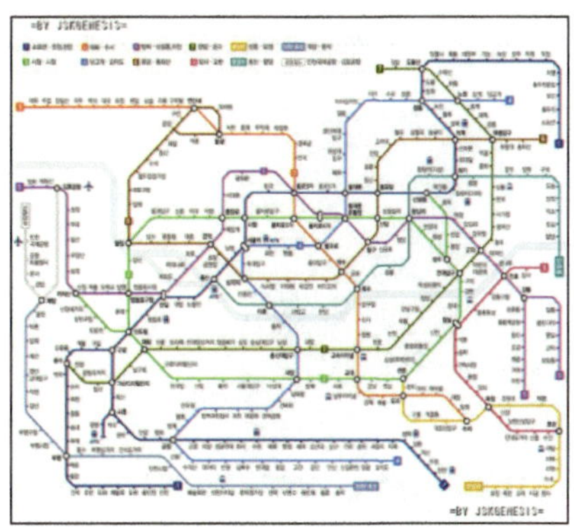

• 두 지도의 차이점은 무엇인가?
• 어느 지도가 효율적이면 장점이 많은가?

[지하철지도와 위상수학]

1. 런던지하철 이야기[1]

1906년에 설립된 런던 지하철 회사는 1920년대에 들어 쇠퇴기를 맞이했다. 지하철 지도상으로 봤을 때 지하철 이용은 복잡하고 불편한 것으로 생각되었다. 1931년에 그려진 새로운 지도는 노선을 수직, 수평, 대각선만으로 단순 명료하게 묘사하였다. 물론 외곽지역의 모습이 왜곡되는 단점이 있었지만 사람들이 지하철을 편리한 교통수단으로 인식하게 되었다. 그래서 외곽지역 사람들은 중심부와 멀지 않다는 인식을 가지게 되었고, 이에 외곽지역의 부동산 가격이 상승하였다.

2. 위상수학이란?

연속적으로 변형하는 대상의 불변하는 성질을 연구하는 분야이다. 공간의 추상적 연결 구조를 정의하고 계량화하며 성질을 연구한다. 공간이란 개념을 수학적으로 정의하여 수학의 여러 분야에 기초적이고 유용한 방법을 제시한다.

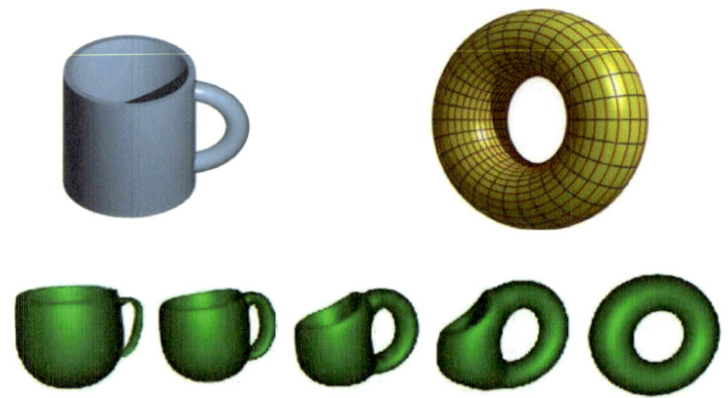

예를 들어, 손잡이가 달린 컵을 아래의 과정으로 도넛 모형으로 만들어줄 수 있으며 따라서 위상수학의 입장에서 두 물체는 근본적으로 같다고 할 수 있다.

회전 드럼 문제[1]

위의 그림과 같이 회전하는 드럼에 16개의 칸이 있다. 각 칸에는 0 또는 1의 숫자만 들어갈 수 있다. 이 드럼을 화살표 방향으로 회전시킨다고 할 때, 0부터 15까지의 이진수 표현(0000부터 1111)이 모두 나타나도록 수를 배열할 수 있는가?

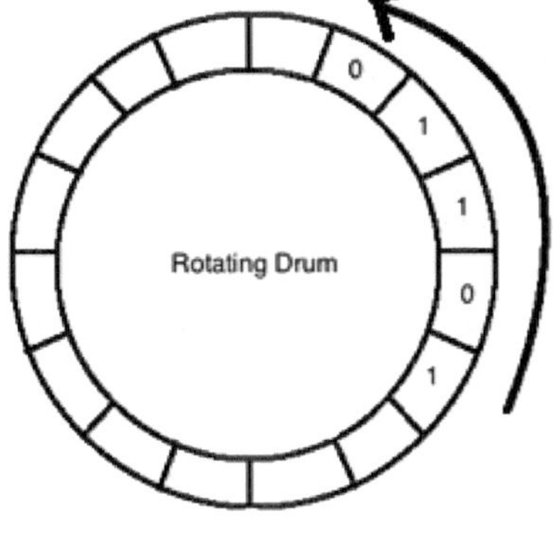

출처: Mathonline

위의 그림은 0110 → 1101을 나타낸다.

위 문제를 해결하기에 앞서 다음 문제를 생각하여보자.

Q a, b를 사용하여 같은 2문자 단어가 두 번 이상 나타나지 않는 가장 긴 문자열의 길이는?

A aa, ab, ba, bb를 한 번씩 사용하면 된다. → aabba

Q a, b를 사용하여 같은 3문자 단어가 두 번 이상 나타나지 않는 가장 긴 문자열의 길이는?

A aaa, aab, aba, abb, baa, bab, bba, bbb를 한 번씩 사용하면 된다. → ababbbaaab

첫 번째 문자열의 길이는 5이고 이는 2^2+1이다.

두 번째 문자열의 길이는 10이고 이는 2^3+2이다.

3문자 단어를 중복없이 나열하는 문자열을 보게 되면 ab로 시작하여 ab로 끝나는 것을 확인할 수 있다. 만약 끝의 문자가 ab이면 반드시 처음의 문자도 ab일까? 이는 귀류법을 이용하여 다음과 같이 증명을 할 수 있다.(귀류법: 결론을 부정하여 모순을 이끌어내어 원래의 명제가 참임을 증명하는 간접증명법)

증명 결론을 부정하면 시작은 ab가 아니고 끝은 ab이다. 따라서 시작은 aba, abb 둘 다 될 수 없다. 이 둘은 중간에 나타난다. 이 두 문자열은 앞에 ab를 공통으로 가지고 있고 중간에 위치해야 하기 때문에 ab로 시작하는 두 문자 앞에는 각각 a 또는 b가 위치해야 한다. 결론적으로 중간에 aab와 bab가 존재해야 한다. 그러면 맨 뒤에 ab 앞에 a와 b 모두 올 수 없게 된다. 따라서 모순이다. □

위의 문제에서 문자들을 하나의 점 또는 경로로 생각하여 줄 수 있는데 점으로 생각하게 된다면 모든 점을 오직 한 번씩 지나는 문제인 해밀턴 문제, 경로로 생각하게 된다면 모든 경로를 오직 한 번씩 지나는 오일러문제(한붓그리기 문제)로 생각하여 줄 수 있다.

2문자 단어의 경우 aa, ab, ba, bb들을 하나의 점으로 생각하여 주면 다음과 같이 나타낼 수 있다.

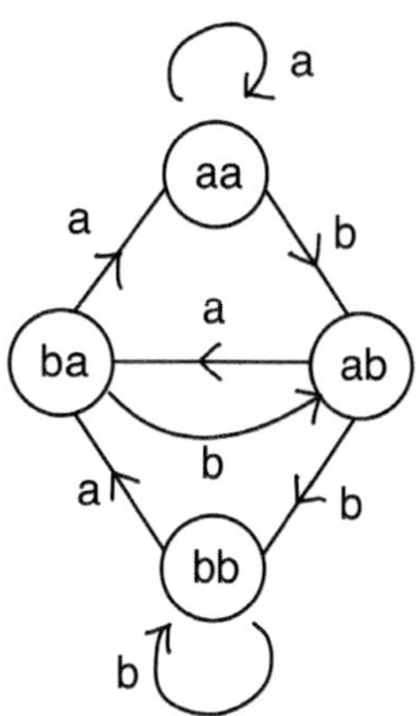

[모든 점을 오직 한 번씩 지나는 문제(해밀턴 문제)]

이번에는 하나의 점이 아닌 경로로 생각하여 주면 다음과 같이 나타낼 수 있다.

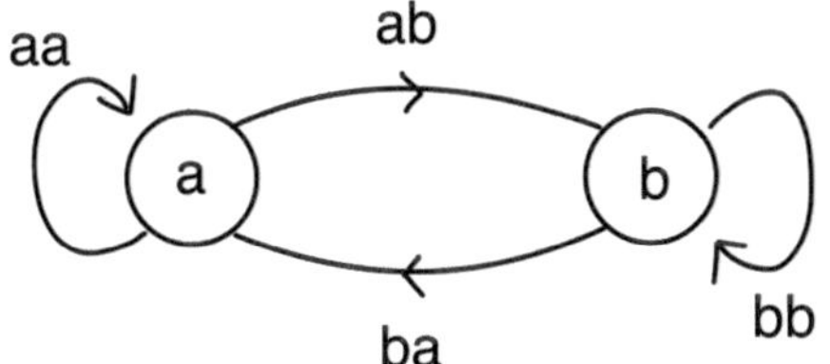

[모든 경로를 오직 한 번씩 지나는 방법(오일러 문제)]

점의 개수가 많아지면 많아질수록 해밀턴 문제는 굉장히 어려워진다. 그에 반해 오일러 문제는 상대적으로 쉽다.

만약 오일러 문제에 방향이 추가된다면 어떻게 될까?

한붓그리기 문제는 모든 점이 짝수점이거나 홀수점이 오직 2개인 경우에 가능한데 이와 비슷하다.

오일러 문제에서는 짝수점의 조건이 들어가는 경로와 나가는 경로의 개수가 같다는 조건으로 바뀌게 된다.

홀수점이 오직 2개인 조건은 시작점의 나가는 경로의 개수가 들어가는 경로의 개수보다 한 개 더 많고, 종점의 들어가는 경로의 개수가 나가는 경로의 개수보다 한 개 더 많으면 되는 것으로 바뀌게 된다.

다시 원래의 문제로 돌아와서, 회전 드럼 문제의 해답을 그림으로 나타내어 보면 다음과 같다.

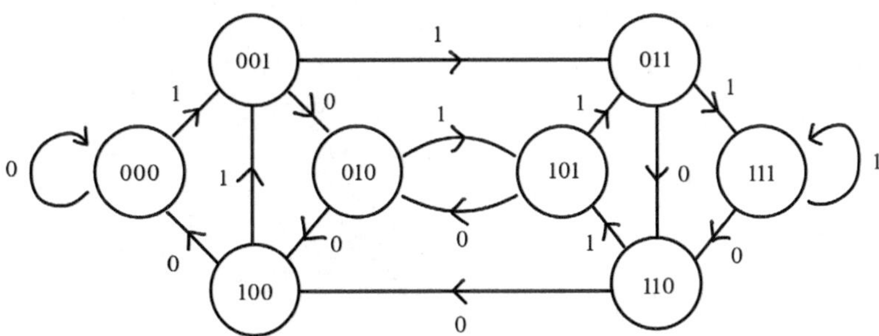

예시로 000 → 001 → 010 → 101과 같이 이동하게 되면, 000101이 나오는 것이다.

경로를 따라가 보면 처음 3개의 숫자와 마지막 3개의 숫자가 같은 것을 확인할 수 있다.

이러한 개념은 현실과 동떨어진 문제가 아닌 실제로 현실에서 응용된다.

• 지구에서 달까지의 거리 측정

달에는 지구를 향해있는 반사경이 설치되어 있는데 지구에서 이 반사경에 신호를 보내 다시 되돌아올 때까지의 시간을 측정하면 지구에서 달까지의 거리를 측정할 수 있다. 이때, 정확한 측정을 하기 위해서는 우주에서 오는 다른 전파와의 혼동을 피해야 했는데, 달에 보내는 전파를 a, b로 이루어진 50문자열로 구성을 하였다. 회전 드럼 문제로 보면 $2^{50} = 1.13 \times 10^{15}$개의 칸을 가지는 드럼 문제로 이해 가능하다. 그리고 달에는 지구에서 보내지는 전파를 오는 방향 그대로 반사하는 특수한 형태의 반사경이 설치되어 있다. 아래의 반사경은 유인 달 탐사선인 아폴로 계획에 의해 달에 남기고 온 물건들 중 가장 대표적인 것이다. 이 반사경을 사용하여 과학자들은 달이 지구로부터 매년 3.8cm씩 멀어지고 있음을 관측하였다. 반사경의 원리는 두 면이 90도로 만나는 두 개의 거울이 빛이 들어온 방향과 평행하게 빛을 내보내는 원리이고, 모든 방향

에서 효과를 주기 위하여 옆면이 직각 이등변 삼각형이 되도록 하는 원뿔 모양의 거울 형태로 제작하였다.

- 컴퓨터 내의 자체 오류 수정프로그램

기계가 스스로 테스트할 수 있게 하는 매커니즘인 내장 자체시험(BIST: Built-in Self-test)에 이용된다.

- CD-ROM 및 핸드폰

핸드폰의 코드 분할 다중 접속(CDMA: Code Division Multiple Access)에 이용된다.

- 로봇

평면에서 로봇을 이용시킬 때도 이용된다.

이처럼 전혀 생각하지 못한 곳에서 The Rotating Drum Problem이 중요한 수학적 도구로 활용되고 있는 것을 알 수 있다.

인간 vs 인공지능의 역사

- 1997년 IBM의 컴퓨터 '디퍼 블루(Deeper Blue)'가 세계 체스 챔피언인 카스파로프에 3승 1무 2패로 승리하였다.
- 2011년 미국의 유명 퀴즈 쇼 제퍼디!(Jeopardy!)에서 IBM의 컴퓨터 '왓슨(Watson)'이 우승을 차지했다.
- 2014년에 인공지능 '유진 구스트만(Eugene Goostman)'이 튜링 테스트를 통과하였다. 여기서 튜링테스트란 기계가 인간과 얼마나 비슷하게 대화할 수 있는지를 기준으로 기계에 지능이 있는지를 판별하고자 하는 시험이다. 1950년 앨런 튜링이 제안하였다.
- 2016년 인공지능 '알파고(AlphaGo)'가 이세돌과의 바둑 대결에서 4승 1패로 승리하였다.

2018년 Chat GPT(Generative Pre-trained Transformer)모델은 Google의 트랜스포머 모델을 기반으로 대규모 데이터를 사전 학습시켜 만든 인공지능 모델이다. GPT-1부터 2025년 GPT-5까지 나왔다. 다양한 문제 해결 능력과 고난도의 수학 문제까지 처리해 주고 있다. GPT-1부터 GPT-3까지 사용하는 매개 변수의 개수는 차례대로 1.17억, 15억, 1750억 개다. GPT-4는 텍스트와 이미지 동시 이해 능력, 상당한 추론 능력까지 보여주고 있고, GPT-5는 뛰어난 논리적 문제해결 능력과 코딩능력을 갖추었다.

인공지능이 학습하고 경험을 통해 자동으로 개선하는 컴퓨터 알고리즘인 기계 학습(Machine Learning)에는 선형대수가 중요하게 사용되는데 그 중에서 선형대수와 밀접하게 연관되어 있는 행렬을 잠시 살펴보도록 하자.

행렬

행렬(Matrix)이란 $\begin{pmatrix} 1 & 2 \\ 3 & 4 \end{pmatrix}$, $\begin{pmatrix} 7 & -1 & 0 \\ 3 & 5 & 7 \\ 2 & 1 & 8 \end{pmatrix}$ 과 같이 수 또는 다항식 등을 직사각형 모양으로 배열한 것이다. 행렬의 가로줄을 행(row), 세로줄을 열(column)이라 한다. 이때 행과 열의 순서는 행은 위에서부터, 열은 왼쪽에서부터 시작한다. 즉 위의 첫 번째 행렬에서 1행 1열은 1이고 2행 1열은 3이다.

1. 행렬의 곱

두 행렬 $A = \begin{pmatrix} a' & b' \\ c' & d' \end{pmatrix}, B = \begin{pmatrix} a & b \\ c & d \end{pmatrix}$이 있을 때 두 행렬의 곱 AB는

$AB = \begin{pmatrix} a' & b' \\ c' & d' \end{pmatrix}\begin{pmatrix} a & b \\ c & d \end{pmatrix} = \begin{pmatrix} a'a + b'c & a'b + b'd \\ c'a + d'c & c'b + d'd \end{pmatrix}$ 이다.

두 행렬 $A=\begin{pmatrix} a & b & c \\ d & e & f \\ g & h & i \end{pmatrix}$, $B=\begin{pmatrix} a' & b' & c' \\ d' & e' & f' \\ g' & h' & i' \end{pmatrix}$의 곱은

$$AB=\begin{pmatrix} a & b & c \\ d & e & f \\ g & h & i \end{pmatrix}\begin{pmatrix} a' & b' & c' \\ d' & e' & f' \\ g' & h' & i' \end{pmatrix}$$

$$=\begin{pmatrix} aa'+bd'+cg' & ab'+be'+ch' & ac'+bf'+ci' \\ da'+ed'+fg' & db'+ee'+fh' & dc'+ef'+fi' \\ ga'+hd'+ig' & gb'+he'+ih' & gc'+hf'+ii' \end{pmatrix}$$이다.

한편, 두 행렬을 곱하기 위해서는 앞의 행렬의 열과 뒤의 행렬의 행의 개수가 같아야 한다. 왜 이런 방식으로 행렬곱을 정의하는 지는 다음과 같은 이유가 있다.

두 개의 1차 연립방정식 $x'=ax+by$, $y'=cx+dy$와 $x''=a'x'+b'y'$, $y''=c'x'+d'y'$를 결합하면

$$x''=a'(ax+by)+b'(cx+dy)=(a'a+b'c)x+(a'b+b'd)y$$

$$y''=c'(ax+by)+d'(cx+dy)=(c'a+d'c)x+(c'b+d'd)y$$

가 얻어진다. 연립방정식은 행렬로 간단히 표현하면 $\begin{pmatrix} x'' \\ y'' \end{pmatrix}=\begin{pmatrix} a' & b' \\ c' & d' \end{pmatrix}\begin{pmatrix} x' \\ y' \end{pmatrix}$, $\begin{pmatrix} x' \\ y' \end{pmatrix}=\begin{pmatrix} a & b \\ c & d \end{pmatrix}\begin{pmatrix} x \\ y \end{pmatrix}$이고 두 연립 방정식을 결합하면 $\begin{pmatrix} x'' \\ y'' \end{pmatrix}=\begin{pmatrix} a' & b' \\ c' & d' \end{pmatrix}\begin{pmatrix} a & b \\ c & d \end{pmatrix}\begin{pmatrix} x \\ y \end{pmatrix}$로 되어 행렬곱이 자연스럽게 유도된다.

2. 유명한 행렬 계산 문제

오른쪽의 그림에서 한 지점에서 다른 지점으로 가는 길의 개수를 행렬로 표현해보자.

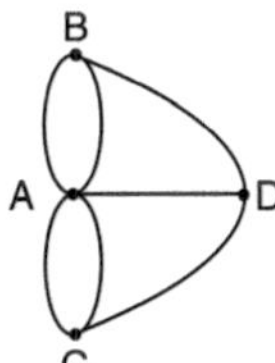

그러면 다음과 같은 행렬이 나오게 된다.

$$M=\begin{pmatrix}0&2&2&1\\2&0&0&1\\2&0&0&1\\1&1&1&0\end{pmatrix}$$

1행과 1열을 A, 2행과 2열을 B, 3행과 3열을 C, 4행과 4열을 D라고 생각하면 된다.

이 행렬을 제곱하면, $M^2=\begin{pmatrix}0&2&2&1\\2&0&0&1\\2&0&0&1\\1&1&1&0\end{pmatrix}\begin{pmatrix}0&2&2&1\\2&0&0&1\\2&0&0&1\\1&1&1&0\end{pmatrix}=\begin{pmatrix}9&1&1&4\\1&5&5&2\\1&5&5&2\\4&2&2&3\end{pmatrix}$이다.

여기서 M^2의 1행 1열 9를 살펴보자.

$9=0\times0+2\times2+2\times2+1\times1$인데, 0×0은 AA×AA, 2×2는 AB×BA와 AC×CA 1×1은 AD×DA로 생각해줄 수 있다.

그렇게 되면 M^2의 1행 1열이 의미하는 것은 A에서 출발하여 다른 지점 B C D 거쳐 다시 A로 돌아오는 경로의 수를 의미하게 된다.

또 다른 예시도 한 번 살펴보자.

앞서 살펴보았던 예시와 마찬가지로 오른쪽의 그림을 행렬로 나타내보면 다음과 같다.

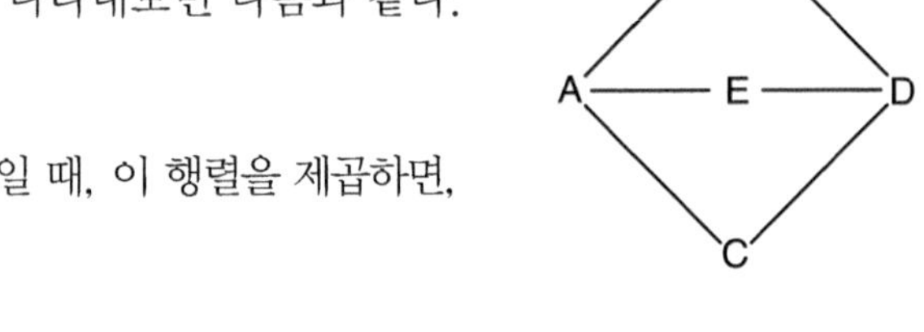

$M=\begin{pmatrix}0&1&1&0&1\\1&0&0&1&0\\1&0&0&1&0\\0&1&1&0&1\\1&0&0&1&0\end{pmatrix}$일 때, 이 행렬을 제곱하면,

$M^2=\begin{pmatrix}3&0&0&3&0\\0&2&2&0&2\\0&2&2&0&2\\3&0&0&3&0\\0&2&2&0&2\end{pmatrix}$이다.

이제 실제로 페이스북(Facebook)의 친구 추천에서 사용되는 방법을 살펴보자.

앞에서의 예시와는 다르게 A, B, C, D, E는 사람, 연결되어 있는 선은 친구 관계를 의미한다.

즉 행렬 M은 친구들의 연결 상태를 말해주고, 행렬 M^2은 한 단계를 거쳐 친구인 상태(친구의 친구)를 말해준다. 그러나 자기 자신과 친구의 친구인 것은 무의미하므로 행렬 M^2의 아래로 내려가는 대각선은 무시하여도 된다.(A–B–A, E–D–E 등과 같은 경우를 말한다.) A와 D의 친구 관계를 살펴보면 A–B–D, A–E–D, A–C–D와 같이 친구 관계가 형성되어 있기 때문에 행렬 M^2의 1행 4열이 3인 것이다.

행렬 M^2의 아래로 내려가는 대각선은 무시하고 나머지 항들 중에서 가장 큰 원소는 1행 3열에 있는 3으로 의미는 'A와 D에 공통되는 친구가 3명이다'라는 의미이다. 공통으로 아는 친구가 많다는 것은 비록 페이스북 상에서는 친구가 아니더라도 실제로는 A와 D는 친구일 가능성이 매우 높다는 얘기이다. 이러한 방법을 사용하여 페이스북은 A와 D의 친구 추천 목록에 서로가 표시되는 것이다. 이러한 인맥을 키우는 방식이 페이스북이 크게 성공하게 된 원동력이 되었다.

다른 문제를 살펴보자.

Alpha max plus beta min algorithm

$$\sqrt{x^2+y^2} \cong 0.96x + 0.4y \ (x \geq y \geq 0)$$

왼쪽과 오른쪽 식은 계산 속도에서 현격한 차이를 준다. 컴퓨터를 이용하여 계산 시간을 비교하면 대략 6배 차이가 난다. 오른쪽 일차식은 루트 식에 비해 오차율이 4% 이내로 나오게 된다. 따라서 위와 같은 일차식 변형이 유리한 경우는 약간의 오차를 허용하더라도 계산 시간을 대폭 절감하고 싶을 때 가능하다. 컴퓨터 사용 시간의 절감은 전기의 사용량 감소와 그에 따른 비용 절감 효과를 얻게 된다. 위 방법을 Alpha max plus beta min algorithm이라고 부른다. 다음과 같은 미적분의 방법을 사용하면 오차율이 4% 이내 임을 보일 수 있다.

$$\frac{0.96x+0.4y}{\sqrt{x^2+y^2}}=\frac{0.96+0.4\dfrac{y}{x}}{\sqrt{1+\left(\dfrac{y}{x}\right)^2}}=\frac{0.96+0.4t}{\sqrt{1+t^2}},\ \left(t=\frac{y}{x},\ \ 0\le t\le 1\right)$$

주어진 식을 $f(t)$라고 하면 $f'(t)=\dfrac{0.4-0.96t}{(1+t^2)^{\frac{3}{2}}}$이다. 도함수에 의해 t는 구간 $[0,\ \frac{5}{12}]$에서 증가함수이고 구간 $[\frac{5}{12},\ 1]$에서 감소함수이다. 따라서 함수 $f(t)$는 $t=0,1$에서 최솟값을 가지며 $t=\frac{5}{12}$에서 최댓값을 갖는다. $f(0)=0.96,\ f\left(\frac{5}{12}\right)=1.04,\ f(1)=0.9617\ldots$이므로 두 식의 오차 범위는 4% 이내로 결정된다.

2014년 구글은 인공지능으로 구글 데이터센터 시스템의 전기를 15% 절감할 수 있었는데 그것으로 당시 미국 가구 36만 세대의 1년 전기 사용량을 아낄 수 있었다. 인공지능 기계학습은 기본적으로 상당한 행렬 계산을 필요로 한다. 따라서 행렬계산에서 약간의 개선으로도 막대한 비용 절감이 가능하다. 대표적으로 스트라센(Strassen 1969)은 2×2 행렬곱 계산에서 필요한 8번의 곱 계산을 7번으로 줄이는 혁신적인 알고리즘을 만들었다.

페이지 공식

오른쪽의 그림을 다음과 같은 식을 통하여 계산을 할 것이다.

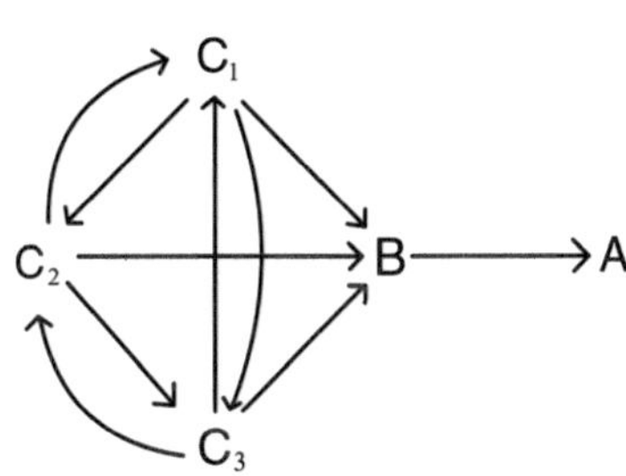

$$Rank(p) = \sum_{p_j \to p} \frac{Rank(p_j)}{Num(p_j \to \bullet)}$$

$p_j \to p$가 의미하는 것은 점 p_j에서 점 p로 한 번에 갈 수 있는 점을 의미한다. 즉 p가 A라면 p_j는 B가 되고, p가 B라면 p_j는 C_1, C_2, C_3가 된다.

$Num(p_j \to \bullet)$은 p_j라는 점에서 나가는 화살표의 개수를 의미한다. 즉 p_j가 B라면 1, p_j가 C_1이라면 3이 된다.

마지막으로 $Rank_n(p_j)$는 점 p_j의 n단계의 $Rank$값을 의미한다.

모든 점의 1단계에서의 $Rank_1$값을 1이라 두고 $Rank$값을 계산하여 보자.

$$Rank(\mathrm{A}) = \sum_{p_j \to \mathrm{A}} \frac{Rank(p_j)}{Num(p_j \to \bullet)} = \frac{Rank(\mathrm{B})}{Num(\mathrm{B} \to \bullet)} = 1$$

$$Rank(\mathrm{B}) = \sum_{p_j \to \mathrm{B}} \frac{Rank(p_j)}{Num(p_j \to \bullet)}$$

$$= \frac{Rank(\mathrm{C}_1)}{Num(\mathrm{C}_1 \to \bullet)} + \frac{Rank(\mathrm{C}_2)}{Num(\mathrm{C}_2 \to \bullet)} + \frac{Rank(\mathrm{C}_3)}{Num(\mathrm{C}_3 \to \bullet)}$$

$$= \frac{1}{3} + \frac{1}{3} + \frac{1}{3} = 1$$

$$Rank(\mathrm{C}_1)=\sum_{p_j\to \mathrm{C}_1}\frac{Rank(p_j)}{Num(p_j\to \bullet)}$$

$$=\frac{Rank(\mathrm{C}_2)}{Num(\mathrm{C}_2\to \bullet)}+\frac{Rank(\mathrm{C}_3)}{Num(\mathrm{C}_3\to \bullet)}$$

$$=\frac{1}{3}+\frac{1}{3}=\frac{2}{3}$$

대칭이어서 $Rank_n(\mathrm{C}_1)=Rank_n(\mathrm{C}_2)=Rank_n(\mathrm{C}_3)=\frac{2}{3}$임을 알 수 있다.

2단계에서의 $Rank$값은 A: 1, B:1, C: 2/3이다. 같은 방법으로 계산하면,

3단계에서의 $Rank$값은 A: 1, B: 2/3, C: 4/9이고

4단계에서의 $Rank$값은 A: 2/3, B: 4/9, C: 8/27이 나온다.

여기서 사용된 공식 $Rank_{n+1}(p)=\sum_{p_j\to p}\frac{Rank_n(p_j)}{Num(p_j\to \bullet)}$은 페이지 공식이라 불리는데 이는 구글(Google)의 CEO인 래리 페이지(Larry Page, 1973 -)의 이름을 따온 것이다. 이 공식에서 $Rank$의 값이 크다는 것은 중요도가 높다는 것을 의미하며, 우리가 구글 검색 엔진을 이용할 때 이 $Rank$의 값을 바탕으로 하여 중요도가 높은 순서로 검색 결과가 정리되는 것이다.

공식만 살펴보면 행렬과 관계가 없어 보이지만 실제로 각 점에 해당되는 인터넷 사이트의 수가 너무 많으므로 의미있는 시간안에 필요한 값들을 얻어야 한다. 이 문제를 해결하기 위해서 페이지는 친구인 세르게이에게 도움을 구하였다. 이때 세르게이는 자신의 수학 실력을

이용하여 그 문제를 해결하였다. 해결에는 선형대수학과 행렬의 이론이 필요했다.

• 구글 창업 이야기

미국 스탠포드 대학교 컴퓨터과학과 대학원생인 세르게이 브린(Sergey Brin, 1973-)과 래리 페이지는(Larry Page, 1973-) 기존의 인터넷 검색이 너무 느리고, 그 정보가 유용한 것인지 의심스러워하였다. 이들은 더 빠르고 믿을 만한 정보를 찾아주는 검색사이트를 만들기로 하여 직접 검색 엔진을 개발하였는데 이것이 구글이다. 구글이라는 단어는 수학용어인 '구골(googol)'에서 따온 말로 10의 100제곱을 가리키는 말이다. 이는 구글이 그만큼 많은 정보를 찾아서 보여주겠다는 의지를 나타낸다. 이들은 검색 엔진을 개발한 후 여러 기업들에게 자신들의 기술을 사달라고 홍보하고 다녔는데 아무도 그들의 기술에 관심이 없자 직접 사업을 하기로 결심하게 된다. 1998년 9월 래리와 세르게이가 공동으로 세운 구글은 이듬해 6월, 2500만 달러의 투자를 받아 검색 서비스를 시작한 뒤 현재 세계 제일의 기업으로 자리 잡았다.

구글 입사 문제

Q 스쿨버스에 들어갈 수 있는 골프공의 개수는?

A 여기서 버스는 앞면이 2.5m, 옆면이 11m, 높이가 2m인 버스로, 골프공은 지름이 4.3cm이라 하자. 또한 버스 안이 텅 비어있는 것이 아니므로 의자, 손잡이 등이 차지하고 있는 부피를 $5m^3$, 골프공은 구의 모양이고 구의 부피는 $\frac{4}{3}\pi r^3$이므로 골프공 하나의 부피는 약 $41.6cm^3$이 된다. 3차원 공간에 구를 채우는 경우 반드시 빈 공간이 생긴다. 이 공간을 대충 계산해서 편의상 $8.4cm^3$으

로 하여 계산하여 골프공 하나당 50.0cm^3를 할당하자. 이렇게 가정하면 버스의 가용 부피 $2.5\text{m}\times11\text{m}\times2\text{m}-5\text{m}^3=50\text{m}^3$를 50.0cm^3로 나누면 된다. 1m^3를 1cm^3로 나누면 $1\text{m}^3=(100\text{cm})^3=1{,}000{,}000\text{cm}^3$이다. 따라서 버스 안에 골프공이 약 100만개 정도 들어간다고 할 수 있다. 다만 이 문제의 취지는 정확한 개수를 구하는 것이 아닌 논리적으로 일관된 적절한 방법을 사용하는 것이 목표일 것이다.

Q 시계의 시침과 분침은 하루에 몇 번 겹치는가?

A 00시 1분부터 24시간 뒤인 00시 1분까지를 하루라고 하자. 시침에 1시와 2시 사이에 있을 때 한 번, 2시와 3시 사이에 있을 때 한 번, … 10시와 11시 사이에 있을 때 한 번 겹친다. 그러나 시침이 11시와 12시 사이에 있을 때는 겹치지 않고 12시 00분에 겹치므로 12시간 동안 총 11번 겹치게 된다. 따라서 시침과 분침은 하루에 22번 겹치게 된다.

Q 8살 아이에게 '데이터베이스'를 세 문장으로 설명하시오.

Q 똑같은 크기의 공 8개가 있다. 이 중 7개는 같은 무게이고, 나머지 한 개는 다른 공에 비해 살짝 무겁다. 저울을 2번만 사용하여 살짝 무거운 공을 찾아내는 방법을 설명하시오.

A 예전에 언급하였던 (정보의 나뭇가지 최대 경우) ≥ (가능한 답의 수)를 이용하면 된다. 저울을 한 번 사용할 때마다 3가지 경우(무겁거나 같거나 가볍거나)가 생기므로 $3^n \geq 8$에 의해 $n \geq 2$인 경우에 문제가 해결 가능하다. 자세한 방법은 앞에서 설명하였으

므로 생략한다.

위와 같은 문제들을 통해 구글은 수학적 센스, 수학 문제 해결 능력, 컴퓨터 활용 능력 등이 뛰어난 인재들을 원하는 것을 엿볼 수 있다.

Q 5인의 해적이 금화 100개를 발견했고, 그들은 1위부터 5위까지 상하관계가 존재한다. 서열이 가장 높은 해적이 각자 가질 금화의 양을 제시할 권리를 가지고 있으며 나머지 해적들은 그 제안에 투표할 권리(제안자 포함)를 가지고 있다. 찬성의 수가 반을 넘어가게 되면 금화의 배분을 집행하고, 그렇지 않을 경우 배분을 제안한 해적은 배 밖으로 던져진다. 그리고 이 해적의 규칙은 반드시 지켜지며, 찬성의 수가 계속 반을 넘지 못하는 경우 마지막 한 명이 남을 때까지 반복된다. 이 해적들은 굉장히 논리적이며 어떤 상황에서도 겁먹지 않는다. 또한 같은 결과라면 피를 보기를 원하지만 자신의 목숨은 소중히 여긴다. 첫 번째 해적이 어떤 제안을 하는 것이 좋을까?

'어려운 문제는 쉬운 문제로 바꾸기'전략을 사용하여 문제를 해결하여 보자.

먼저 해적이 2명이 있다고 생각하여 보자.

100개의 금화와 4번, 5번 해적이 있다.

4번 해적은 어떠한 경우라도 찬성을 할 것이고 남은 것은 5번 해적의 선택이다.

만약 4번 해적이 배려를 하여 본인은 금화 0개 5번 해적이 금화 100개를 가져가는 제안을 하였다고 생각해보자. 5번 해적은 찬성을 해도 금화 100개를 챙기고, 반대를 해도 금화 100개를 챙겨가게 된다. 여기서의 차이점은 찬성을 하는 경우 4번 해적은 살아남고, 반대를 하는 경우에는 4번 해적이 배 밖으로 던져진다는 것이다. 5번 해적은 어떤 선택을 하게 될까?

5번 해적은 이 제안에 반대를 할 것이다. 그 이유는 문제의 '같은 결과라면 피를 보기를 원한다.'라는 조건이 있기 때문이다. 따라서 해적이 2명이 있는 경우는 4번 해적이 어떠한 제안을 하더라도 5번 해적이 금화 100개를 챙기게 된다.

이번에는 100개의 금화와 3번, 4번, 5번 해적이 있다.

위와 마찬가지로 3번 해적은 어떠한 경우라도 찬성을 할 것이다.

3번 해적이 본인이 금화 100개를 모두 가져가는 제안을 하였다고 생각해보자. 3번 해적은 당연히 찬성을 할 것이고, 5번 해적은 반대를 하게 될 것이다. 여기서 만약 4번 해적이 반대를 한다고 가정하면, 3번 해적은 배 밖으로 던져지게 되고 4번, 5번 해적만 남게 된다. 즉 2명의 해적이 있는 경우로 바뀌게 되고 결국 4번 해적은 배 밖으로 던져지게 된다. 해적들은 본인의 목숨을 소중하게 여기므로 4번 해적은 본인이 배 밖으로 던져지는 것을 원하지 않을 것이다. 따라서 3번 해적이 금화 100개를 모두 챙긴다고 하여도 4번 해적은 찬성을 할 수 밖에 없다.

이번에는 100개의 금화와 2번, 3번, 4번, 5번 해적이 있다.

여기서 3번 해적의 선택을 잘 생각하여 보자.

만약 2번 해적이 금화를 0 : 100 : 0 : 0으로 나누자고 제안을 하여도 3번 해적은 반대를 할 것이다. 왜냐하면 해적들은 같은 결과라면 피를 보기를 원하므로 3번 해적의 입장에서는 위의 제안을 찬성할 이유가 없다. 따라서 3번 해적은 어떠한 경우라도 반대를 할 것이기에 2번 해적은 3번 해적에게 금화를 줄 필요가 없다.

이제 4번과 5번 해적의 찬성을 얻어내려면 금화를 98 : 0 : 1 : 1로 배분을 하면 된다. 4번과 5번 해적이 반대를 하게 되면 2번 해적은 배 밖으로 던져지게 되고, 3명의 해적이 있는 경우로 바뀌므로 4번과 5번 해적은 금화를 하나도 챙기지 못하게 된다. 그러므로 4번과 5번 해적은 위와 같은 제안에 찬성을 하게 된다.

마지막으로 100개의 금화와 1번, 2번, 3번, 4번, 5번 해적이 있는 경우이다.

2번 해적은 금화를 98개 이상 챙기는 제안이 아니면 반대를 하게 된다.

1번 해적의 입장에서 2번 해적에게 98개 이상의 금화를 주게 되면 너무 많은 지출이므로 2번 해적에게는 0개의 금화를 주는 선택을 하게 된다. 1번 해적이 배 밖으로 던져졌다고 생각해보자. 그렇다면 4명의 해적이 있는 경우로 상황이 바뀌게 되고 0 : 98 : 0 : 1 : 1로 금화가 배분된다. 해적들은 같은 결과라면 피를 보기를 원하므로 1번 해적은 다음과 같은 제안을 하게 된다. 금화를 97 : 0 : 1 : 2 : 0 또는 97 : 0 : 1 : 0 : 2로 배분하는 것이다.

Q 양수 n에 대해서 1부터 n까지의 자연수 중에서 숫자 1이 나오는 횟수를 $f(n)$이라 하자. 예를 들어 $f(1)=1, f(2)=1, f(13)=6$이다. $f(n)=n$이 되는 첫 번째 n의 값은 1이다. 그렇다면 $f(n)=n$이 되는 두 번째 n의 값은 얼마인가? 참고로 1부터 13까지 써보면 1, 2, 3, 4, 5, 6, 7, 8, 9, 10, 11, 12, 13로 1이 6개 있음이 확인 가능하다. 이 문제는 연습문제로 넘긴다.

구글은 2004년 '{자연상수 e를 십진 전개할 때 연속된 10개의 숫자로 이루어진 첫 번째 소수}.com'이라는 문제가 담긴 간판을 실리콘밸리 중심가를 통과하는 고속도로에 세워 놓기도 했다. 문제의 소수는

7427466391이다.

http://7427466391.com에 접속을 하게 되면 두 번째 문제가 나오게 된다.

Q 특수 제작한 계란이 2개 있다. 계란을 100층 높이의 빌딩의 몇 층에서 떨어뜨려야 깨지게 되는지 알아내려고 한다. 2개의 계란만을 사용하여 몇 층 이상부터 깨지는지 확실하게 알아내려면 계란을 최소 몇 번 떨어뜨려 봐야할까? 그리고 그 방법이 최소인 이유도 설명하시오. 단, 계란은 모든 층의 1m 높이에서 떨어뜨리며 각 층에서 깨질 수도 있고, 안 깨질 수도 있다. 따라서 답의 경우는 "1층부터 깨진다. 2층부터 깨진다. ... 100층부터 깨진다. 모든 층에서 안 깨진다."로 101가지 가능성이 있다. 그리고 두 개의 계란은 완벽히 같으며, 여러 번 떨어뜨려도 계란에는 아무런 영향은 없다고 한다.

A 계란이 1개만 있다면 1층부터 100층까지 차례로 떨어뜨려야만 한다.

계란을 50층에서 떨어뜨린다고 하자.

만약 50층에서 계란이 깨진다면 나머지 한 개의 계란을 1층부터 49층까지 차례로 떨어뜨려 보면 된다. 50층에서 계란이 깨지지 않는다면 100층에서 계란을 떨어뜨리고 100층에서 깨진다면 51층부터 100층까지 차례로 떨어뜨려보면 된다. 즉 계란을 최대 51번 떨어뜨려 봐야한다.

계란을 25층에서 떨어뜨린다고 하자. 만약 25층에서 계란이 깨지면 1층부터 24층까지 차례로 계란을 떨어뜨려 보면 된다. 이 경우 계란을 최대 25번 떨어뜨려 보면 된다. 25층에서 계란이 깨지지 않았다면 50층에서 계란을 떨어뜨리면 된다. 50층에서 계란이 깨지면 26층부터 49층까지 차례로 계란을 떨어뜨려 보면 되고, 최대 26번 계란을 떨어뜨려 보면 된다. 50층에서도 계란이 깨지지 않았다면 75층에서 계란을 떨어뜨리고, 75층에서도 계란이 깨지지 않았다면 100층에서 계란을 떨어뜨리면 된다. 이렇게 할 경우 최대 28번 계란을 떨어뜨려 봐야한다. 그러나 28번이 정답은 아니다.

이 문제도 마찬가지로 '어려운 문제는 쉬운 문제로 바꾸기'전략을 사용하여 문제를 한 번 해결하여 보자. 3층 6층에서 문제를 시도하면 문제 풀이에 대한 윤곽을 잡을 수 있다.

다음은 미국의 어느 펀드 회사에서 신입사원들을 뽑기위해 냈던 입사문제이다.

Q 자연수 n을 제시한 다음 n을 두 자연수 n_1, n_2로 나눈다. $(n_1 + n_2 = n)$

다음으로 $n_1 \times n_2$를 칠판에 적은 뒤 n_1과 n_2도 같은 방법으로 각각 n_3, n_4와 n_5, n_6로 나눠준다. 마찬가지로 $n_3 \times n_4$와 $n_5 \times n_6$도 칠판에 적는다. 이 작업은 숫자 1이 나타나면 두 자연수로 나눌 수 없으므로 나누는 단계는 멈춘다. 가능할 때까지 나누는 단계를 반복할 때, 칠판에 적힌 곱한 숫자들의 합은 얼마인가? 또 그 합이 일정함을 보여라.

$n = 10$인 경우를 예시로 들어보면 다음과 같다.

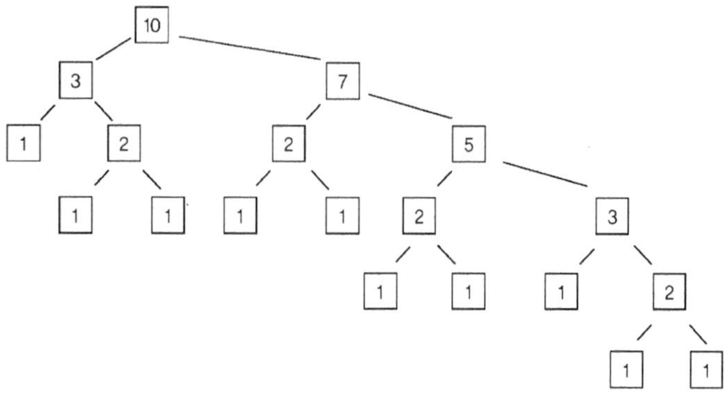

이 때 칠판에 적히게 되는 수는 21, 2, 10, 1, 1, 6, 1, 2, 1이 되고 이 수들의 합은 45가 된다. 그리고 수를 어떻게 나누든 간에 $n=10$인 경우 칠판에 적히는 수들의 합은 45가 나온다.

하노이의 탑

하노이의 탑은 프랑스의 수학자인 에두아르 뤼카(Édouard Lucas)가 클라우스 교수(professeur N. Claus)라는 필명으로 1883년에 발표하였다. 1년 후 드 파르빌(Henri de Parville)은 Claus가 Lucas의 애너그램임을 밝히면서 다음과 같은 이야기로 하노이의 탑을 소개하였다.

> "인도 베나레스에 있는 한 사원에는 세상의 중심을 나타내는 큰 돔이 있고 그 안에 세 개의 다이아몬드 바늘이 동판 위에 세워져 있습니다. 바늘의 높이는 1 큐빗이고 굵기는 벌의 몸통만 합니다. 바늘 가운데 하나에는 신이 64개의 순금 원판을 끼워 놓았습니다. 가장 큰 원판이 바닥에 놓여 있고, 나머지 원판들이 점점 작아지며 꼭대기까지 쌓아 있습니다. 이것은 신성한 브라흐마의 탑입니다. 브라흐마의 지시에 따라 승려들은 모든 원판을 다른 바늘로 옮기기 위해 밤낮 없이 차례로 제단에 올라 규칙에 따라 원판을 하나씩 옮깁니다. 이 일이 끝날 때, 탑은 무너지고 세상은 종말을 맞이하게 됩니다." 출처: 위키백과

Q n개의 원판을 다른 기둥으로 모두 옮기려면 몇 회의 이동이 필요한가?

A n개의 원판을 옮기는 횟수를 a_n이라 하자. 원판의 개수를 늘려가며 확인하면 $a_1 = 1$, $a_2 = 3$, $a_3 = 7$, $a_4 = 15$ $\cdots$이므로 $a_n = 2^n - 1$으로 예측을 할 수 있다.

예측이 아닌 방법으로는 a_n과 a_{n-1}사이의 관계식을 통하여 a_n을 구하는 방법이 있다. 첫 번째 기둥의 n개의 원판을 다른 기둥으로 옮기는 횟수인 a_n은 먼저 $n-1$개의 원판을 두 번째 기둥으로 옮기고 남은 한 개의 원판을 세 번째 기둥으로 옮긴다. 그리고 두 번째 기둥으로 옮겨진 $n-1$개의 원판을 세 번째 기둥으로 다시 옮기면 된다. 따라서 $a_n = a_{n-1} + 1 + a_{n-1}$이 얻어지고 결론적으로 a_n과 a_{n-1}사이의 관계식은 $a_n = 2a_{n-1} + 1$이 된다.

여기서 양변에 1을 더하게 되면, $a_n + 1 = 2(a_{n-1} + 1)$이 된다.

$b_n = a_n + 1$이라 두면 $b_n = 2b_{n-1}$이므로 b_n은 공비가 2인 등비수열이 된다.

$b_1 = a_1 + 1 = 2$이므로 등비수열 일반항 공식에 의하여

$b_n = b_1 2^{n-1} = 2^n$, 따라서 $a_n = 2^n - 1$이 나온다.

하나의 원판을 옮기는데 1초가 걸린다고 가정하여 보자.

$a_{64} = 2^{64} - 1$이므로 64개의 원판을 옮기는 데는 18,446,744,073,709,551,615초가 걸린다.

이는 대략 5849억년이다.

체스판 위의 쌀

큰 공을 세운 신하가 왕으로부터 원하는 소원을 하나 들어주는 혜택을 받게 되었다. 신하는 64칸의 체스판 위에 첫째 칸에는 쌀 한 톨, 둘째 칸에는 쌀 두 톨, 셋째 칸에는 쌀 네 톨, 이런 식으로 두 배씩 증가시켜 맨 마지막 칸까지 쌀을 놓아 전체 체스판 위에 놓여진 쌀을 받겠다는 겸손한 청을 올렸다. 왕은 신하의 이 겸손한 청을 기꺼이 수락하였다. 이때 왕은 어느 정도의 쌀을 준비하면 될까?

왕이 준비해야 하는 쌀은 정확히 $1+2+2^2+\cdots+2^{63}$톨 이다.

이는 초항이 1이고 공비가 2인 등비수열의 합을 이용하여 구할 수 있는데 이는 약 18,447,000,000,000,000,000톨이다. 쌀 한 톨의 무게는 종류마다 다르지만 작게 잡아서 0.02그램이라고 하자. 전체의 무게는 $3.6894 \cdot 10^{11}$톤이며 이는 2020년 세계 쌀 생산량인 7억 7254만 톤과 비교하면 약 447년 치의 세계 쌀 생산량과 맞먹는다.

여기서 만약 체스판의 칸 수가 100칸이라면 왕이 준비해야 하는 쌀의 무게는 지구의 무게보다 약 4배 무겁게 된다.

어느 자선 사업가의 선행

한 자선 사업가가 어떤 사람을 돕기 위해서 다음과 같은 선행을 하기로 마음을 먹었다. '나는 당신에게 매일 밤 12시에 돈 천만 원을 지급합니다. 단, 당신은 돈을 받기 전 나에게 첫날은 1원, 둘째 날은 2원, 셋째 날은 4원, 이런 식으로 금액을 두 배로 늘려나가며 돈을 지급해야 합니다. 그리고 이 규칙은 반드시 30일 동안 지켜져야 합니다.' 이 자선 사업가는 규칙이 유지되는 30일 동안 얼마 정도의 선행을 하게 될까?

먼저 자선 사업가가 지불하는 금액은 3억 원이다. 자선 사업가가

받는 금액은 $1+2+\cdots+2^{29}$ 원인데 이는 1,073,741,823원이다. 따라서 자선 사업가는 약 7억 7천만 원의 이득을 보게 되는 셈이다.

위의 두 예시에서 살펴보듯이 등비수열의 합은 엄청난 속도로 증가한다.

Q 한 장의 두께가 0.06mm인 신문지를 50번, 100번 접게 되면 두께가 각각 얼마일까?

A $0.06\text{mm} \times 2^{50} \fallingdotseq 67{,}550{,}000\text{km}$,

$0.06\text{mm} \times 2^{100} \fallingdotseq 9.05 \times 10^{22}\text{km}$ (약 95억 광년)

참고로 지구와 달 사이의 거리는 약 384,000km이다.

현재까지 종이접기 세계 기록은 브리트니 걸리번이란 여성이 보유하고 있으며 12번을 접었다.

케빈 베이컨의 6단계

케빈 베이컨은 〈JFK〉, 〈리버 와일드〉, 〈슬리퍼스〉 등을 통해 20여 년 동안 50편의 영화에서 뛰어난 연기를 보여준 할리우드 명배우이다.

영화에 함께 출연한 관계를 1단계라고 하자.

예를 들어 로버트 레드퍼드는 〈아웃 오브 아프리카〉에서 메릴 스트립과 함께 주연을 맡았고, 메릴 스트립은 케빈 베이컨과 〈리버 와일드〉에 함께 출연했으므로 로버트 레드퍼드는 케빈 베이컨과 2단계의 관계이다.

할리우드의 배우 수는 대략 20만 명이 넘는다.

대부분의 할리우드 배우들은 여섯 단계 이내에 케빈 베이컨과 연결된다.

스탠리 밀그램의 실험

하버드 대학교 사회학과 교수인 스탠리 밀그램은 1967년 'Small world experiment' 실험을 진행하였다. 실험의 내용은 다음과 같다. 300통의 편지를 미국 중부에 위치한 두 개의 마을에 뿌리고 이 편지를 받은 사람들에게 '보스턴에 살고 있는 주식 중개인 A씨에게 전달해 달라.'고 부탁하였다. 편지를 받은 사람들은 자기가 아는 사람들 중에서 보스턴의 A씨를 제일 잘 알 것 같은 사람에게 전달하기를 반복하여 최종적으로 A씨에게 도달하였다. 편지 봉투에는 전달자의 이름을 적도록 하여 편지가 전달된 경로를 알 수 있도록 하였다. 성공적으로 배달된 편지에 적힌 사람의 이름을 통하여 그 수를 세어보니 평균 5.5명이 나왔다.

A4 용지의 수학

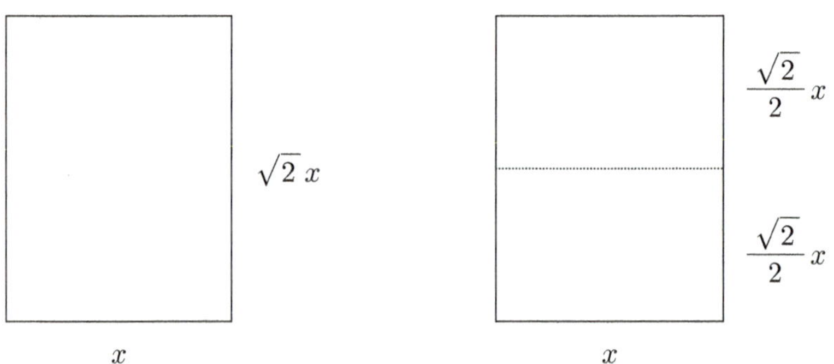

A4 용지는 위와 같이 짧은 변과 긴 변의 길이의 비가 $1 : \sqrt{2}$가 되도록 만든 용지이다.

이는 긴 변의 길이를 반으로 줄여도 다시 짧은 변과 긴 변의 길이의 비가 $1 : \sqrt{2}$가 유지되도록 만든 것이다.

A0 용지도 A4 용지와 마찬가지로 짧은 변과 긴 변의 길이의 비가 $1:\sqrt{2}$ 이다.

A0 용지를 절반 자르게 되면 A1 용지가, A1 용지를 절반 자르게 되면 A2 용지가, … A9 용지를 절반 자르게 되면 A10 용지가 나온다.

그리하여 An 용지의 면적을 A_n이라 하면 다음과 같은 관계식을 얻는다.

$$A_{n+1}=\frac{1}{2}A_n$$

$A_0=1\mathrm{m}^2$이므로, 우리가 흔히 쓰는 A4 용지의 면적은 $\frac{1}{16}\mathrm{m}^2$이 된다.

Bn 용지도 An 용지와 마찬가지이고 따라서 다음과 같은 관계식을 얻는다.[18].

$$B_{n+1}=\frac{1}{2}B_n$$

Bn 용지는 An 용지의 면적의 1.5배 이므로 $B_0=1.5\mathrm{m}^2$이고, B4 용지의 면적은 $\frac{1.5}{16}\mathrm{m}^2$이 된다.[19]

성질 1) $B_n=A_n+A_{n+1},\ A_n=\frac{4}{3}(A_{n+1}+A_{n+2})$

기본 성질인 $B_n=\frac{3}{2}A_n,\ A_{n+1}=\frac{1}{2}A_n$에 의해 보여진다.

---

18) 우리나라 A계열 용지는 국제표준인 ISO 216 규격을 따른다.

19) 우리나라 B계열 용지는 ISO 216이 아닌 일본산업규격 JIS를 따른다. ISO 216은 면적에서 $B_n=\sqrt{2}A_n$(B_n은 A_{n-1}과 A_n의 기하평균)을 따르지만 JIS는 $B_n=1.5A_n$(B_n은 A_{n-1}과 A_n의 산술평균)을 따른다. 따라서 ISO 216에서 $B_0=\sqrt{2}m^2$이고 JIS에서 $B_0=1.5m^2$가 된다.

성질 2) An 용지의 대각선의 길이는 Bn 용지의 긴 변의 길이와 같다.

∵ An 용지의 변의 길이를 각각 a, $\sqrt{2}a$라 하자. 그러면 대각선의 길이는 피타고라스의 정리에 의해 $\sqrt{3}a$가 된다. 한편, Bn 용지의 면적은 An 용지의 면적의 1.5배이고, 마찬가지로 변의 길이의 비가 $1:\sqrt{2}$이다. 따라서 Bn 용지의 변의 길이는 각각 $\sqrt{\frac{3}{2}}a$, $\sqrt{3}a$가 된다.

성질 3) $A_{n-1}=\frac{4}{3}B_n$, 따라서 A4 용지는 B5 용지의 각 변의 길이를 $\frac{2}{3}\sqrt{3}$배하면 만들 수 있다.

스스로 확인해 보자.

1. A4 용지의 성질을 직접 찾고, 찾은 성질이 참임을 증명하라는 과제에서 우수한 결과물 6개를 소개한다. 차례대로 허소윤, 이은규, 진영찬, 박기정, 장민우, 김동길 학생의 작품이다. 밑의 6명의 학우가 발견한 성질들을 각자 스스로 증명해 보자. 그중에서 박기정 학생의 작품을 연습문제로 넘긴다.

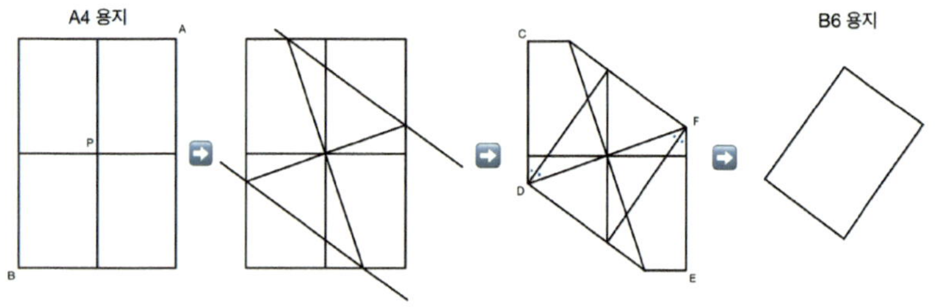

① A4 용지를 그림과 같이 가로로 반을 접고 세로로 반을 접는다.

② 점 A와 B가 점 P와 맞닿도록 접어준다.

③ $\angle CDF$와 $\angle DFE$를 이등분하도록 접어준다.

④ 최종적으로 만들어지는 사각형은 B6 용지이다.

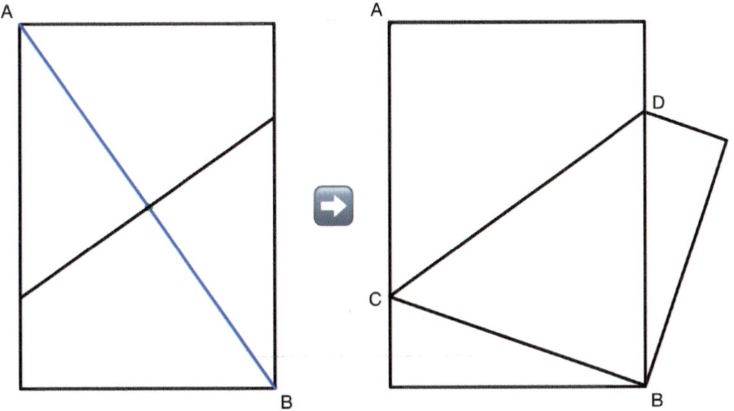

① A4 용지의 마주보는 두 꼭짓점 A와 B가 맞닿도록 접어준다.

② 이때 접히는 선분 CD는 B4 용지의 짧은 변의 길이와 같아진다.

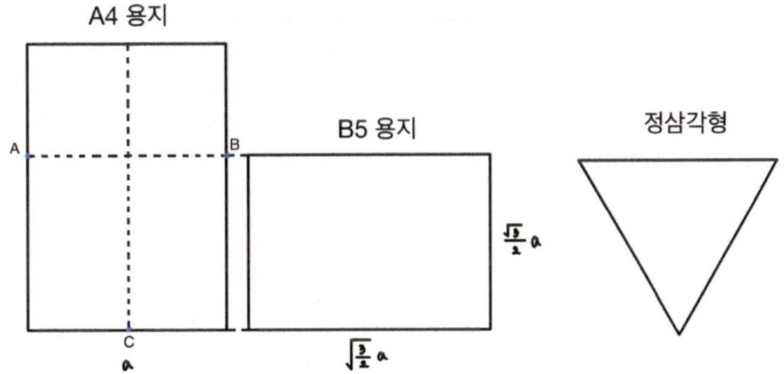

① A4 용지를 B5 용지의 짧은 변의 길이만큼의 높이에서 접어준다.

② A4 용지의 짧은 변의 중점 C와 접혀진 A4 용지의 끝점 A, B를 이어준다.

③ $\triangle ABC$는 정삼각형이 된다.

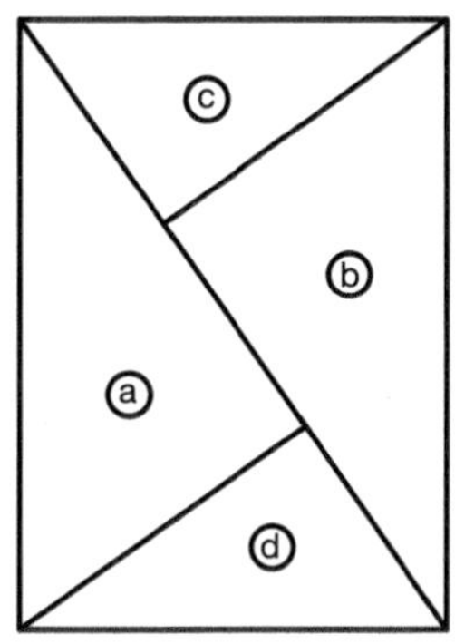

① 주어진 B4 용지를 그림과 같이 네 조각으로 나눈다.

② 조각 ⓐ와 ⓑ를 합치면 A4 용지가 된다.

③ 조각 ⓒ와 ⓓ를 합치면 A5 용지가 된다.

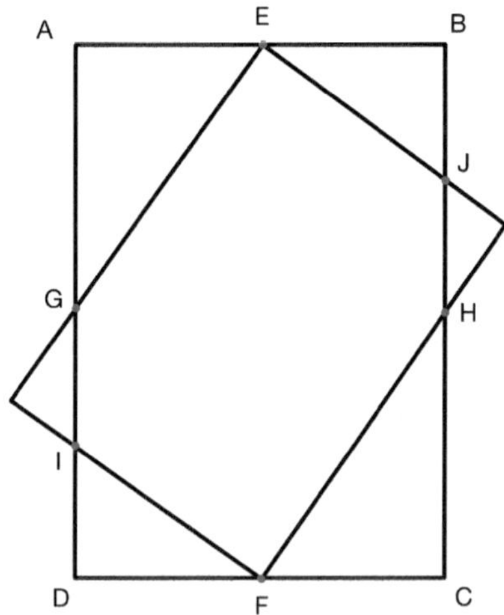

① B4 용지의 각 변의 중점 E, H, F, G를 잡는다.

② 선분GD의 중점 I와 선분BH의 중점 J를 잡는다.

③ A4 용지는 E, J, H, F, I, G를 지난다.

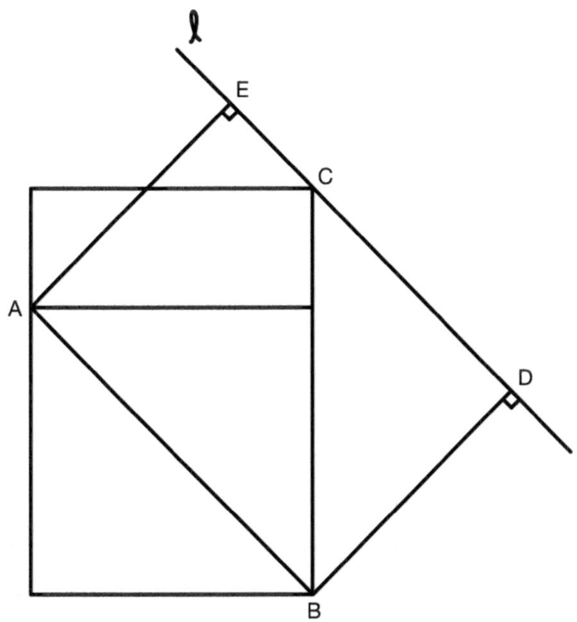

① A4 용지에서 정사각형의 대각선 AB를 그린다.

② 점 C를 지나며 선분AB에 평행한 직선 l을 그린다.

③ 점 A와 B에서 직선 l에 수선을 내리고 그 수선의 발을 E, D 라고 하자.

④ 사각형 $ABDE$는 A4 용지가 된다.

빨간 풍선을 찾아라!

2009년 12월 1일 미국 국방고등연구계획국 DARPA(Defense Advanced Research Projects Agency)이 인터넷 탄생 40주년을 기념해 실시한 행사는 인터넷 상에서 정보 확산의 속도와 정확도를 실험하는 것이 목적인 공모전이었다. 이 실험을 위해 경기 시작 직전 DARPA는 미국 전역의 공공장소에 지름 2.5미터의 빨간 풍선 10개를 비밀리에 설치하였다. 지리적으로 엄청나게 큰 미국 전역에서 시시각각 발생할 수 있는 각종 테러를 포함한 비상 상황에 인터넷을 통한 사람들의 참여가 얼마나 큰 도움이 될 수 있는지를 측정하기 위한 것이었다. DARPA는 10개의 풍선의 정확한 위치를 가장 먼저 찾는 팀에게 4만 달러의 상금을 주겠다고 하였다.

위 공모전에는 4000여개의 팀이 신청을 하였으며 DARPA는 최대 9일이 걸릴 것으로 예상하였다. 그러나 MIT 팀에 의해 9시간 만에 공모전이 종료가 되었다.

MIT 팀은 소셜미디어와 네트워크를 통한 집단지성의 힘을 사용하였다. 정보 트래픽이 많은 사이트와 블로그에 풍선 찾기 공모전 소식을 알리고 트위터와 페이스북으로 서포터들을 모집하였으며 '상금 가지치기'라는 인센티브 방식을 창안하였다.

상금 가지치기 방식은 MIT 팀이 우승을 한 가장 중요한 요인이다. 빨간 풍선 하나를 직접 찾은 사람에게는 2000달러를, 풍선 찾기 행사를 알려주고 풍선을 찾은 사람에게 풍선 찾기 공모전 정보를 제공한 사람에게는 단계별로 1000달러, 또 풍선을 찾은 사람에게 정보를 제공한 사람에게 정보를 제공한 사람에게 500달러, 이런 식으로 정보 제공자를 역추적하여 그 다음 사람에게는 250달러를 주는 방식으로 인센티브를 제시해 사람들에게 동기부여를 하였다. 비록 빨간 풍선을 찾지를 못하더라도 홍보와 참여에 대한 강한 동기 유발 요인을 제공하여 많은 사람들의 자발적인 참여를 유도하였다.

복면산(覆面算)

복면산은 수학 퍼즐의 한 종류로, 문자를 이용하여 표현된 수식에서 각 문자가 나타내는 숫자를 알아내는 문제이다. 숫자 대부분을 문자로 숨겨서 나타내므로 숫자가 "복면"을 쓰고 있는 연산이라는 뜻에서 복면산이라 이름 지어졌다.

복면산 문제는 특별한 언급이 없는 한, 문자마다 0부터 9까지의 숫자를 대응시킨다. 같은 문자는 같은 숫자를 나타내고 서로 다른 문자는 서로 다른 숫자를 나타내는 것으로 생각하며, 첫 번째 자리의 숫자는 0이 아니라고 가정하는 것이 보통이다. 또한, 대개의 경우 복면산 문제의 답은 유일해야 한다.

복면산의 예시로는 앞서 언급한 적이 있는 듀드니가 1924년에 발표한 다음 문제가 특히 유명하다.

```
    S E N D
  + M O R E
  ---------
  M O N E Y
```

위의 문제를 해결해보자.

M은 0이 아니고, 네 자리 수 두 개를 더했을 때의 최댓값이 19998 (9999+9999)이므로 가능한 M의 값은 1밖에 없다.

$$
\begin{array}{ccccc}
 & S & E & N & D \\
+ & 1 & O & R & E \\
\hline
1 & O & N & E & Y
\end{array}
$$

S의 값으로 먼저 7을 가정하자.

천의 자리의 숫자가 7과 1인 네 자리 수 두 개를 더했을 때의 최댓값은 7999+1999=9998 이므로 S가 7인 경우는 불가능하다. 따라서 가능한 S의 값은 8 또는 9이다.

마찬가지로 8999+1999=10998, 9999+1999=11998이므로 가능한 O의 값은 0 또는 1이 된다. 그러나 M과 O는 다른 숫자를 나타내야 하므로 O의 값은 0이 된다.

$$
\begin{array}{ccccc}
 & S & E & N & D \\
+ & 1 & 0 & R & E \\
\hline
1 & 0 & N & E & Y
\end{array}
$$

S의 값이 8이라고 가정하자.

위와 같은 맥락으로 8999+1099=10098이므로 S의 값이 8이면 N의 값은 반드시 0이 되어야 하는데 O의 값이 0이므로 N의 값은 0이 아니다. 즉 S의 값이 8이 될 수 없다. 따라서 S의 값은 9이다.

$$
\begin{array}{ccccc}
 & 9 & E & N & D \\
+ & 1 & 0 & R & E \\
\hline
1 & 0 & N & E & Y
\end{array}
$$

이제 두 개의 네 자리 수에서 백의 자리 이하의 수들(E, N, D, 0, R, E)은 천의 자리와 만의 자리에 영향을 주지 않게 된다. 그러므로 우리는 문제를 다음과 같이 바꿔서 풀도록 하자.

```
     E  N  D
+       R  E
------------
     N  E  Y
```

이제 가능한 수는 2, 3, 4, 5, 6, 7, 8이다.

두 수를 더했을 때 백의 자리의 수가 바뀌었고 N+R은 20을 넘을 수 없으므로 N=E+1임을 알 수 있다. 여기서 N=E+1이므로 다음과 같이 문제를 바꿔서 풀도록 하자.

```
        N  D
+       R  E
------------
     1  E  Y
```

한편 N=E+1이므로 가능한 (N, E)의 순서쌍은 다음과 같다.

(3, 2), (4, 3), (5, 4), (6, 5), (7, 6), (8, 7)

이 중 (3, 2)인 경우를 살펴보자.

```
        3  D
+       R  2
------------
     1  2  Y
```

R의 값이 7인 경우 39+79=118 이므로 나머지 수들이 아무리 크다고 해도 1 2 Y가 나올 수 없다. 즉 R의 값은 7보다는 더 커야한다. 따라서 R의 값은 8이 된다. 이는 (4, 3), (5, 4), (6, 5), (7, 6), (8, 7)에서도 마찬가지이다.

```
       N  D
+      8  E
-----------
    1  E  Y
```

N=E+1이고 두 수를 합하면 1 E Y가 나오므로 D+E는 10을 넘어야 하지만 20을 넘을 수 없으므로 다음과 같이 문제를 바꾸어서 풀도록 하자.

```
      D
+     E
-------
   1  Y
```

이제 가능한 D, E의 값은 2, 3, 4, 5, 6, 7이다.

2는 불가능하고 둘 중 하나의 값이 3이면 반드시 7이 있어야 하는데 그 경우 Y의 값이 0이므로 O의 값과 중복된다. 따라서 가능한 D, E의 값은 4, 5, 6, 7이다.

둘 중 하나의 값이 4이면 6 또는 7이 있어야 하는데 그 경우 Y의 값이 0 또는 1이므로 O, M의 값과 중복이 되어 4는 사용할 수 없다. 이와 같은 이유로 가능한 D, E의 짝은 5와 7, 6과 7 밖에 없다.

E의 값이 7이라 가정하자. N=E+1이므로 N의 값은 8이 되는데 이는 R의 값과 중복된다. 따라서 E의 값이 7인 경우는 불가능하다.

E의 값이 6이라 가정하자. D, E의 가능한 짝이 6과 7이므로 D의 값은 7이 된다. 그러나 N의 값 역시 7이므로 E의 값이 6인 경우는 불가능하다.

따라서 E의 값은 5이다.

그러므로 구하는 답은 다음과 같다.

```
    9 5 6 7
+   1 0 8 5
-----------
  1 0 6 5 2
```

다음은 타미야 카츠야의 복면산 문제[1]이다.

```
          彌 山 頂
       ×  山 山 霞
-----------------
       登 山 快 哉
    望 霞 春 快
 望 霞 春 快
-----------------
 望 春 春 來 快 哉
```

한편 위의 문제는 하나의 시(詩)이기도 하다.

미산彌山에 오르니
산들은 안개속에 숨었구나
산을 오르니 즐겁지 아니한가
안개를 바라보매 봄 또한 즐겁도다
안개를 바라보매 봄 또한 즐겁도다
바라던 봄이 오니 이 아니 즐거우랴

다음은 권택환의 복면산 문제이다.

```
     오 천 백 삼
     천 구 백 이
     천 이 백 이
+       구 백 이
----------------
     구 천 백 구
```

5103+1902+1202+902=9109이므로 위의 문제는 그 자체로 식이 성립하고 정답이 보이는 값이다. 이러한 복면산을 삼중으로 옳은 복면산이라 한다. 이러한 삼중으로 옳은 복면산의 다른 예로는

오+오+오=십오, 일+일+일+일+일=오

와 같은 경우가 있다. 타미야 카츠야의 복면산 문제와 권택환의 복면산 문제는 연습문제로 넘긴다.

선교사와 식인종 문제

Q 세 명의 선교사와 세 명의 식인종이 강의 한 쪽에 있다. 두 명이 정원인 보트를 타고 모두 건너가려고 한다. 단, 식인종의 수가 선교사의 수보다 많으면 식인종은 선교사를 잡아먹는다. 안전하게 모두 건널 수 있는 방법이 있는가?

A 우선 배에 한 명만 탄다고 해보자. 이 경우 강을 건넌 뒤에 다시 배를 타고 돌아오면 처음의 상태와 같아지고, 그렇지 않으면 배를 움직일 수 없으므로 처음 강을 건널 때 두 명이 배를 타고 건너야 한다는 것을 알 수 있다.

만약 처음에 선교사 2명이 배를 타고 건너간다고 하자. 그러면 남아있는 식인종의 수가 선교사의 수보다 많으므로 선교사는 잡아먹히게 된다. 따라서 처음에 2명이 배에 타는 경우는 식인종 2명 또는 선교사 1명 식인종 1명이다.

편의상 선교사와 식인종은 강의 왼쪽 편에 있다고 하고, 강의 왼쪽 편을 L, 건너갈 오른쪽 편을 R이라 하자. 또 선교사와 식인종의 수를 (선교사, 식인종)으로 나타내도록 하자.

먼저 식인종 2명이 건너간다고 하면,

L-(3, 3), R-(0, 0)에서 L-(3, 1), R-(0, 2)가 된다. 돌아갈 때는 식인종 1명이 배를 타고 돌아가면, L-(3, 2), R-(0, 1)이 된다. 여기서 잠시 멈춰두고 선교사 1명 식인종 1명이 건너가는 경우를 살펴보자.

L-(3, 3), R-(0, 0)에서 L-(2, 2), R-(1, 1)이 되고 선교사가 잡아먹히면 안 되므로 돌아갈 때는 선교사 1명이 배를 타고 돌아가면 L-(3, 2), R-(0, 1)이 된다. 즉 식인종 2명이 먼저 건너갔던 상황과 같아진다.

이제 L-(3, 2), R-(0, 1)에서 다음 경우들을 살펴보자.

마찬가지로 선교사가 잡아먹히면 안 되므로 이 경우 식인종 2명이 배를 타고 건너가야 한다. 그러면, L-(3, 0), R-(0, 3)이 되고 돌아갈 때는 식인종 1명이 배를 타고 돌아가면 L-(3, 1), R-(0, 2)가 된다.

이처럼 식인종의 수가 선교사의 수보다 많아지지 않도록 주의하면서 경우를 세어가다 보면 L-(3, 1), R-(0, 2) → L-(1, 1), R-(2, 2) → L-(2, 2), R-(1, 1) → L-(0, 2), R-(3, 1)

→ L-(0, 3), R-(3, 0) → L-(0, 1), R-(3, 2) → L-(0, 2), R-(3, 1) → L-(0, 0), R-(3, 3)이 된다.

Q 강의 한 편에 사자, 조련사, 식인종 아빠, 아들1, 아들2, 식인종 엄마, 딸1, 딸2가 있다. 두 명까지 탈 수 있는 배를 이용하여 모두 무사히 건너려면 어떻게 이동해야 하는가? 이 때, 조련사, 아빠, 엄마만이 배를 조종할 수 있으며 배에서든지 육지에서든지 조련사가 없으면 사자는 사람을 잡아먹고, 식인종 아빠가 없으면 식인종 엄마는 아들을, 식인종 엄마가 없으면 식인종 아빠는 딸을 잡아먹는다. 단, 사자도 1명으로 계산한다.

Q 312132는 1사이에 한 개의 숫자가, 2사이에 두 개의 숫자가, 그리고 3사이에 세 개의 숫자가 있다. 1, 1, 2, 2, 3, 3, 4, 4를 이용하여 일반화된 규칙(두 개의 k 사이에 k개의 숫자가 존재)을 만족하는 수를 찾으시오.

A 경우의 수를 줄이기 위해서는 4를 먼저 배치하는 것이 좋다. 왜냐하면 4 사이에 존재하는 숫자의 개수가 가장 많기 때문이다. 4를 먼저 배치해보면 다음과 같은 경우가 나온다.
4XXXX4XX, X4XXXX4X, XX4XXXX4 여기서 첫 번째와 세 번째 경우는 대칭적이므로 세 번째 경우를 제외하고 첫 번째와 두 번째 경우만 고려해주면 충분하다.
마찬가지로 경우의 수를 줄이기 위해 3부터 배치할 것이다. 그러면, 4X3XX4XX, 4XX3X4XX, 34XX3X4X, X4X3XX43의 경우가 가능하다.
첫 번째 경우에서 1과 2를 적절히 배치하면 우리는 41312432라는 답을 얻을 수 있다. 그러나 나머지 경우에서는 조건에 맞게 수를 배치할 수 없다. 마지막으로 처음 4를 배치했을 때 대칭인 경우가 있었으므로 원하는 답은 41312432와 23421314가 된다.

Q A, B, C, D 네 사람이 다리를 건너려고 한다. 손전등은 한개 뿐이고, A, B, C, D가 다리를 건너는데 걸리는 시간은 각각 1, 2, 5, 10분이며 손전등이 없으면 다리를 건널 수 없다고 한다. 손전등을 이용하여 한 명 또는 두 명이 같이 건널 수 있을 때, 네 사람 모두 다리를 건너려면 최소 얼마의 시간이 필요한가? 이 때, 두 사람이 같이 건너는 경우에는 둘 중 다리를 건너는데 더 오래 걸리는 사람의 속도에 맞추며, 손전등을 던져주거나 다리 중간에서 만나는 것과 같은 방법은 존재하지 않는다.

A A가 B, C, D를 데리고 왔다 갔다를 반복하면 총 19분(2+1+5+1+10분)이 소요된다. 그러나 이것은 정답이 아니다. A와 B가 건너서 A가 되돌아온다(2+1분 소요). 그리고 C, D가 같이 건넌 다음(10분 소요), B가 되돌아 오고(2분 소요), 다시 A와 B가 건너면서(2분 소요) 마무리된다. 이 경우 총 17분이 사용된다. 시간을 더 줄일 수는 없음은 각자 생각해보자.

필즈상(Fields Medal)[1]

필즈상 또는 필즈 메달은 국제 수학 연맹(ICM)이 4년마다 개최하는 세계 수학자 대회(ICM)에서 수상 당시 40세 미만의 수학자들에게 수여하는 상이다. 2명 이상 4명 이하에게 수여되는 필즈상은 수학자들에게 가장 큰 영예로 여겨진다.

필즈상은 캐나다의 수학자 존 찰스 필즈(John Charles Fields, 1863－1932)의 유언에 따라 그의 유산을 기금으로 만들어진 상이다. '수학의 노벨상'이라 불리지만 노벨상 위원회와는 관련이 없다. 1936년에 처음 시상되었고, 제2차 세계 대전으로 인하여 14년간 시상이 중단되었다가 1950년부터 다시 시상이 이어졌다. 메달에는 아르키메데스의 두상이 그려져 있다. 2014년에는 서울에서 세계 수학자 대회(ICM)를 개최하였다.

노벨상에는 수학 분야가 없지만 노벨상 수상자 중에서 수학 전공자가 꽤 있다는 것을 확인할 수 있다. 노벨상에 수학 분야가 없는 이유로 몇 가지 설이 있다. 한 여인을 두고 노벨과 연적관계였던 사람이 수학자여서 그렇다는 설이 있지만, 공학기술인인 노벨이 수학에 관심이 적고 수학의 가치를 잘 몰랐을 것이라는 것이 유력한 설이다.

1. 일본과 대한민국의 수학 비교[2]

- 일본
- 도쿄 제국대학 설립: 1877
- 최초의 수학 박사: 기쿠치 다이로쿠 1888
- 세계적인 업적(1922)의 일본인 수학자: 다카키 데이지
- 일본인 최초의 필즈상: 고다이라 구니히코 1954

기쿠치 다이로쿠는 1870년 영국 케임브리지 대학에서 학사를 졸업한 근대 수학을 일본에 처음 도입한 인물이다. 도쿄 제국대학 총장과 문부성 장관을 지냈다. 다카키 데이지는 유체론으로 잘 알려진 유명 수학자이다. 독일의 힐베르트의 도움으로 괴팅겐 대학교에서 공부했다. 고다이라 구니히코는 아시아인 최초의 필즈상 수상자이다. 도쿄 대학에서 박사학위를 받고 1949년~1962년까지 프린스턴 고등연구소와 프린스턴 대학교에서 근무하였다.

- 대한민국
- 경성제국대학 설립: 1924
- 최초의 수학 박사: 장세운 1938
- 최초의 국내 수학 박사: 최윤식 1956
- 세계적인 업적(1960)의 한국인 수학자: 이임학
- 최초의 한국계 필즈상(2022) 수상자: 허준이

경성제국대학은 일본 통치하에서 발생한 3.1운동 후 일어난 민립 대학 설립운동에 자극받아 일본이 설립하였다. 장세운은 미국 시카고 대학에서 학사, 석사를 마친 후에 1938년 노스웨스턴 대학에서 박사 학위를 받았다.

이임학은 경성제국대학에 입학 후 1944년 물리학 전공으로 졸업한다. 1945년 광복으로 경성제국대학 일본인 교수가 모두 떠나자 교수로서 수학을 가르친다. 1940년대 후반 남대문 헌책방에서 미국수학회보를 발견하여 잡지에 있는 미해결 문제를 풀어서 문제를 제시한 막스 초른에게 편지를 보낸다. 초른은 그 편지를 근거로 논문을 작성하여 1949년 이임학 이름으로 미국수학회보에 논문이 발표된다. 그 논문은 우리나라 사람을 저자로 최초로 수학저널에 실린 논문이다. 그 후 1955년 한국인으로는 두 번째로 캐나다의 브리티시콜롬비아대학에서 수학박사학위를 받는다. 1957년 새로운 단순군을 발견하여 세계적으로 주목을 받았다. 그는 그의 군론 연구로 1963년 캐나다 왕립학술원 회원으로, 2006년에는 우리나라 과학기술인 명예의 전당에 이름을 올렸다.

2. 허준이 교수

허준이는 부모가 미국 유학 공부 중이던 시기에 태어났다. 2살 때 한국에 온 후에는 초등학교부터 석사과정까지 국내에서 공부를 하였다. 고등학교는 중퇴하였다. 필즈상 수상자인 히로나카 헤이스케 교수와 김영훈 교수에게 배우고, 미국에서 박사 과정을 밟았다. 대수기하학 기법을 사용하여 조합론의 여러 어려운 난제들을 연이어 해결함으로써 필즈상을 수상하게 된다. 현재 프린스턴대학교 교수와 고등과학원 석좌교수이다.

3대 수학상

수학 분야의 상 중에서 세계적으로 가장 권위가 있는 상으로는 필즈상, 아벨상, 울프상이 있다. 나이 제한과 대략 1500만원의 적은 상금이지만 필즈상이 가장 권위있는 모든 수학자들의 꿈인 상이다.

아벨상(Abel Prize)은 노르웨이의 유명한 수학자 아벨의 이름을 따서 만들어진 상이다. 원래는 1902년 아벨 탄생 100주년을 기념하여 추진하다가 여러 우여곡절을 겪으며 2003년 첫 번째 시상식이 시작되었다. 상금은 750만 노르웨이 크로네로 한화로는 9억 정도이고 노르웨이 왕실에서 상을 수여한다. 필즈상과 같은 나이 제한이나 4년 마다가 아닌 매년 수상자를 선정한다.

아벨(1802~1829)은 노르웨이가 배출한 천재 수학자로 당대에 5차방정식의 근의 공식이 없음을 수학적으로 증명한 것으로 유명하다. 26세의 젊은 나이에 결핵으로 사망하였다.

울프상(Wolf Prize)은 1978년부터 인류의 이익과 우호 증진에 기여한 과학자와 예술가에게 주어지는 총 6개 분야에 주어지는 상이다. 농업, 화학, 수학, 의학, 물리학 분야와 예술 분야인 건축, 음악, 회화, 조각 분야를 돌아가면서 수상자를 선정한다. 이스라엘의 울프 박사가 설립한 울프 재단에서 시상한다. 상금은 10만 달러이다. 물리학과 화학 분야에서는 노벨상 다음으로 권위를 인정받고 있다. 나이 제한이 없고, 매년 시상식이 열리므로 노벨상이나 아벨상과 비슷하다. 사실 과학상 중에서 필즈상이 매우 독특하고 유별난 경우이다.

브레이크스루상

브레이크스루상(Breaktrough Prizes)은 수학과 기초물리학 그리고 생명과학 3가지 분야에서의 업적에 대한 상이다. 수상자는 2013년도부터 나왔고, 수학 분야는 2015년 부터 수상자를 선정하기 시작했다. 상금은 모든 과학 분야 상중에서 최고 금액인 300만 달러가 주어진다. 실리콘밸리의 세계적 IT 기업들의 CEO들의 많은 참여로 만들어진 상이다. 세르게이 브린, 프리스칠라 찬, 마크 저커버그, 유리 밀너, 앤 보이치키 등이 자금을 후원한다.

이전 수상자들로 이루어진 위원회에서 후보자를 선정하며, 아카데미 상처럼 유명 헐리우드 배우들이 진행하는 화려한 시상식으로 유명하다.

경제학과 수학

1. 사무엘슨(Paul Anthony Samuelson, 1915-2009)

현대 경제학의 아버지로 불린다. 철학적 문장의 경제이론을 수학을 이용한 간명한 경제이론으로 바꾸었다. 재정학, 국제무역, 국제금융 등을 수학을 이용하여 전개, 추상적인 개념을 수량화하고 그것들 사이의 관계를 식으로 표현하였다. 경제학을 수학, 과학으로 만들었으며 1970년 미국인 최초로 노벨 경제학상을 수상하였다. 그의 제자 4명도 노벨상을 수상하였다.

2. 레온티예프(Wassily Leontief, 1905-1999)

독일에서 태어난 미국의 계량 경제학자이다. 40년대 미국 노동통계국 25만 경제자료를 500가지로 분류하였고, 이들 사이의 관계를 나타내는 500개의 방정식을 구하였다. 500개의 방정식을 이후 42개로 축소하여 해를 구하였고, 500개의 분야가 서로 연결되어 있어 한 분야의 통제가 전체에 영향을 준다는 것을 밝혔다. 행렬을 이용한 수학적 모델링의 시초이다. 1973년 노벨 경제학상을 수상하였고, 그의 박사과정 제자 3명도 노벨상을 수상하였다.

여담으로 경제학에 게임이론을 도입한 세계적인 경제학자 존 내시(John Forbes Nash Jr, 1928 - 2015)는 21살 때의 박사논문으로 50여년 후에 노벨 경제학상을 수상하였다. 영화 뷰티풀 마인드의 주인공이기도 하다.

안정적인 결혼 문제(Stable Marriage Problem)[1]

남성 n명과 여성 n명이 서로의 결혼 상대를 정하려고 한다. 남성과 여성 모두 n명의 이성에 대한 선호도 순위 목록을 가지고 있으며 공동 순위는 없다. 남성1-여성1과 남성2-여성2의 두 커플이 있다고 하자. 만약 남성1이 여성2를, 여성2도 남성1을 자신의 짝보다 더 좋아하게 되면 두 커플은 깨진다. 이 문제의 목표는 커플이 깨지지 않고 모든 커플의 안정적인 happy ending이 목표이다.

여기서 파생된 알고리즘 중 하나인 전통적인 결혼 알고리즘을 살펴보자.

• 전통적인 결혼 알고리즘

전통적인 결혼 알고리즘에는 다음과 같은 가정이 존재한다.

가정 1. 여러 명이 구애를 하는 경우 오직 한 명에게만 요청을 받아들인다.

가정 2. 모든 남녀가 자신의 감정을 솔직하게 표현한다.

가정 3. 마음에 드는 사람이 없는 경우는 존재하지 않고, 상대 이성 모두에 대한 선호도 우선 순위 리스트를 가진다.

가정 4. 선호도가 낮은 사람이라고 하더라도 더 이상의 선택의 여지가 없다면 남은 사람을 선택하는 긍정적인 사고방식을 가진다.

가정 5. 한 번 정해진 마음은 중간에 변심하지 않고 끝까지 유지한다.

전통적인 결혼 알고리즘의 진행 방식은 다음과 같다.

1. 매일 아침 남성들은 자신의 목록에서 가장 위에 있는 여성을 찾

아간다.

2. 여성은 자신을 찾아온 남성 가운데 자신의 목록에서 가장 위에 있는 사람에게 '내일 다시 오세요.'라고 대답하며 나머지에게는 '더 이상 찾아오지 마세요.'라고 말한다.
3. 거절당한 남성은 자신을 거절한 여성을 목록에서 지운다.
4. 거절당한 남성이 한 명도 없으면 상황을 종료한다. 그러나 거절당한 남성이 존재하면 다시 과정 1로 복귀한다.

예를 들어 다음의 구체적인 경우를 생각해 보자. 남자 4명(남1, 2, 3, 4)과 여자 4명(여a, b, c, d)이 있다.

남자 4명과 여자 4명의 선호도 순위 목록은 다음과 같다.

남1 – a > b > c > d	여a – 1 > 2 > 3 > 4
남2 – b > a > d > c	여b – 2 > 3 > 4 > 1
남3 – c > a > b > d	여c – 1 > 2 > 4 > 3
남4 – a > b > c > d	여d – 2 > 3 > 1 > 4

첫째 날 아침에 여자들에게 찾아온 남자는 다음과 같다.

여a – 남1, 남4　　여b – 남2　　여c – 남3　　여d – X

여a는 남4에게 '다른 여성을 찾아보세요.'라고 말하며 남1, 남2, 남3은 각각 찾아간 여성에게 '내일 다시 오세요.'라는 대답을 듣는다. 거절당한 남4는 자신의 목록에서 여a를 지우게 된다.

다음 날 아침에 여자들에게 찾아온 남자는 다음과 같다.

여a – 남1　　여b – 남2, 남4　　여c – 남3　　여d – X

여b는 남4에게 '다른 여성을 찾아보세요.'라고 말하며 남1, 남2, 남

3은 각각 찾아간 여성에게 '내일 다시 오세요.'라는 대답을 듣는다. 거절당한 남4는 자신의 목록에서 여b를 지우게 된다.

다음 날 아침에 여자들에게 찾아온 남자는 다음과 같다.

여a – 남1 여b – 남2 여c – 남3, 남4 여d – X

여c는 남3에게 '다른 여성을 찾아보세요.'라고 말하며 남1, 남2, 남4는 각각 찾아간 여성에게 '내일 다시 오세요.'라는 대답을 듣는다. 거절당한 남3은 자신의 목록에서 여c를 지우게 된다.

다음 날 아침에 여자들에게 찾아온 남자는 다음과 같다.

여a – 남1, 남3 여b – 남2 여c – 남4 여d – X

여a는 남3에게 '다른 여성을 찾아보세요.'라고 말하며 남1, 남2, 남4는 각각 찾아간 여성에게 '내일 다시 오세요.'라는 대답을 듣는다. 거절당한 남3은 자신의 목록에서 여a를 지우게 된다.

다음 날 아침에 남3은 여b를 찾아가게 되지만 거절당하고 목록에서 여b를 지우게 된다. 따라서 결혼하게 되는 커플은 다음과 같다.

여a – 남1 여b – 남2 여c – 남4 여d – 남3

남자와 여자의 역할을 바꾸어도 똑같은 결과가 나오게 된다. 그러나 역할을 바꾸었을 때 결과가 달라지는 경우도 존재한다.

남자 3명(남1, 2, 3)과 여자 3명(여a, b, c)이 있다고 하자.
이들의 선호도 순위 목록은 다음과 같다.

남1 – a > c > b 여a – 3 > 2 > 1
남2 – b > a > c 여b – 1 > 3 > 2
남3 – c > b > a 여c – 2 > 1 > 3

남자가 구애하러 갈 경우 결혼하게 되는 커플은 다음과 같다.

남1 - 여a, 남2 - 여b, 남3 - 여c

반면 여자가 구애하러 갈 경우 결혼하게 되는 커플은 다음과 같다.

남1 - 여b, 남2 - 여c, 남3 - 여a

위의 예는 직접 구애하러 갔을 때가 그렇지 않을 때보다 선호도 순위 목록의 상위에 있는 상대방과 결혼하게 된 것을 명확하게 확인할 수 있다. 심지어 남자가 구애하는 경우 남자들은 자신이 원하는 최상의 짝을 찾고, 여성은 최하의 짝이 맺어진다. 반대로 여성이 구애하는 경우 여자들은 자신이 원하는 최상의 짝을 찾고, 남성은 최하의 짝이 맺어진다. 비록 거절당하는 심리적 부담감을 져야 하지만 "용기 있는 자가 미인을 얻는다."는 격언을 전통적인 결혼 알고리즘(TMA)이 매우 잘 설명해 주고 있다.

다음은 전통적인 결혼 알고리즘(TMA)에 대해 수학적으로 증명이 가능한 사실들이다.

1. TMA는 유한 번 만에 종료된다.
2. TMA는 안정적이다.
3. TMA는 남자에게 유리하며 여자에게 불리하다.

이 알고리즘은 미국의 레지던트 선발 프로그램에 응용이 된다.

여기서 병원은 남자 역할, 레지던트는 여자 역할을 하게 된다. 즉 병원이 좋은 레지던트를 뽑는 데에 초점이 맞춰져 있다. 이렇게 해야 환자인 소비자들에게 더 나은 서비스를 제공할 수 있기 때문이다. 이외에도 입시, 구직, 장기기증 프로그램 등에 이 알고리즘이 응용이 된다.

TMA 이론과 그 응용으로 수학자인 로이드 섀플리 교수와 경제학자인 앨빈 로스 교수가 2012년에 노벨 경제학상을 공동으로 수상하였다.

정보 이론(Information Theory)

• 클로드 섀넌(Claude Elwood Shannon, 1916 – 2001)

정보 이론의 창시자이며 미시간 대학교에서 전기공학과 수학을 전공하였다. 이후 MIT와 미시간 대학교에서 복수학위제로 전기공학 석사와 박사학위를 취득하였다. 그의 논문 〈A Mathematical Theory of Communication〉은 정보 이론의 시작을 알리는 논문이다.

• 섀넌은 정보이론에 엔트로피(entropy)와 채널 용량(capacity)의 개념을 도입하였다.
  엔트로피(entropy): 정보의 평균량
  채널 용량(capacity): 채널이 보낼 수 있는 정보의 최대량
• 섀넌의 제2 정리: 채널의 용량이 송신자 측 엔트로피보다 크기만 하면 비록 잡음이 있어도 에러를 임의로 작게 만드는 통신 방식을 만들 수 있다.

섀넌은 통신의 수학적, 논리적 가능성과 한계를 규명하였으며 수학, 컴퓨터, 인공지능, 암호학, 엔트로피 이론 등에 많은 업적을 남겼고, 수학, 물리학, 공학, 사회과학 등 여러 분야에 막대한 영향력을 끼쳤다. 섀넌은 주식 투자에도 많은 관심을 기울였는데, '섀넌의 도깨비'로 불리는 '균형 복원 포트폴리오'가 유명하다.

논리 퍼즐

논리 퍼즐은 논리적인 유추와 연역으로 푸는 논리학 문제를 말한다. 다양한 수준의 문제들을 밑의 예에서 볼 수 있다. 문제 중에서 아인슈타인 퍼즐은 명칭만 아인슈타인 퍼즐이고 아인슈타인과는 아무 상관이 없으며, 아인슈타인 급의 두뇌를 가진 사람만 풀 수 있다고 해서 붙여진 명칭이다. 시간이 걸리지만 아주 고도의 문제는 아니며 아인슈타인 퍼즐 뒤에 나오는 퍼즐이 실제로 더 난이도가 높은 퍼즐이다. 그리고 박부성 교수의 퍼즐 책에 있는 재미있는 논리퀴즈 세 개의 문제도 실었다. 마지막 문제는 논리학자인 조지 불로스의 작품이다.

Q 세 명의 남자가 빨간색, 초록색, 파란색 옷을 입고 있고 세 명의 여자도 마찬가지이다. 이 세 쌍의 남녀가 클럽에서 춤을 추고 있다. 이때, 빨간색 옷을 입은 남자가 옆에서 다른 남자와 춤을 추고 있는 초록색 옷을 입은 여자에게 이렇게 말했다. “재미있네, 우리 중 누구도 똑같은 색 옷을 입은 상대와 춤을 추고 있지 않아!” 그렇다면 빨간색 옷을 입은 여자와 춤을 추는 남자의 옷 색깔은 무엇인가?

A 우선 빨간색 옷의 남자는 초록색 옷의 여자와 춤을 추고 있지 않다. 또한 같은 색의 옷을 입은 상대와 춤을 추고 있지 않으므로 빨간색 옷의 남자는 파란색 옷의 여자와 춤을 추고 있다는 것을 알 수 있다.

여자 / 남자	빨간색	초록색	파란색
빨간색	×	×	O
초록색		×	
파란색			×

따라서 초록색 옷의 여자는 파란색 옷의 남자와 춤을 추고 있다.

남자 \ 여자	빨간색	초록색	파란색
빨간색	×	×	O
초록색		×	
파란색		O	×

초록색 옷의 남자는 초록색 옷과 파란색 옷의 여자가 아닌 빨간색 옷의 여자와 춤을 추고 있다는 것을 알 수 있다. 따라서 정답은 초록색이다.

남자 \ 여자	빨간색	초록색	파란색
빨간색	×	×	O
초록색	O	×	×
파란색	×	O	×

Q 서로 다른 일을 하고 있는 4명의 여대생(깔끔이, 정숙이, 멋낸이, 단정이)이 각각 손톱 다듬기, 머리 말리기, 화장하기, 책읽기를 하고 있다. 다음과 같은 조건이 있을 때, 누가 무엇을 하고 있는지 알아내라.

1. 깔끔이는 손톱을 다듬지도, 책을 읽지도 않다.
2. 정숙이는 화장을 하지도, 손톱을 다듬고 있지도 않다.
3. 만약 깔끔이가 화장을 하고 있지 않는다면, 멋낸이는 손톱을 다듬고 있지 않다.
4. 단정이는 책을 읽지도, 손톱을 다듬고 있지도 않다.
5. 멋낸이는 책을 읽지도, 화장을 하고 있지도 않다.

A 조건을 하나하나 살펴보자.

1에 의해 깔끔이는 머리를 말리거나 화장을 하고 있다.

2에 의해 정숙이는 머리를 말리거나 책을 읽고 있다.

4에 의해 단정이는 머리를 말리거나 화장을 하고 있다.

5에 의해 멋낸이는 손톱을 다듬거나 머리를 말리고 있다.

도구 여자	손톱	머리	화장	책
깔끔이	×			×
정숙이	×		×	
멋낸이			×	×
단정이	×			×

따라서 멋낸이는 손톱을 다듬고 있으며 정숙이는 책을 읽고 있다.

도구 여자	손톱	머리	화장	책
깔끔이	×			×
정숙이	×	×	×	O
멋낸이	O	×	×	×
단정이	×			×

대우 명제를 이용하면, 조건 3은 '만약 멋낸이가 손톱을 다듬고 있다면, 깔끔이는 화장을 하고 있다.'와 동치이다. 실제로 멋낸이는 손톱을 다듬고 있으므로 깔끔이는 화장을 하고 있다는 것을 알 수 있다.

도구 / 여자	손톱	머리	화장	책
깔끔이	×	×	O	×
정숙이	×	×	×	O
멋낸이	O	×	×	×
단정이	×	O	×	×

Q 다음 조건으로부터 나는 마리아가 쓴 편지를 볼 수 있는가?

1. 날짜를 쓴 모든 편지는 푸른색 편지지로 쓴 것이다.
2. 마리아가 쓴 편지는 모두 '사랑하는'으로 시작한다.
3. 찰리 외에 검은색 잉크로 편지를 쓰는 사람은 없다.
4. 내가 볼 수 있는 편지는 모두 보관하지 않았다.
5. 편지지가 한 장 들어있는 편지는 모두 날짜를 썼다.
6. 표기해 놓지 않은 편지는 모두 검은 잉크로 쓴 것이다.
7. 푸른색 편지지로 쓴 편지는 모두 보관하였다.
8. 편지지가 한 장을 초과하는 편지는 모두 날짜를 쓰지 않았다.
9. '사랑하는'으로 시작하는 편지는 한 통도 찰리가 쓴 것이 아니다.

Q 열 사람이 다음과 같이 말했다. 진실을 말한 사람은 누구인가?

A: 열 명중 정확히 한 명이 거짓말을 한다.

B: 열 명중 정확히 두 명이 거짓말을 한다.

C: 열 명중 정확히 세 명이 거짓말을 한다.

…

J: 열 명중 정확히 열 명이 거짓말을 한다.

(아인슈타인 퍼즐)

Q 다음과 같이 네 가지의 전제 조건이 주어져 있다.

1. 색깔이 다른 다섯 채의 집이 일렬로 있다.
2. 각 집에는 서로 다른 국적을 가진 사람이 살고 있다.
3. 다섯 사람은 어떤 종류의 음료를 마시고 담배를 피며, 동물을 기르고 있다.
4. 어떤 두 사람도 음료나 담배, 또는 키우는 동물이 일치하지 않는다.

아래와 같은 15개의 정보가 주어졌을 때, 금붕어를 키우는 사람은 어느 나라 사람일까?

- 영국인은 빨간 집에 산다.
- 스웨덴인은 개를 기른다.
- 덴마크인은 차를 마신다.
- 초록 집은 하얀 집의 왼쪽 집이다.
- 초록 집에 사는 사람은 커피를 마신다.
- Pall Mall담배를 피우는 사람은 새를 기른다.
- 노란 집에 사는 사람은 Dunhill담배를 피운다.
- 가운데 집에 사는 사람은 우유를 마신다.
- 노르웨이인은 첫 번째 집에 산다.
- Blend담배를 피우는 사람은 고양이를 기르는 사람의 옆집에 산다.
- 말을 기르는 사람은 Dunhill담배를 피우는 사람의 옆집에 산다.
- Blue Master담배를 피우는 사람은 맥주를 마신다.
- 독일인은 Prince담배를 피운다.
- 노르웨이인은 파란집의 옆집에 산다.
- Blend담배를 피우는 사람은 생수를 마시는 사람과 이웃이다.

Q 100명의 모자 쓴 사람들

1부터 100까지 차례대로 명명된 100명의 사람들이 일렬로 어떤 건물 안에 들어간다. 한 명씩 1번부터 번호 순서로 들어가는데, 흰 모자 또는 검은 모자를 이 게임의 사회자가 씌어 준다. 먼저 1번이 서고, 2번은 1번 뒤에 서 있고, 3번은 2번 뒤에 서 있고, …, 100번은 99번 뒤에 서 있는다. 이때 n번의 사람은 1부터 $n-1$번 사람까지의 모자를 볼 수 있다. 따라서 1번은 아무런 모자도 볼 수 없고, 100번은 자신을 제외한 99개의 모자를 볼 수 있다. 게임에 참가한 100명의 사람들은 건물에 들어가면 서로 간에 어떠한 정보도 주고받을 수 없으며, 100번부터 99번 98번 … 1번까지 역순으로 자신의 모자 색을 의미하는 흰색 또는 검은색 중에서 하나만 얘기하고 건물을 빠져 나간다. 100명 중에서 자신의 모자 색을 가장 많이 맞추는 전략을 설명하시오.

여기 100명은 건물에 들어가기 전 모두가 흰 모자 또는 검은 모자를 쓰게 된다는 것은 사전에 알고 있다. 그리고 100명은 서로 간에 규칙을 세워서 합의한 후에 건물에 들어가게 된다.

이 문제에서 무조건 최소 50명은 자신의 모자 색을 맞추는 방법이 존재한다. 100번째 사람이 99개의 모자 색을 보고 50개가 넘는 색을 색을 말하고 나머지 99명이 모두 그 색을 말하면 어떠한 경우라도 무조건 최소 50명은 자기 모자의 색을 맞추게 된다. 거기에 한쪽 모자 색이 더 많으면 추가로 정답자가 0명부터 50명까지 더 나올 수 있다. 그러나 확실하게 맞출 수 있는 최솟값은 50명뿐이다.

이것은 그럴싸하다. 그러나 정답과는 거리가 있다. 정답은 훨씬 더 큰 수이다. 독자들은 고민해 보기 바란다.

다음 세 문제는 박부성 교수의 책[1]에 나오는 문제이다.

Q 세 딸의 나이

인구 조사원이 시립이네 집에 가서 자녀의 나이를 물었다.
"우리는 딸만 셋 있는데, 걔들의 나이를 곱하면 36이고, 다하면 우리 집 번지와 같아요."
그러자 조사원이 번지를 확인하고 다시 말했다.
"그것만으로는 부족합니다."
"우리 큰애는 요즘 피아노를 배우고 있어요."
"아, 그럼 알겠습니다."
세 딸들의 나이는 각각 몇 살일까?

Q 교수님의 나이

교수와 조교가 다음과 같은 대화를 나눈다.
교수: 좀 전에 내 방에 왔다간 세 사람의 나이를 모두 곱하면 2450이고, 모두 합하면 자네 나이의 두 배일세. 그들의 나이를 알겠나?
조교: (잠깐 생각하더니) 모르겠습니다.
교수: 그렇지, 모를 수밖에. 모르는 게 당연하지. 그런데 그 세 사람 모두 나보다 나이가 적다네.
조교: 아, 그럼 알겠습니다.
그렇다면 교수는 몇 살일까? 나이는 모두 자연수이다.

Q 두 퍼즐리스트의 대화

두 퍼즐리스트 A와 B에게 2보다 크거나 같고 50보다 작거나 같은 두 수를 맞춰보라고 하면서, A에게는 두 수의 곱을, B에게는 두 수의 합을 알려줬다.

A: 도저히 모르겠습니다.
B: 당신이 모를 거라는 것은 이미 알고 있었어요.
A: 아, 두 수가 뭔지 알겠습니다.
B: 저도 두 수가 뭔지 알겠습니다.
두 수는 무엇일까?

다음 두 문제는 어려운 논리 문제로 연습문제로 넘긴다.

Q 어떤 방에 갑돌이가 들어가니 사람의 말을 알아들으며 논리적으로 사고하는 컴퓨터 한 대와 두 개의 문(1번 문, 2번 문)이 나타났다.
하나의 문은 천국으로 가는 문이고 다른 하나의 문은 지옥으로 가는 문이다. 컴퓨터에게 오직 한 개의 질문을 할 수 있고, 대답은 '짜장면' 혹은 '짬뽕'으로 하는데 둘 중 하나는 '예'이고 다른 하나는 '아니오'를 의미한다. 컴퓨터는 진실을 말할 수도 있고 거짓을 말할 수도 있다고 할 때, 갑돌이가 천국으로 가기 위해서 해야 할 단 하나의 질문은 무엇일까?

Q 세 신 A, B, C의 이름은 '참', '거짓', '랜덤' 인데 무엇이 누구의 이름인지는 모른다. '참'은 언제나 참말만을 하고 '거짓'은 언제나 거짓말을 한다. '랜덤'은 완전히 무작위(마치 동전 던지기 처럼)로 참말이나 거짓말을 한다. 목표는 단 3번의 참/거짓 질문을 하여 A, B, C의 이름을 알아내는 것이다. 각각의 질문은 한 번에 한 신에게만 해야 한다. 신들은 우리의 언어를 알아듣지만 대답은 '예' 혹은 '아니오'의 뜻을 지닌 그들의 단어 '감자'와 '고구마'로 주어지는데 어떤 단어가 '예'이고 어떤 단어가 '아니오'인지는 모른다.[2]

추가로 한 신에게 두 번 이상 질문할 수 있다(그렇게 되면 질문을 받지 못하는 신도 생긴다).

첫 번째 질문의 답변에 따라 두 번째 질문의 내용과 대상을 지정할 수 있다. 세 번째 질문도 마찬가지이다. 세 신 A, B, C의 이름을 알아낼 수 있는 3개의 질문을 찾고 이유를 설명하시오.

부자의 유언 문제

Q 유산분배 문제

어떤 중동의 부자가 다음과 같은 유언을 자식들에게 남겼다. 낙타 34마리 중에서 첫째는 전체의 절반을 가지고, 둘째는 전체의 삼분의 일을, 그리고 막내는 전체의 구분의 일을 가지라고 하였다. 그러나 정확히 나누어 떨어지지 않기 때문에 문제가 발생하였다. 어떻게 하면 분쟁이 일어나지 않고 낙타들을 나누어 가질 수 있을까?

A 어떤 현자가 나타나서 낙타 두 마리를 추가한 후에 유언대로 분배하여 첫째는 낙타 18마리를, 둘째는 12마리를, 셋째는 4마리를 나누어 가지게 되었다. 그런 다음 현자는 남은 낙타 두 마리를 다시 가져간다.

이러한 일이 일어나는 이유는 바로 $\frac{1}{2}+\frac{1}{3}+\frac{1}{9}$의 값이 1보다 작기 때문이다.

위와 같은 문제들은 다음과 같은 조건을 만족시키도록 하면 만들 수 있다.

- 유리수 a, b, c(분배 비율)에 대하여 $a+b+c=\frac{m}{n}$이다. (단, m, n은 자연수이고 $m<n$)
- 분배하려는 물건의 수(위의 문제의 경우 낙타): km (k는 자연수)
- 추가해야 하는 물건의 수: $k(n-m)$

- akm, bkm, ckm이 모두가 동시에 자연수는 아니다.
- akn, bkn, ckn은 모두 자연수이다.

위의 문제에서는 $a=\frac{1}{2}, b=\frac{1}{3}, c=\frac{1}{9}, m=17, n=18, k=2$이다. 따라서 $akm=17$, $bkm=\frac{34}{3}, ckm=\frac{34}{9}$이고 $akn=18$, $bkn=12$, $ckn=4$이다.

결론적으로 $k(n-m)=2(18-17)=2$이므로 두 마리를 추가하면 문제가 해결된다.

Q 가게 A에서는 피자를 만원에 판매하고 있다. 가게 A에서 피자를 시키면 반드시 쿠폰 한 장이 같이 오게 되는데 쿠폰 10장을 모으게 되면 피자 한 판을 무료로 준다. 물론 무료로 주는 동시에 쿠폰 한 장도 함께 온다. 이때, 쿠폰 한 장의 가치는 얼마인가?

A 간단하게 쿠폰 한 장의 가치가 천원이라고 생각할 수 있다. 그러나 다음과 같은 방법으로 문제를 들여다보자.
쿠폰 9장을 가지고 있다고 가정하자. 누군가에게 쿠폰 한 장을 빌려 쿠폰을 10장으로 만든 뒤 피자를 시키게 되면 쿠폰 한 장이 다시 생기게 된다. 이 쿠폰을 빌려준 상대에게 갚으면 쿠폰 9장으로 피자 한 판을 시켜 먹은 것이 된다. 따라서 쿠폰 한 장의 가치는 1111.111…원이라 생각할 수 있다. 단, 쿠폰을 빌리고 갚는 행동으로 인한 노동과 그로 인한 시간의 사용은 가치를 부여하지 않는다고 가정한다.

간단한 숫자 마술

다음 4개의 간단한 수학 마술을 소개한다. 아래의 수학 마술들이 성립하는 이유를 스스로 증명해 보고 각자 확인해 보라.

1. 1부터 9까지 자연수 중에서 서로 다른 세 숫자를 선택하자. 선택된 세 숫자로부터 만들어지는 두 자리 수 6개를 모두 합하고, 그 수를 세 숫자의 합으로 나눈다. 그러면 답은 항상 22가 나온다.
2. 숫자가 서로 세 자리 수를 쓴다. 그것을 거꾸로 적는다. 큰수에서 작은 수를 뺀다. 나온 결과의 수를 거꾸로 다시 적는다. 다시 두 수를 더하자. 그러면 답은 항상 1089가 나온다.
3. 1부터 9까지 숫자 중에서 하나를 고른다. 그 숫자에 곱하기 2를 하고, 결과에 더하기 119를 한다. 그런 다음에 결과에 5를 곱하고 나온 답의 숫자 중에서 가운데 숫자를 지우자. 그러면 답은 항상 65가 된다.
4. 자연수로 이루어진 수열이 있다. 이때 이 수열은 피보나치 조건인 $a_{n+2} = a_{n+1} + a_n$을 만족한다. $\sum_{n=1}^{10} a_n$을 구하고, 그것을 a_7로 나눈다. 그러면 결과는 항상 11이 된다.

난이도 있는 수학 마술 문제는 뒤의 연습문제 18과 19에서 살펴 볼 수 있다.

가중투표제[1]

사람과 사람, 혹은 집단과 집단이 모여서 어떤 사항에 대하여 결정을 내릴 때 어떤 사람(혹은 집단)이 그 결정에 대해 얼마나 결정권을 가지고 있는지 수치로 환산하여 나타낸 지수이다.

편의상 유권자 n명이 서로 다른 비중의 표를 가진 투표제도로 이해하자.

구성원들의 표수가 $w_1, w_2, w_3, \cdots, w_n$ 이고, 의결표수가 q인 경

우, 간단하게 $(q:\ w_1,\ w_2,\ w_3,\ \cdots\ ,\ w_n)$로 표현한다. 참고로 의결표수 q는 $\frac{\sum w_i}{2} \le q \le \sum w_i$를 만족해야 한다.

※ 만약에 의결표수가 $\frac{\sum w_i}{2}$보다 작다면 어떤 일이 벌어질 지 상상해 보라!

예제 1 $q = w_1 + w_2 + w_3 + \cdots + w_n$이 상황을 만장일치라고 부른다.

예제 2 (11 : 13, 5, 2) 이 경우 13을 가진 자를 독재자

$\begin{cases} q \le w \text{ (독재자 의결표수)} \\ q \ge \sum w_i - w \end{cases}$ 라고 부른다.

예제 3 (12 : 10, 4, 4, 3) 이 경우 10을 가진 자를 거부권 행사자라고 부른다.

(혼자만의 힘으로 의결을 통과시키진 못하지만, 자신의 반대로 통과에 제한을 가할 수 있는 사람을 거부권 행사자라 함.)

예제 4 (11 : 4, 4, 4, 4, 4) ~ (12 : 4, 4, 4, 4, 4) ~ (3 : 1, 1, 1, 1, 1) 주어진 세 가지 상황은 차이가 없는 본질적으로 같은 경우로 볼 수 있다.

예제 5 (101 : 99, 98, 3) ~ (2 : 1, 1, 1) 국회와 같은 정치 집단들의 모임에서 주어진 상황과 같은 일이 벌어질 수 있는데 소수의 표를 가진 정치 집단이 의사 결정에서 중요한 위치에 놓이게 된다. 이럴 때 소수파 집단이 캐스팅보드를 쥐고 있다고 표현한다.

예제 6 A, B, C 세 나라가 회의를 하는데 오직 찬성 또는 반대의 의견만을 제시할 수 있다. A 나라는 거부권을 행사할 수 있고, 거부권 행사 없이 세 국가 중 둘 이상이 찬성을 할 때 안건이 통과된다. 이 상황을 가중투표제로 분석하여라.

$(q:x,\ y,\ y)$ 이 경우는 거부권을 가지고 있다.

이 경우를 조건화 시키면, $\begin{cases} 2y < q \\ x < q \\ x \geq y \\ x+y \geq q \end{cases}$ 이다.

만일 $y=1$이면 $q \geq 3$이므로 $x=2$ or 1인데, $x=2$일 때 위의 네 가지 조건을 모두 만족한다. 따라서, $(q:x,\ y,\ y)=(3:2,\ 1,\ 1)$이다.

예제 7 A, B, C 세 명의 사람이 있는데 찬성, 반대, 기권이 모두 가능하다. 거부권을 가진 A가 이를 행사하지 않고, 세 명중 찬성이 둘 이상이기만 하면 의결되는 경우를 가중투표제로 분석하여라.

예제 6의 조건+ $\begin{cases} (q:x,y,y) \leftarrow \text{찬성시의 가중치} \\ (q:\alpha,\beta,\beta) \leftarrow \text{기권시의 가중치} \end{cases}$

즉, $x+\beta+\beta < q \leq \alpha+y+y$ and $\begin{cases} 0 \leq \alpha \leq x \\ 0 \leq \beta \leq y \end{cases}$ 의 조건을 만족시켜야하므로 각각 $x=2,\ y=1,\ q=3$을 대입하면 $\alpha \geq 1, \beta < \frac{1}{2}$ 의 결과가 나온다. 따라서 한 가지 방법으로 $\left(3:\begin{pmatrix}2\\1\\0\end{pmatrix},\begin{pmatrix}1\\\frac{1}{3}\\0\end{pmatrix}\right)$ 로 놓을 수 있다.

예제 8 회장 A, 회원 B, C, D, E, F가 있다고 하자. 각자 투표는 한 장 씩 가능하고 3:3으로 나뉠 경우 회장이 있는 쪽이 이긴다. 이 때 가중투표제로 분석을 하자.(기권은 없다고 가정)

① 가중치를 설정하자.

우선 상식적으로 문제에서 권력지수가 낮은(B C D E F)단체의 가중치를 1로 설정하자. 그럼 주어진 조건에서 3:3으로 나뉠 경우 회장이 있는 쪽이 이기므로, A의 가중치는 1보다 커야 한다. 또한 A, B : C, D, E, F 로 나뉠 경우 C, D, E, F 쪽의 의견으로 결정되므로 A의 가중치는 3보다 작아야 한다. 따라서 A의 가중치를 2로 설정할 수 있다.

② 의견 결정에 필요한 가중치를 정해보자.
3:3인 경우 A가 있는 쪽의 의견으로 결정되니까 이 때 A쪽 가중치는 4
2:4인 경우 4명이 있는 쪽의 의견으로 결정되니까 이 때 가중치는 4, 5
1:5인 경우 5명이 있는 쪽의 의견으로 결정되니까 이 때 가중치는 5, 6
0:6인 경우 6명이 있는 쪽의 의견으로 결정되니까 이 때 가중치는 7
즉 가중치의 합이 4보다 크거나 같으면 그 쪽 의견으로 결정된다.
결론적으로 표현하면(4 : 2, 1, 1, 1, 1, 1)임을 알 수 있다.

권력지수[1]

예제 1 (2 : 1, 1, 1)의 조건을 만족하여야 하며 기권은 없다. 이 안건이 통과하기 위해서 A, B, C는 각각 얼마만큼 권력을 행사하는가?
통과되기 위한 경우의 수를 모두 써보면, (A, B, C), (A, B), (B, C), (A, C). 이 네 가지의 방법에서 A, B, C는 모두 2번씩 영향력을 행사한다. 그러므로 각각 1: 1: 1의 비율인 33.3%씩 권력을 행사한다.

예제 2 A, B, C중 A가 거부권을 가지고 있다. 세 명 중 두 명 이상이 찬성해야 가결되는 이 안건에서의 권력행사 비율을 구하여라.

위 조건들을 정리하면, (3 : 2, 1, 1)인데 기권의 유무에 따라 다음과 같이 두 경우로 나누어진다.

① 기권이 없는 경우,

(A, B), (A, C), (A, B, C)의 경우에 안건이 통과될 수 있다. 이 세 가지의 방법에서 A, B, C는 각각 3번, 1번, 1번씩 권력을 행사한다. ((A,B,C)의 경우에는 A만 찬성하면 안건이 통과되므로 B와 C가 실질적인 영향력을 미치지 않으므로 권력행사지수에 포함되지 않는다.)

따라서 A는 60%, B와 C는 각각 20%씩 권력을 행사한다.

② 기권이 있는 경우

(찬성-○, 기권-△, 반대-×)

가결될 수 있는 경우를 정리하면 다음의 표와 같다. (괄호 안의 숫자는 그 경우의 권력행사지수를 의미하며 굵은 글씨에 밑줄이 쳐진 부분이 안건통과에 있어 실질적인 영향력을 행사한 의견을 의미한다.)

A	B	C
○(2)	○(1)	○(1)
○(2)	○(1)	△($\frac{1}{3}$)
○(2)	○(1)	×(0)
○(2)	△($\frac{1}{3}$)	○(1)
○(2)	×(0)	○(1)
△(1)	○(1)	○(1)

따라서 A : B : C 의 실질 권력행사 회수의 비율은 6 : 3 : 3으로 순서대로 각각 50%, 25%, 25%의 권력을 행사한다.

예제 3 회장 A, 회원 B, C, D, E, F가 있다고 하자. 각자 투표는 한 장 씩 가능하고 3:3으로 나뉠 경우 회장이 있는 쪽이 이긴다. 이때 권력지수를 계산해 보면(기권은 없다고 가정한다),

① 의견 수립에서 한 단체의 중요도를 알아보기 위하여 이기는 경우의 수를 모두 따져보자.

(A,B,C)(A,B,D)(A,B,E)(A,B,F)(A,C,D)(A,C,E)(A,C,F)(A,D,E)(A,D,F)(A,E,F)... $_5C_2 = 10$가지

(A,B,C,D)(A,B,C,E)(A,B,C,F)(A,B,D,E)(A,B,D,F)(A,B,E,F)...

${}_5C_3 = 10$가지

(A,B,C,D,E)... ${}_5C_4 = 5$가지

(A,B,C,D,E,F)... ${}_5C_5 = 1$가지

(B,C,D,E)... ${}_5C_4 = 5$가지

(B,C,D,E,F)... ${}_5C_5 = 1$가지

② 각 각 단체의 중요도를 알아보자.

(중요도는 결정에서 그 사람이 빠지면 결정이 번복되는 경우의 수)

위 ①에서 (A,B,C)쪽에서 경우의 수 들은, A, B, C, D, E, F 각각 10가지, 4가지, 4가지, 4가지, 4가지, 4가지

(A,B,C,D)쪽에선 A만 10가지

(B,C,D,E)쪽에선 B, C, D, E, F 각각 4가지

나머지 경우는 한명이 의견을 바꾼다 할지라도 결정이 번복되지 않음.

따라서 A, B, C, D, E, F 각각 20, 8, 8, 8, 8, 8 그 합은 60.

③ 이를 토대로 권력지수를 구해보면

A=1/3(33%), B=2/15(13%), C=2/15(13%), D=2/15(13%), E=2/15(13%), F=2/15(13%) 이다.

연습문제

과제 1 다음은 최석정의 지수귀문도이다. 1부터 30까지 자연수를 중복 없이 사용하여 모든 육각형의 숫자 합이 같게 만들어야 한다. 만약 모든 육각형의 숫자 합이 S인 해가 존재한다면, 모든 육각형의 숫자 합이 $186-S$인 해도 존재함을 보이시오. 주어진 지수귀문도는 모든 육각형 숫자 합이 77인 경우의 한가지 예시이다.

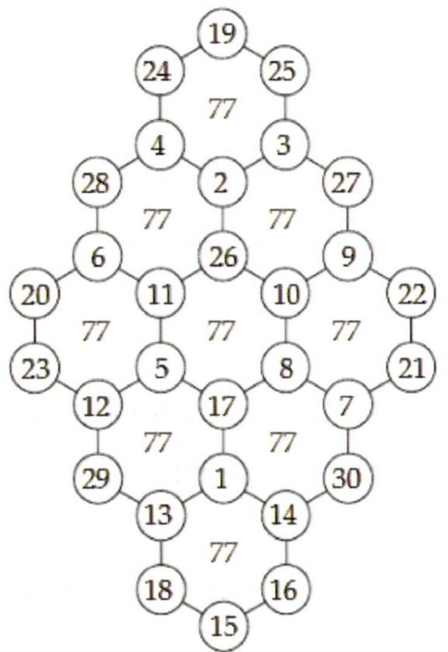

권균욱, 박상후, 송윤민, 최성웅과 박부성교수가 Journal for History of Mathematics에 2014년에 출판한 논문 '합의 범위를 이용한 지수귀문도 해의 탐구'에 의하면 S는 77부터 109까지 가능함이 보여진다. 위의 지수귀문도 예도 그 논문에 있는 그림이다.

과제 2* n차(n은 홀수) 마방진 만들 때, 오른쪽 위 방법을 사용하여 만들면, 1을 어디에 놓고 만들던지 n개의 열과 n개의 줄의 합이 일정해짐을 보이시오. 그리고 1을 특정 위치에 놓으면 1개 또는 2개의 대각선 합이 일정해진다. 1이 어떤 위치에 있어야 마방진의 모든 조건을 만족하는지 구체적으로 조건을 찾고 설명하시오.

과제 3* $4k+2$차 마방진 만들 때, Strachey 방법 또는 Conway's LUX 방법을 사용하자. 이때 선택된 방법이 마방진의 조건을 만족시킴을 증명하시오.

과제 4* 양수 n에 대해서 1부터 n까지의 자연수 중에서 숫자 1이 나오는 횟수를 $f(n)$이라 하자. 예를 들어 $f(1)=1, f(2)=1, f(13)=6$이다. $f(n)=n$이 되는 첫 번째 n의 값은 1이다. 그렇다면 $f(n)=n$이 되는 두 번째 n의 값은 얼마인가?

과제 5 특수 제조한 계란이 2개 있다. 계란을 100층 높이의 빌딩의 몇 층에서 떨어뜨려야 깨지게 되는지 알아내려고 한다. 2개의 계란만을 사용하여 몇 층 이상부터 깨지는지 확실하게 알아내려면 계란을 최소 몇 번 떨어뜨려 봐야할까? 그리고 그 방법이 최소인 이유도 설명하시오. 단, 계란은 모든 층의 1m 높이에서 떨어뜨리며 각 층에서 깨질 수도 있고, 안 깨질 수도 있다. 따라서 답의 경우는 "1층부터 깨진다. 2층부터 깨진다. ... 100층부터 깨진다. 모든 층에서 안 깨진다."로 101가지 가능성이 있다. 그리고 두 개의 계란은 완벽히 같으며, 여러 번 떨어뜨려도 계란에는 아무런 영향은 없다고 한다.

과제 6 자연수 n을 제시한 다음 n을 두 자연수 n_1, n_2로 나눈다. $(n_1+n_2=n)$
다음으로 $n_1 \times n_2$를 칠판에 적은 뒤 n_1과 n_2도 같은 방법으로 각각 n_3, n_4와 n_5, n_6로 나눠준다. 마찬가지로 $n_3 \times n_4$와 $n_5 \times n_6$도 칠판에 적는다. 이 작업은 숫자가 1이 나타나면 두 자연수로 나눌 수 없으므로 나누는 단계는 멈춘다. 2 이상의 수는 나누는 단계를 반복할 때, 칠판에 적힌 곱한 숫자들의 합은 얼마인가? 또 그 합이 일정함을 보여라.

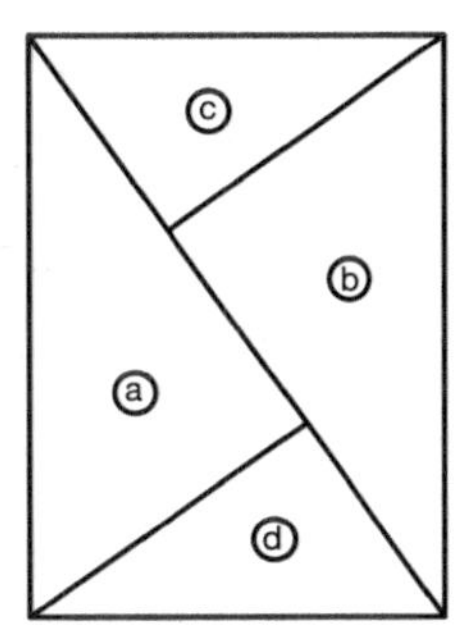

과제 7 주어진 B4 용지를 그림과 같이 네 조각으로 나눈다. 이때 조각 ⓐ와 ⓑ를 합치면 A4 용지가 되고, 조각 ⓒ와 ⓓ를 합치면 A5 용지가 됨을 보이시오.

과제 8 다음은 타미야 카츠야의 신년문구이다. 다음의 복면식을 풀어라.

			彌	山	頂
		×	山	山	霞
			登	山	快	哉
	望	霞	春	快	
望	霞	春	快		
望	春	春	來	快	哉

과제 9 주어진 복면식은 권택환의 작품이다. 왼쪽은 이중 오른쪽은 삼중 복면산 문제이다.

		백	십	삼
		이	백	이
+		이	백	오
	오	백	이	십

	오	천	백	삼
	천	구	백	이
	천	이	백	이
+		구	백	이
	구	천	백	구

과제 10 샘 로이드 퍼즐이 수학적으로 불가능함을 증명하여라.

과제 11 선교사와 식인종 강 건너기 문제에서 동일한 조건 하에 식인종과 선교사가 각각 4명일 때는 강 건너기가 불가능함을 보여라.

과제 12* 어떤 방에 갑돌이가 들어가니 사람의 말을 알아들으며 논리적으로 사고하는 컴퓨터 한 대와 두 개의 문(1번 문, 2번 문)이 나타났다.
하나의 문은 천국으로 가는 문이고 다른 하나의 문은 지옥으로 가는 문이다. 컴퓨터에게 오직 한 개의 질문을 할 수 있고, 대답은 '짜장면' 혹은 '짬뽕'으로 하는데 둘 중 하나는 '예'이고 다른 하나는 '아니오'를 의미한다. 컴퓨터는 진실을 말할 수도 있고 거짓을 말할 수도 있다고 할 때, 갑돌이가 천국으로 가기 위해서 해야 할 단 하나의 질문은 무엇일까?

과제 13* 세 신 A, B, C의 이름은 '참', '거짓', '랜덤'인데 무엇이 누구의 이름인지는 모른다. '참'은 언제나 참말만을 하고 '거짓'은 언제나 거짓말을 한다. '랜덤'은 완전히 무작위(마치 동전 던지기 결과처럼)로 참말이나 거짓말을 한다. 목표는 단 3번의 참/거짓 질문을 하여 A, B, C의 이름을 알아내는 것이다. 각각의 질문은 한 번에 한 신에게만 해야 한다. 신들은 우리의 언어를 알아듣지만 대답은 '예' 혹은 '아니오'의 뜻을 지닌 그들의 단어 '감자'와 '고구마'로 주어지는데 어떤 단어가 '예'이고 어떤 단어가 '아니오'인지는 모른다.
추가로 한 신에게 두 번 이상 질문할 수 있다(그렇게 되면 질문을 받지 못하는 신도 생긴다).
첫 번째 질문의 답변에 따라 두 번째 질문의 내용과 대상을 지정할 수 있다. 세 번째 질문도 마찬가지이다. 세 신 A, B, C의 이름은 알아낼 수 있는 3개의 질문을 찾고 이유를 설명하시오.

과제 14 어떤 부자가 4명의 아들들을 두고 있고 유언으로 차례대로 분수인 $\frac{1}{a}, \frac{1}{b}, \frac{1}{c}, \frac{1}{d}$ $(a < b < c < d)$로 나누어 가지라고 하였다. 이때 낙타 한 마리를 추가하면 풀리는 유산분배 문제를 하나 만들어 보시오.

과제 15 유언으로 세 명의 자녀에게 장남은 전체 낙타의 2분의 1을, 둘째는 전체 낙타의 3분의 1을, 셋째는 전체 낙타의 c분의 1을 주는 유산분배 문제에서 현자의 낙타 한 마리 추가로 문제가 깨끗하게 풀리기를 원한다. 문제를 만족시키는 모든 자연수 c를 찾으시오.

과제 16 인도의 한 왕이 임종의 자리에서 딸들에게 유산으로 진주를 남겼다. 맏딸은 진주 1개와 나머지의 $\frac{1}{7}$을, 둘째는 남은 것 중 2개와 나머지의 $\frac{1}{7}$을, 셋째는 남은 것 중 3개와 나머지의 $\frac{1}{7}$을, 나머지 딸들도 이러한 방식으로 진주를 나누어 주었다. 그런데 모두 똑같은 개수로 진주를 나누어 가졌다. 딸은 모두 몇 명이며 진주는 몇 개인가?

과제 17 한 선장이 세 선원에게 200닢에서 300닢 사이의 동전이 들어있는 상자를 상으로 주었다. 선장은 그 돈을 항구에 도착하면 나누어 주기로 하였다. 그런데 그날 밤 세 명중 한 명이 잠에서 깨어 돈을 세니 3등분하고 동전이 하나가 남았다. 그 선원은 한 닢을 버리고 $\frac{1}{3}$을 챙긴 후 잠에 들었다. 두 번째 선원도 자기 몫을 챙겼는데 동전 한 닢을 버리고 $\frac{1}{3}$을 챙긴 후 잠에 들었다. 세 번째 선원도 똑같이 하였다. 그랬더니 남은 동전도 하나 빼고 삼등분이 되었다. 원래 동전의 개수를 구하여라.

과제 18 어떤 마술사가 무대에 칠판을 가져온다. 그 칠판에는 5행 5열로 총 25개의 서로 다른 자연수가 적혀있다. 그리고 마술사는 숫자가 적힌 종이를 관객 한 명에게 잘 보관하라고 말하며 전달한다. 마술사는 무작위로 관객 한 명을 무대로 부른고, 다음의 규칙으로 5개의 숫자를 고르라고 말한다. 먼저 한 개의 숫자를 고르고 동그라미로 표시한 다음 선택된 수와 같은 행과 같은 열에 있는 숫자들을 모두 ×표시한다. 또 남은 숫자 중에서 한 개를 고르고 동그라미로 표시한 다음 같은 행과 같은 열에 있는 숫자들을 모두 ×표시한다. 이것을 반복하면 5개의 숫자가 선택된다. 마술사는 그 숫자들을 모두 더하라고 말한다. 관객은 숫자를 적고 무대에서 내려간다. 그런 다음 종이를 보관한 관객에게 숫자를 보여달라고 얘기한다. 놀랍게도 두 수는 같다. 관객들은 놀라지만 사실 수학의 원리를 사용한 마술이다. 마술의 원리를 스스로 찾고 원리를 설명하시오.

과제 19* 스페이드, 다이아몬드, 하트, 클로버 4개의 각 문양에 숫자 기호가 A, 2, 3, 4, 5, 6, 7, 8, 9, 10, J, Q, K 13장씩 있고 조커는 없는 트럼프 카드가 주어져 있다. 이러한 52장의 카드를 가지고 시립이가 마술을 보여준다. 시립이는 무대에서 한 명을 무작위로 뽑아서 카드 5장을 뽑게 하고, 시립이는 5장 중에서 한 장을 골라서 뽑은 사람에게 전달하고 카드의 종류는 혼자만 알도록 한다. 그런 후에 시립이는 객석의 한 명을 무작위로 뽑는 척을 하면서 미리 사전에 계획된 도우미 갑돌이를 선택한다. 갑돌이는 무대 위로 올라와서 준비된 의자에 앉고 시립이는 갑돌이 앞에 5장 중 나머지 4장을 차례대로 갑돌이 앞에 내려놓는다. 그리고 시립이는 문제의 카드 한 장의 문양과 숫자 기호를 알아맞히라고 말한다. 처음에 갑돌이는 내가 어떻게 맞추냐고 황당한 표정을 짓지만 그래도 한 번 해보겠다고 말하고는 고뇌의 표정을 한다. 그렇지만 결국 둘만의 사전 약속이 있어서 내려놓은 4장의 카드 종류와 순서만으로 결국은 카드 종류를 맞춘다. 이 카드 마술의 해법을 찾고 가능한 이유를 설명하시오.

과제 20* UN 안전보장이사회에서 거부권을 가진 다섯 나라(미, 영, 러, 중, 프)와 10개의 비상임 이사국이 있다. 이때 안건을 통과시키기 위해서는 상임이사국에서 거부권을 행사하는 나라가 없어야하고, 총 9개국의 찬성표가 필요하다.

1) 찬성, 반대만 존재할 때 이 상황을 가중투표제로 분석하고, 각각의 권력지수를 구하여라.
2) 찬성, 반대, 기권 모두 존재할 때 이 상황을 가중투표제로 분석하고, 각각의 권력지수를 구하여라.

※ 2011년 3월 17일 유엔 안전보장이사회는 리비아 비행금지구역 설정을 주요 내용으로 하는 리비아 제재 결의안(1973호)을 투표에 부쳐 찬성 10, 반대 0, 기권 5표로 가결시켰다. 상임이사국 중 중국과 러시아가 기권을 하였고, 2년 임기의 비상임 이사국 10개국 중에서는 독일, 브라질등이 기권하였다.

*표시는 어느 정도 난이도가 있는 도전과제이다.

Ⅲ

생활 속의 확률과 통계

생활 속의 확률과 통계

확률이란 무엇인가

확률이란 어떤 사건이 일어날 가능성의 정도를 수의 값으로 표현하는 것이다. 확률에는 수학적 확률과 경험적 확률이 있다. 수학적 확률은 모든 가능성의 경우에 대하여 어떤 일이 일어날 경우의 수를 수학적으로 계산하는 것이다. 예를 들어 평범한 동전이 있다고 가정하면 동전이 땅에 떨어져서 보이는 면은 윗면 또는 아랫면 두 가지 가능성이 있다. 동전에 문제가 없다면 두 가능성을 다르게 볼 이유가 없고 따라서 아랫면이나 윗면이 나올 확률은 같은 정도로 판단하게 된다. 아랫면, 윗면 두 가지 경우에 대하여 1가지 경우만 가능하므로 아랫면이나 윗면이 나올 확률은 각각 $\frac{1}{2}$이다. 1부터 6까지 그려진 주사위에 대해서도 정상적인 주사위를 가정하면 모든 눈에 대하여 각각의 확률은 모두 같은 것으로 간주 가능하다. 전체의 가능성은 6가지이고 그 중 한 가지 눈의 가능성은 1이다. 따라서 확률은 $\frac{1}{6}$이 된다.

경험적 확률은 어떤 일을 상당히 많이 반복하였을 때 주어진 상황이 나타나는 빈도를 말하는데 기본적으로 경험에 의한 추측값이다.

공장에서 불량품이 나올 확률과 어떤 병에 걸릴 확률 등은 수없이 많은 상황이 누적되어 결정되는 값이다.

확률은 0부터 1까지의 값 중에서 하나의 수로 표시한다. 확률 0은 어떤 사건이 발생하지 않는 것을 의미하며, 확률 1은 반드시 발생하는 것으로 이해된다.

확률의 정의

어떤 사건의 확률을 정의하기 위해서는 그 사건으로 발생하는 모든 경우들을 모아놓은 집합 S가 필요하다. 이때 집합 S는 표본공간이라 부른다. 표본공간의 원소 하나로 이루어진 집합을 근원사건이라 부르며, 주어진 표본공간 S의 부분집합을 사건이라 부른다. 이 때 각 사건이 일어날 확률은 0부터 1까지의 값을 대응한다. 즉, 사건 A가 일어날 확률 $P(A)$는 $0 \le P(A) \le 1$를 만족한다. 예를 들어 주사위 눈의 표본공간 S는 집합 $\{1, 2, 3, 4, 5, 6\}$이고 짝수 눈이 나올 사건은 집합 $\{2, 4, 6\}$이다.

예시 1 앞면(H)과 뒷면(T)로 구성된 동전을 한번 던질 때 각 사건이 동일한 확률로 발생한다고 가정하자. S(표본공간)$=\{H, T\}$이라 하고 여기에서 특정한 사건 A, B, C를 다음과 같이 정의한다면 이들의 확률은 다음과 같다.

$$A=\{H\},\ B=\{T\},\ C=\{H, T\},\ D=\varnothing$$

$$P(A)=\frac{1}{2},\ P(B)=\frac{1}{2},\ P(C)=1,\ P(D)=0$$

확률의 역사

확률은 도박의 역사에서 출발한다. 고대의 주사위 게임이나 중세 이후의 여러 도박은 확률과 밀접한 관련이 있다. 16세기 이탈리아의 카르다노는 3차 방정식의 일반해를 구한 수학자이지만, 점성술과 도박에 열중한 사람이기도 했다. 그는 자신의 책에서 게임이 참여자 모두에게 공정하게 작동하는 경우에 경우의 수를 계산하여 확률의 개념을 수립하였다.

18세기 파스칼과 페르마는 수학적 확률 계산의 기초를 확립하였다. 파스칼과 페르마는 게임에 걸린 판돈을 공정하게 분배하는 방법에 대하여 도박사로부터 질문을 받았고 이것을 해결하는 과정에서 확률 이론이 발전하였다. 다음과 같은 예시를 살펴보자.

예시 2 A와 B 두 사람이 내기 게임을 한다. 두 사람이 판돈으로 금화 10닢씩을 걸고 먼저 6게임을 이긴 사람이 내기에 건 돈을 다 갖기로 합의한다. 그러나 A가 다섯 게임을 이기고 B가 세 게임을 이겼을 때 서로 사정이 있어서 경기가 중단된다면, 내기에 건 돈을 어떻게 나누어 가져야 하는가? (단, 두 사람의 실력은 같다고 한다.)

이에 대해 루카파치올리라는 피렌체 수학교수는 단순히 이긴 수의 비즉 5:3(A:B)으로 나누어 가지는 것이 바람직하다고 하였다(1494년). 또 1556년에 타르탈리아는 2:1으로, 1558년에 페베로네는 6:1로 나누어 가지는 것이 바람직하다고 하였으나 그 이유에 대해서는 아직도 밝혀지지 않고 있다.

현대의 수학의 관점으로 가장 바람직하게 판돈을 나누는 방법은 1654년에 파스칼이 제시하였는데, 그는 판돈을 나누는 기준을 '현재 상태에서 A 그리고 B가 각각 내기에서 이길 확률의 비'로 보았고, 따라서 7:1 (A:B)로 나누어 가지는 것이 가장 바람직하다고 하였다.

이를 구체적으로 설명하자면 다음과 같다.

먼저 A와 B는 실력이 같으므로 각각이 각 게임에서 이길 확률은 $\frac{1}{2}$으로 동등하다. 이를 기초로 A가 내기에서 이길 사건은 첫 번째 게임에서 A가 이기거나, 첫 번째 게임에서 B가 이기고 두 번째 게임에서 A가 이기거나, 첫 번째 게임에서 B가 이기고 두 번째 게임에서 B가 이기고 세 번째 게임에서 A가 이기는 방법이 있으며, B가 내기에서 이길 사건은 첫 번째, 두 번째, 세 번째 모두에서 B가 이기는 방법이 있다. 이를 도식화 시키고 각 사건에 확률을 구해보면 다음과 같다.

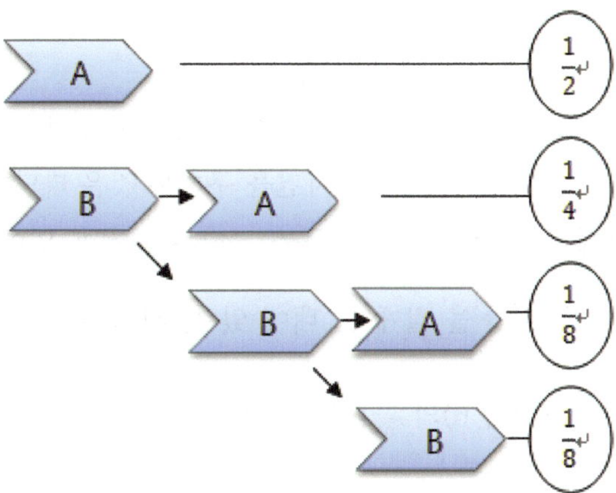

A가 내기에서 이길 사건은 $\frac{1}{2}+\frac{1}{4}+\frac{1}{8}=\frac{7}{8}$

B가 내기에서 이길 사건은 $\frac{1}{8}$

따라서 확률의 비는 7:1(A:B)이며, 7:1로 나누는 것이 가장 바람직하다.

예시 3 17세기 최고의 지성인이며 미적분학의 창시자인 라이프니쯔는 두 개의 주사위를 던질 때 눈의 합이 11일 확률과 12일 확률이 같다고 믿었다. 맞는 말일까?

타당하지 않다. 그 이유는 라이프니쯔가 확률을 구하는 과정에 있다. 먼저 그는 두 개의 주사위를 던지는 사건에 있어서 근원사건을

(1, 1) (2, 2) (3, 3) (4, 4) (5, 5) (6, 6)
(1, 2) (2, 3) (3, 4) (4, 5) (5, 6)
(1, 3) (2, 4) (3, 5) (4, 6)
(1, 4) (2, 5) (3, 6)
(1, 5) (2, 6)
(1, 6)

이와 같이 보았다. (5, 6), (6, 5)을 '사건'의 관점에서 본다면 같다고 볼 수도 있기에 이렇게 근원사건을 구하는 것은 타당하다. 하지만 문제는 구체적인 각 사건의 확률을 구하는 과정에 있어서 (6, 6)과 (5, 6)가 나올 '확률'을 같게 본 데에 있다. 사실 (6, 6)의 확률은 $\frac{1}{6} \times \frac{1}{6}$인데 비해 (5, 6)의 확률을 구할 때는 전술한 바와 같이 (5, 6)와 (6, 5)을 같게 보아야 하기 때문에 $\frac{1}{6} \times \frac{1}{6} \times 2$로 계산되어 (6, 6)의 확률과는 다르다. 따라서 이러한 오류는 합이 11일 확률과 12일 확률을 같게 보는 결과를 초래하게 된다. 라이프니쯔의 풀이방법을 상세히 설명하면 다음과 같다.

(1, 1) <u>2</u> (2, 2) <u>4</u> (3, 3) <u>6</u> (4, 4) <u>8</u> (5, 5) <u>10</u> (6, 6) <u>12</u>
(1, 2) <u>3</u> (2, 3) <u>5</u> (3, 4) <u>7</u> (4, 5) <u>9</u> (5, 6) <u>11</u>

(1, 3) 4　(2, 4) 6　(3, 5) 8　(4, 6) 10
(1, 4) 5　(2, 5) 7　(3, 6) 9
(1, 5) 6　(2, 6) 8
(1, 6) 7
〈( ) 옆의 숫자는 합〉

라이프니쯔는 (5, 6)과 (6, 6)의 확률을 같게 보았기 때문에 합이 11일 확률은 위의 근원사건 전체의 개수 21개 중 합이 11인 사건의 개수가 (5, 6)즉 1개 이므로 $\frac{1}{21}$으로 구해진다. 또한 같은 방법으로 합이 12일 확률 또한 $\frac{1}{21}$이 되어 두 사건의 확률은 같게 된다.

한편 정답은 위의 밑줄 친 논리에 따라 합이 11일 확률은 $\frac{1}{6}\times\frac{1}{6}\times 2$이 되고 합이 12일 확률은 $\frac{1}{6}\times\frac{1}{6}$이 된다.

참고로 라이프니쯔의 논리로 이 사건에서의 확률분포표를 그려본다면 다음과 같다.

근원사건	2	3	4	5	6	7	8	9	10	11	12
확률	$\frac{1}{21}$	$\frac{1}{21}$	$\frac{2}{21}$	$\frac{2}{21}$	$\frac{3}{21}$	$\frac{3}{21}$	$\frac{3}{21}$	$\frac{2}{21}$	$\frac{2}{21}$	$\frac{1}{21}$	$\frac{1}{21}$

실제 정확한 확률 분포표는 다음과 같다.

근원사건	2	3	4	5	6	7	8	9	10	11	12
확률	$\frac{1}{36}$	$\frac{2}{36}$	$\frac{3}{36}$	$\frac{4}{36}$	$\frac{5}{36}$	$\frac{6}{36}$	$\frac{5}{36}$	$\frac{4}{36}$	$\frac{3}{36}$	$\frac{2}{36}$	$\frac{1}{36}$

확률의 덧셈 법칙과 곱셈 법칙

주사위 눈 1이 나오는 사건과 2가 나오는 사건은 동시에 발생할 수 없는 사건이다. 이와 같이 동시에 발생할 수 없는 두 개의 사건은 서로 배반사건이라 부른다. 배반사건 A, B에 대하여 사건 A또는 B가 발생할 확률 $P(A \cup B)$는 $P(A)+P(B)$가 된다. 이것을 확률의 덧셈법칙이라고 부른다.

두 개의 사건이 서로 영향을 미치지 않을 때 우리는 그 두 개의 사건을 독립사건이라 부른다. 이 경우 두 개의 사건이 동시에 발생할 확률 $P(A \cap B)$는 $P(A) \times P(B)$가 된다. 그리고 $P(A \cap B) \neq P(A) \times P(B)$인 경우 두 사건 A, B는 종속사건이라 부른다. 다음의 예시들을 살펴보자.

예시 4 동전 한 개와 주사위 한 개를 던져서 동전은 앞면이 나오고 주사위는 1의 눈이 나오는 사건의 확률은 다음과 같이 계산된다. 동전 앞면이 나오는 사건은 H, 주사위 1의 눈이 나오는 사건은 $D1$이라 하면, 원하는 확률은 $P(H \cap D1) = P(H) \times P(D1) = \frac{1}{2} \times \frac{1}{6} = \frac{1}{12}$이 된다.

예시 5 동전을 던져서 앞면이 나오면 주사위를 던지고 뒷면이 나오면 한 번 더 동전을 던지는 두 단계의 실험이 있다. 단, 한 번 더 동전을 던질 때는 앞, 뒷면에 관계없이 주사위는 추가로 던지지 않는다. 이때 S, 즉 표본공간은 $\{TH, TT, HD1, HD2, HD3, HD4, HD5, HD6\}$이며, 각 근원 사건의 확률을 표로 정리해보면 다음과 같다. 각각의 근원사건의 확률은 곱셈법칙으로 구해진다.

근원사건	$\{TH\}$	$\{TT\}$	$\{HD1\}$	$\{HD2\}$	$\{HD3\}$	$\{HD4\}$	$\{HD5\}$	$\{HD6\}$
확률	$\frac{1}{4}$	$\frac{1}{4}$	$\frac{1}{12}$	$\frac{1}{12}$	$\frac{1}{12}$	$\frac{1}{12}$	$\frac{1}{12}$	$\frac{1}{12}$

이때 특정한 사건 A를 $\{HD2, TT\}$라 한다면 덧셈법칙에 의하여 $P(A) = P(HD2) + P(TT) = \frac{1}{12} + \frac{1}{4} = \frac{1}{3}$이 된다. 그리고 예를 들어 $P(HD2)$는 곱셈법칙에 의하여 $P(H) \times P(D2) = \frac{1}{2} \times \frac{1}{6} = \frac{1}{12}$ 로 구해진다.

확률에서 논란이 되는 문제

확률에서 논란이 있는 문제가 있다. 첫 번째로 몬티홀 문제가 있고, 상트페테르부르크 역설이 있다. 두 문제에 대해서 살펴보겠다.

예시 6 몬티홀 문제

어느 TV방송국 무대에서 A, B, C 세 개의 문이 있고, 그 문 뒤에는 무작위로 자동차 한대와 염소 두 마리 중에서 하나가 놓여있다. 이 게임 진행자는 어느 문 뒤에 무엇이 있는 지 안다. 방청객 중 한 명이 무대에 올라와서 한 문을 선택한다. 이 때 진행자는 나머지 두 문 중 염소한 마리가 들어있는 문을 보여주며 그 방청객에게 처음 선택한 문을 바꿀 것인지 묻는다. 자동차에 당첨되기 위해서 처음 선택을 고수하는 것과 바꾸는 것 중 어느 쪽이 유리한가?

먼저 이 게임에서 나올 수 있는 모든 사건과 각 사건의 확률 그리고 각 선택에 대해 당첨여부를 알아보자.

〈기본가정 : A, B, C 세 개의 문중 차가 있는 문은 A이다.〉

사 건	확률	고수할 경우 당첨여부	바꿀 경우 당첨여부
①. A문을 선택하고 B문을 열어주는 경우	$\frac{1}{3}\times\frac{1}{2}$	O	X
②. A문을 선택하고 C문을 열어주는 경우	$\frac{1}{3}\times\frac{1}{2}$	O	X
③. B문을 선택하고 C문을 열어주는 경우	$\frac{1}{3}$	X	O
④. C문을 선택하고 B문을 열어주는 경우	$\frac{1}{3}$	X	O

이 표를 바탕으로 각 선택에 대한 확률을 구해보면

1. 고수하여 당첨될 확률=사건①의 확률+사건 ②의 확률$=\frac{1}{3}$

2. 바꾸어서 당첨될 확률=사건③의 확률+사건 ④의 확률$=\frac{2}{3}$

가 되므로, 바꾸는 것이 방청객에 훨씬 유리하게 된다.

참고로 이 문제가 화제가 되었던 이유는 대부분의 사람들이 사건 ③, ④의 확률과 사건 ①, ②의 확률을 같게 보아 고수하건 바꾸건 확률은 같다고 생각하였는데 실제는 그렇지 않다는 점 때문이다.

예시 7 상트페테르부르크의 역설

피터가 동전을 던진다. 동전을 첫 번째 던졌을 때 뒷면이 나오면 게임은 2원을 받고 종료하게 되고, 앞면이 나오면 피터는 2원을 적립받는다. 이후 동전을 계속 던지게 되는데, 앞면이 나온다면 계속 적립된 금액의 두 배를 적립하게 되며, 뒷면이 나오게 된다면 그 때까지의 적립된 금액의 두 배를 받고 게임이 종료된다. 이 게임에 참가하는 비용이 100만원이라면 게임에 참가하겠는가? 이 문제에 대한 해결방법은 금액으로 표시한 이 게임의 효용 가치를 계산 한 후 이 게임을 하는데 드는 비용과 비교해본다면 손쉽게 구할 수 있다. 일반적으로 특정 게임의 효용가치는 그 '기대값'을 구해봄으로써 알 수 있다.

게임을 종료 한 후 받는 금액을 기준으로 확률 분포표를 작성해 보면

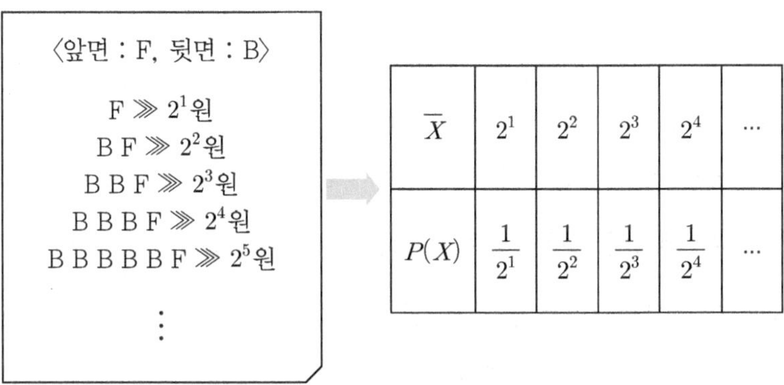

$\overline{X}$	2^1	2^2	2^3	2^4	…
$P(X)$	$\frac{1}{2^1}$	$\frac{1}{2^2}$	$\frac{1}{2^3}$	$\frac{1}{2^4}$	…

이를 근거로 기대값을 구해보면

$$E(X)=1+1+1+1+1+1+\cdots\cdots=\infty$$

따라서 단순하게 수적 계산으로만 효용가치를 따져보았을 때 이는 ∞ 의 효용 가치를 지니게 되므로 100만원이 아니라 1억원을 주고라도 이 게임을 하는 것이 유리하다 할 수 있다.

하지만 실제로는 건전한 상식을 가지고 있는 사람이라면 이 게임을 하는 사람은 없을 것이다. 이것을 이해하기 위해 위의 게임과 유사한 다음과 같은 게임에 대해서 생각해보자.

게임의 참가비용은 500,000원이며, 100만명이 참여하는 게임이 있다. 이 게임에서는 참가하는 사람은 자신의 명함을 제비뽑기 통에 넣을 수 있게 되는데, 모든 사람이 자신의 명함을 넣게 되면 사회자는

한 명의 명함을 꺼내게 되어 모든 참가비용을 그에게 10배로 불려서 몰아주게 된다(또는 총 상금을 100배로 불려 준다면). 당신이라면 이 게임에 참여하겠는가?

각자 이 게임에서 500,000×1,000,000원, 즉 5000억×10원을 딸 가능성은 $\frac{1}{1,000,000}$ 이 되고 기대값은 500만원(또는 5000만원)으로 손해가 없게 된다. 따라서 이 게임에서도 역시 참가비용보다 기대값이 작지 않음으로 단순히 수적 계산으로만 볼 때는 참가자는 참가하는 것이 훨씬 큰 이익이 된다. 하지만 실제로는 역시 건전한 상식을 가지고 있는 사람이라면 대부분 참가하지 않을 것이다.

이 두 게임의 공통점은 특정 확률 변수의 확률이 $\frac{1}{100,000}$ 이상을 넘어가는 확률이라는 점이다. 실제 인간의 선택에 있어서 이 정도 이상의 확률은 거의 의미가 없게 된다. 따라서 '선택'결정에 있어서 기대값을 산정할 때는 이와 같은 확률은 거의 의미가 없게 되고 따라서 산정하는데 있어서 빼주어야 한다. 따라서 이전 게임에 있어서 $\frac{1}{2^{17}}$ 이상의 확률은 거의 0이라고 봐야 하며 따라서 기대값은 실제 17원 정도뿐이라고 봐야한다.

결론적으로 참가비용이 기대값보다 훨씬 크게 되므로 이 게임에 참가하는 것은 100만원을 기부하는 것이나 다름이 없게 되는 것이다. 다만 어떤 사람이 있어서 무한히 많이 이 게임에 참여할 수 있는 충분한 시간과 충분히 많은 돈을 가지고 있다면 이 게임으로부터 엄청난 이득을 얻을 수 있게 된다.

오자의 개수[1]

갑돌이는 박사학위를 받기 위해 논문을 제출했다. 논문 심사위원 1은 논문에서 오자 40개를 발견했고, 또 다른 위원 2는 오자 33개를 발견했다. 두 사람이 공통으로 발견한 오자는 24개였다. 그 논문에는 추가로 몇 개의 오자가 더 있다고 볼 수 있나?

이에 관한 풀이는 다음과 같다.

- 총 오자의 개수 : T
- 위원1이 오자를 발견할 확률 : a $(0 \leq a \leq 1)$
- 위원2가 오자를 발견할 확률 : b $(0 \leq b \leq 1)$
- 위원1, 2가 공통으로 오자를 발견할 확률 : ab 이므로

$A=40=aT$

$B=33=bT \quad \Longrightarrow \quad \frac{AB}{C}=T=55$

$C=24=abT$

이 된다. 한편, 위원 1과 2가 공통으로 발견한 오자가 24이므로 위원 1 또는 2가 발견한 오자의 개수는 $40+33-24=49$이 된다. 따라서 T 즉 총 오자의 개수는 55개 이고 위원 1 또는 2가 발견한 오자의 개수는 49개 이기에 아직 발견 안된 오자는 6개로 추정한다.

보드게임 SET의 기댓값과 확률[1]

앞에서 SET의 기본적인 것들은 살펴보았다. 여기에서는 기본적인 개수 세기와 확률 등을 언급하겠다.

간단한 개수 세기와 확률 문제로 다음 문제들을 생각해 보자.

Q 81장의 카드로부터 만들어지는 SET는 총 1080개가 존재함을 이

미 알고 있다. 이때 1080개의 SET는 한 속성만 다른 경우, 두 속성만 다른 경우, 세 속성만 다른 경우, 네 속성이 모두 다른 경우의 네 가지 경우로 나뉜다. 각각의 경우에 개수를 구하라.

풀이

1. 네 속성이 모두 다른 경우

경우의 수는 81장에서 하나를 뽑고, 선택된 카드의 각 속성은 달라야 하므로 선택지는 속성마다 두 가지 선택이 존재한다. 따라서 두 번째 카드의 선택지는 $2\times2\times2\times2=2^4$이고 세 번째 카드는 선택이 유일하므로 선택지는 1이다. 그리고 중복은 세 개를 뽑는 순서에 의해 3! 만큼 생긴다. 따라서 답은 $\frac{81\times2^4}{3!}=216$ 이다.

2. 한 가지 속성이 일치하고, 세 속성이 다른 경우

네 개의 속성에서 한가지 속성을 고르는 방법의 수가 ${}_4C_1$이고, 속성이 일치하는 경우 선택지는 유일하다. 그래서 두 번째 카드의 선택지는 ${}_4C_1\,1\times2\times2\times2={}_4C_1\,2^3$이다. 세 번째 카드는 선택이 유일하므로 선택지는 1이다. 따라서 답은 $\frac{81\times{}_4C_1\,2^3}{3!}=432$ 이다.

3. 두 가지 속성이 일치하고, 두 속성이 다른 경우

두 번째 카드의 선택지는 ${}_4C_2\,1\times1\times2\times2={}_4C_2\,2^2$이므로 위와 비슷하게 답을 구할 수 있다. 답은 $\frac{81\times{}_4C_2\,2^2}{3!}=324$ 이다.

4. 세 가지 속성이 일치하고, 한 속성이 다른 경우

1080에서 1, 2, 3 경우를 빼거나 즉, $1080-216-432-324$ 아니

면 식 $\frac{81 \times {}_4C_3\, 2^1}{3!}$에서 구해진다. 답은 108 이다

Q 임의로 뽑은 세 장의 카드가 SET를 이루지 못할 확률은 얼마인가?

풀이 81장에서 중복없이 세 장을 뽑는 경우의 수는 ${}_{81}C_3$이고, SET의 총수는 1080이므로 SET가 뽑힐 확률의 값은 $\frac{1080}{{}_{81}C_3} = \frac{1080}{85320} = \frac{1}{79}$이다. 따라서 임의의 세 장으로 SET를 이루지 못할 확률은 $1 - \frac{1}{79} = \frac{78}{79}$이다.

Q 임의로 뽑은 네 장의 카드가 SET를 이루지 못할 확률은 얼마인가?

풀이 81장에서 중복없이 세 장을 뽑는 경우의 수는 ${}_{81}C_4$이고, 세 장으로 만들어지는 SET의 총수는 1080이다. 남은 한 장은 78장 중에서 무작위로 선택 가능하다. SET가 뽑힐 확률의 값은 $\frac{1080 \times 78}{{}_{81}C_4} = \frac{84240}{1663740} = \frac{4}{79}$이다. 따라서 임의의 네 장으로 SET를 이루지 못할 확률은 $1 - \frac{4}{79} = \frac{75}{79}$이다.

카드의 수가 3 ~ 20 까지는 SET를 이루지 못할 확률은 0은 아니다. 그러나 21장부터는 SET를 이루지 못할 확률은 0이다. 따라서 21장을 어떻게 선택하더라도 SET는 반드시 나타나게 된다[2]. 참고로 81장에서 임의로 12장을 꺼냈을 때 SET가 하나도 나오지 않을 확률의 정확한 값은 아직 아무도 답을 모르고 있다.

확률을 이용한 정상과 비정상 구분하기[1]

동전을 여러 번 던졌을 때 앞면이나 뒷면이 여러 번 반복해서 나오는 현상이 생긴다. 그러한 현상이 자연스러운 것인지 부자연스러운 것인지 확률을 통하여 계산해보자.

예시 8 동전을 32회 던진다. 이때 앞면을 1, 뒷면을 2로 간단히 표시하기로 한다. 다음 두 예시에 대하여 어떤 것이 현실적으로 자연스러운 선택인지 파악해보자.

12121122111212212212121122112221

12221122111112212121221121112122

다음과 같은 논리로 이 물음에 대한 대답을 구해보자

- 앞면이나 뒷면이 연속으로 3번 나올 확률$=\dfrac{1}{2^3}\times 2=\dfrac{1}{4}$
- 동전을 32회 던질 때 앞면이나 뒷면이 연속으로 3번 나오는 set의 개수

3개씩 묶은 set가 30개 이므로 $30\times\dfrac{1}{4}=7.5$개

- 앞면이나 뒷면이 연속으로 4번 나올 확률$=\dfrac{1}{2^4}\times 2=\dfrac{1}{8}$
- 동전을 32회 던질 때 앞면이나 뒷면이 연속으로 4번 나오는 set의 개수

4개씩 묶은 set가 29개 이므로 $29\times\dfrac{1}{8}=3.62$개

- 앞면이나 뒷면이 연속으로 5번 나올 확률$=\dfrac{1}{2^5}\times 2=\dfrac{1}{16}$

• 동전을 32회 던질 때 앞면이나 뒷면이 연속으로 5번 나오는 set의 개수

3개씩 묶은 set가 28개 이므로 $28 \times \frac{1}{16} = 1.75$개

따라서 동전을 32회 던진다면 앞면이나 뒷면이 연속으로 3번 나오는 set의 개수가 약 7~8개 정도, 4번 나오는 set의 개수가 3~4개 정도, 5번 나오는 set의 개수가 1~2개 정도 나오는 것이 가장 자연스럽다.(실제적인 현상에 가깝다) 이에 가장 근접한 경우는 ②이며, ①의 경우 3연속 set는 2개로 기댓값 7.5개에 비해 상당히 부족하며 4연속 set는 0개로 기댓값 3.62개에 비하여 상당히 부족하다. 따라서 만약 ①, ② 중에서 인위적인 조작이 있었다면 그것은 ② 보다는 ①이 될 가능성이 높다고 볼 수 있다.

1993년 LA 다저스 81승 81패 경기결과[1]

lwwllwllllwwwllllllwwllwlwwlwwllwlllwwwwwwwwwwwlww lwwllwllwwwwwlllwwllllwwwlwwlwlwlwlwwwlwllllwwlwlwlw llwwwllllllwwllwwwwwwlllwllwwwlwllwllwlwwlwlwwwlwlllwl lllw

• 패 – 1패: 20회 2연패: 10회 3연패: 4회 4연패: 4회 6연패: 1회 7연패: 1회
• 승 – 1승: 20회 2연승: 11회 3연승: 6회 4연승: 1회 6연승: 1회 11연승: 1회

w는 이긴 경기이고, l은 진 경기이다. 위의 동전 던지기와 비교해서 생각해보자. w는 동전의 앞면, l은 동전의 뒷면이라고 간주하면

동전의 앞면 또는 뒷면이 연속해서 4회 나오는 set의 개수는 평균적으로 $\frac{1}{2^4}\times 2=\frac{1}{8}$의 확률에 set의 개수는 162−3=159이다. 따라서 기댓값은 $159\times\frac{1}{8}=19.875$이다. 위 경기에서 살펴보면 4연승 또는 4연패의 set의 개수는 23개이다. 이 수치는 기댓값보다 좀 높은 수치이다. 동전의 앞면 또는 뒷면이 연속해서 7회 나오는 set의 개수는 평균적으로 $\frac{1}{2^7}\times 2=\frac{1}{64}$의 확률에 set의 개수는 162−6=156이다. 따라서 기댓값은 $156\times\frac{1}{64}=2.4375$이다. 위 경기에서 살펴보면 7연승 또는 7연패의 set의 개수는 6개이다. 이 수치 또한 기댓값보다 좀 높은 수치이다. 동전이 앞면 또는 뒷면이 연속해서 10회 나오는 set의 개수는 평균적으로 $\frac{1}{2^{10}}\times 2=\frac{1}{512}$의 확률에 set의 개수는 162−9=153이다. 따라서 기댓값은 $153\times\frac{1}{512}=0.2988$이다. 위 경기에서 살펴보면 10연승 또는 10연패 set의 개수는 2개이다. 역시 기댓값보다 높은 수치를 보여준다. 위의 결과는 동전 던지기와 어느 정도 거리감이 있는 결과로 보일 수 있다. 다른 분석을 살펴보자.

위 경기에서 연승이나 연패의 블록 길이의 평균값을 구해보자. 총 블록의 개수는 80개인데, 오직 1승 또는 1패인 경우는 40회, 2연승 또는 2연패인 경우는 21회, 3연승 또는 3연패인 경우는 10회 등임을 알 수 있고 다음의 값이 평균값이 된다.

$$\frac{1\times 40+2\times 21+3\times 10+4\times 5+5\times 0+6\times 2+7\times 1+8\times 0+9\times 0+10\times 0+11\times 1}{80}=2.025$$

만약 동전을 무작위로 던지는 경우 동전이 앞면 또는 뒷면이 오직 한번만 나오는 경우는 (앞, 뒤) 또는 (뒤, 앞) 두 가지 경우로 확률은 $\frac{1}{2^2}\times 2=\frac{1}{2}$이다. 비슷하게 동전이 앞면 또는 뒷면이 연속해서 2번만 나오는 경우는 (앞, 앞, 뒤), (뒤, 뒤, 앞)의 두 가지 경우로 확률은 $\frac{1}{2^3}\times 2=\frac{1}{4}$이다. 비슷한 방법으로 동전이 앞면 또는 뒷면이 연속해서 n번 나오는 경우의 확률은 $\frac{1}{2^{n+1}}\times 2=\frac{1}{2^n}$이다. 따라서 동전을 무작위로 던지는 경우 연속으로 나오는 블록의 길이의 기댓값은 다음과 같다.

$$1\times\frac{1}{2}+2\times\frac{1}{2^2}+3\times\frac{1}{2^3}+4\times\frac{1}{2^4}+5\times\frac{1}{2^5}+\ \cdots\ =2$$

다저스 경기의 블록의 평균 길이는 2.025로 동전의 블록 길이의 기댓값 2와 매우 유사하다. 따라서 블록 길이의 관점에서는 다저스 경기는 동전 던지기와 매우 유사하다고 판단된다.

실제로 야구 경기는 승패에 많은 변수가 관여된다. 어떤 것을 결정하는 요인이 상당히 많은 경우 우리는 그런 경우를 수학적으로는 무작위로 판단하기도 한다. 그래서 많은 변수가 개입되는 야구 경기의 결과가 동전 던지기와 매우 흡사한 결과를 주는 이유가 된다. 동전 던지기도 시행의 결과로 동전의 앞, 뒷면을 결정하는 변수는 상당히 많음을 알 수 있다.

동전 1000번 던지기

가상으로 동전을 1000번 던진다고 가정하자. 이 경우 위의 계산에서 앞면이나 뒷면으로 이어지는 길이가 n인 블록이 탄생할 확률은

$\frac{1}{2^n}$ 이다. 블록의 총 개수는 블록 길이의 평균인 2로 나누면 500개로 놓을 수 있다. 이 경우 길이가 9인 블록의 기대 수는 $500 \times \frac{1}{512} = 0.9766$개로 나타난다.

동전 던지기는 대표적인 무작위 게임이다. 사람의 개별 인생을 보면 좋은 일과 나쁜 일들이 여러 번 발생하게 된다. 물론 좋지도 나쁘지도 않은 일들이 훨씬 더 많이 발생하지만 일단 무시하자. 좋거나 나쁜 일들은 많은 경우 독립적으로 무관하게 발생하므로 결국은 동전 던지기와 유사한 부분이 생긴다. 따라서 인생을 살다 보면 좋은 일들이 연달아 발생하고, 나쁜 일들도 연달아 발생하게 된다. 이런 것은 자연법칙으로 어쩔 수 없는 것이다. 나쁜 일들이 연달아 발생하면 개인은 하늘이 나에게 왜 이런 시련을 계속 주나 생각하면서 정신적 충격을 받고 신이 나를 버린 것이라 자책할 수 있다. 그러나 그것은 신이 버린 것이 아니고 그냥 저절로 일어나는 현상일 뿐이다.

홀인원 확률

홀인원(Hole in One)은 원래 'Hole Made In One Stroke'의 준말로 파 3홀에서 티샷한 공이 바로 홀에 들어가는 경우를 의미한다. 홀인원 확률은 프로 선수가 3500 분의 1, 싱글 핸디는 5000 분의 1이고 아마추어는 1만 2000 분의 1 정도라는 것으로 알려져 있다.[1]

파 3홀이 총 4개인 18홀이 있다면 아마추어 골퍼는 3000번 정도 라운드를 진행해야 홀인원을 할 수 있다. 1년 52주 기준 일주일에 한 번 18홀로 골프를 친다면 $3000 \div 52 = 57.6923$으로 57년 정도 기간이 필요하다. 만약 1인당 20만원 정도의 비용이 든다고 가정하면 20만 $\times 3000 = 6$억의 비용이 든다는 것을 알 수 있다.

오래전 신문 기사에서 다음과 같은 내용을 볼 수 있었다. 어느 해에 전국 42개 골프장에서 홀인원 발생 건수와 내장객 통계를 기준으로 분석한 결과 국내 코스에서 홀인원 확률은 약 6100 분의 1로 나타났다. 그 해에 개장 중인 골프장의 홀인원 총계는 524개인데 반해 총 내장객 수는 320만 1781명으로 홀인원 수를 내장객 수로 나눈 값으로 계산했다.

홀인원 확률을 골프장 별로 살펴보면 태릉 CC가 총 내장객 24705명에 홀인원은 16개로 홀인원 확률은 1540 분의 1로 평균의 4배에 해당하는 확률이었다.

태릉 CC가 다른 골프장에 비해 홀인원 확률이 높게 나온 이유는 무엇일까? 정확한 이유는 알 수 없지만 다음과 같은 이유를 생각해볼 수 있다.

1. 우연이다.
2. 태릉 CC가 다른 골프장에 비하여 평이하거나 쉽다.
3. 태릉 CC에 프로나 세미 프로가 많이 방문한다.
4. 태릉 CC 방문자들이 다른 골프장에 비하여 훨씬 더 오래 머문다.
5. 누군가 데이터를 조작했다.

2, 3, 4, 5와 같은 이유로 홀인원이 많이 발생하는 특별한 사유가 존재하는 경우와 1과 같이 단순 우연인 경우로 크게 두 가지로 나누어 생각해 볼 수 있다. 간단히 얘기하면 위와 같은 경험적 확률은 '기적이 발생했다.' 또는 '특별한 이유가 존재한다.'로 나눌 수 있다.

참고로 처음에 언급된 확률은 한 번 쳤을 때 한 번에 들어갈 확률을 의미하고 뒤의 태릉 CC 얘기는 입장하고 나서 나갈 때까지 홀인원이 발생하는 확률로 완전히 다른 값이라는 것을 알 수 있다.

남녀 폐암 발병 확률

1996년 8월 18일 경향신문 기사에 의하면 여성 흡연자들은 남성 흡연자들에 비해 폐질환에 걸리기 쉬우며, 폐암으로까지 발병할 가능성이 높다고 한다. 미국의 한 연구결과는 40년간 하루 한 갑 가량 피운 여성이 같은 기간 비슷한 양의 흡연을 한 남성보다 암에 걸릴 위험이 3배 높았다고 말했다. 이 기사가 얘기하는 바는 분명히 여성 흡연자가 남성 흡연자에 비해 폐질환에 취약하다는 것을 보여주고, 여성이 흡연하는 것에 경각심을 보여주는 기사였다.

그런데 2022년 12월 연합 뉴스 신문 기사에서 학교 급식실 노동자를 대상으로 건강검진을 집계한 결과, 건강검진을 받은 학교 급식 종사자 1만 8천 500여명 중 1.01%인 187명이 폐암이 의심되거나 매우 의심되는 것으로 나타났다. 이는 일반인 여성의 폐암 발병률보다 약 35배 가량 높은 것으로 분석되었다. 26년이 지난 결과 새로운 기사가 보여주는 내용은 여성 흡연자가 남성 흡연자에 비하여 폐암이 높게 나오는 이유를 본질적으로 보여준다. 여성의 폐가 취약해서 그런 것이 아니라 사회 환경적인 요소에 의하여 만들어진 현상이었다. 이와 같이 확률이 다른 이유를 설명하는 구체적인 이유를 알지 못하고 있다가 뒤늦게 밝혀지는 경우가 있다.

로또 확률과 기댓값

우리나라 로또는 45개의 숫자 중에서 6개의 숫자를 맞히는 경우 1등 당첨이 되는 시스템이다. 일반인이 로또 하나를 사는 경우 45개의 숫자 중에서 6개의 숫자를 모두 맞혀야 하므로 확률은 $\frac{{}_6C_6}{{}_{45}C_6}=\frac{1}{8145060}$ 이다. 2등은 5개의 숫자가 일치하며 1개의 보너스 숫자가 일치하는 경우 당첨된다. 당첨 확률은 $\frac{{}_{6}C_{5}\times{}_{1}C_{1}}{{}_{45}C_{6}}=\frac{1}{1357510}$이다. 3등은 당첨 숫자 6개 중에 5개 숫자가 일치하고, 보너스 숫자는 39개의 비당첨 숫자 중에서 당첨된 숫자를 제외한 38개 중 하나인 경우에 당첨되며 그 확률은 $\frac{{}_{6}C_{5}\times{}_{38}C_{1}}{{}_{45}C_{6}}=\frac{1}{35724}$이다. 4등은 당첨 숫자 6개 중에서 4개의 숫자가 일치하고, 나머지 두 숫자는 39개의 비당첨 숫자 중에서 나오는 경우 당첨되며 그 확률은 $\frac{{}_{6}C_{4}\times{}_{39}C_{2}}{{}_{45}C_{6}}=\frac{1}{733}$이다. 5등은 3개의 숫자가 일치하는 경우 당첨되며 그 확률은 $\frac{{}_{6}C_{3}\times{}_{39}C_{3}}{{}_{45}C_{6}}=\frac{1}{45}$이다. 5등 당첨금은 5000원이고 4등 당첨금은 50000원이며 2등과 3등 당첨금은 총 당첨금 중 4등과 5등 당첨금을 제외한 금액의 25%를 12.5%씩 2등, 3등의 총 당첨금으로 나누고 또 이를 각각 2등, 3등 당첨자들이 나누어 가진다. 1등 당첨금은 총 당첨금 중 4등과 5등 당첨금을 제외한 금액의 75%를 당첨자들에게 나누어준다. 총 당첨금은 판매금액의 50%이다. 따라서 로또 1개를 1000원 주고 샀을 때의 세금을 무시한 기댓값은 500원이다. 정도로 예상된다. 1, 2, 3등의 경우 세금을 추가로 22%(당첨금이 200만원 초과 3억원 이하인 경우) 또는 33%(당첨금이 3억원을 초과하는 경우)를 제하고 실수령액으로 받기 때문에 수령금액으로의 기댓값은 더 작아진다.

로또 당첨 시 각 등수의 실수령 금액을 계산해 보자. 5등 당첨금은 5000원이고 4등 당첨금은 50000원으로 정해져 있으므로 1, 2, 3등의 실수령 금액을 계산하자.

로또의 1, 2, 3등의 수령 금액의 수학적 기댓값을 계산해 보자. 먼저 8145060개의 로또에 대한 총 당첨금은 8145060×1000원 ×50% =4072530000원이다. 5등과 4등의 총 당첨금은 $8145060 \times \left(\frac{1}{45} \times 5000 + \frac{1}{733} \times 50000\right) = 1460604211$원이다. 4, 5등의 수령 금액을 뺀 금액의 12.5%는 (4072530000−1460604211)×12.5% =326490724원이고 3등 수령자는 대략 228명이고 개인당 당첨금은 1431979원이다. 2등 수령자는 6명이고 개인당 당첨금은 326490724÷6=54415121원이다. 1등의 당첨금은 4, 5등의 수령 금액을 뺀 금액의 75%의 금액이 1등 당첨금이다. 즉 (4072530000−1460604211)×75%=1958944342이다. 2등은 22% 1등은 33%의 세금을 제하고 받으므로, 세금을 제한 실제 실수령액의 기댓값은 3등은 143.2만원, 2등은 4244.4만원, 1등은 13억1249만원이다.

은하계 로또 게임

가상의 로또 게임을 상상하자. 100개의 숫자 중 10개를 맞추는 로또 게임을 은하계 연합에서 수행한다. 한 게임당 1000원이고 1등 당첨금은 총 당첨금의 50%라고 한다. 그리고 총 당첨금은 판매금액의 50%이다. 먼저 1등 당첨 확률을 계산해보자. 1등 당첨 확률은 $\frac{1}{{}_{100}C_{10}} = \frac{1}{17310309456440}$이다. 이 은하계 연합은 100억의 인구를 가진 1731개의 행성 연합인데 모든 연방의 국민이 의무적으로 이 로또 게임을 하나씩 구입하게 되어있다고 가정하자. 그럴 경우 평균적으로 이 행성 연합에서는 한 명 정도의 당첨자가 발생하게 된다. 그리고 이 당첨자는 $17310309456440 \times 1000$원 중 25%인 $17310309456440 \times 250$원의 상금을 수령하게 된다. 세금이 없다고 가정하면 정확히 4327577364110000원을 수령하게 된다. 대략 4,328조원 정도의 상금이다. 이는 비공식 지구 최고의 부자인 빈 살만 왕세자의 재산인 약 2600조의 160% 정도의 금액이다.

2002년 12월 시작된 한국 로또 45/6의 최고 당첨 금액기록은 2003년 4월 19회 때 407억2296만원이었다. 그때는 게임당 2000원이었고 이월로 상금이 커진 효과가 있었다. 미국 로또 파워볼의 역대 최고 상금은 20억4000만 달러(2조8000억원)이었다. 미국 파워볼은 흰색 공 1~69 가운데 5개를 맞추고 추가로 빨간 색 26개중 1개를 맞추는 게임이다. 확률은 2억9220만분의 1이며 게임당 가격은 2달러이다.

자신에게는 엄격하고 남에게는 너그러운 확률

1년간 로또 판매점 한 곳에서 당첨자가 나올 확률과 1년간 당첨자 2명 이상 나오는 로또 판매점이 존재할 확률을 구해보자.

계산의 편의를 위해 다음과 같이 가정한다. 전국의 로또 판매점의 수는 대략 7000곳[1]이라 하고, 전국 로또 판매점의 판매 금액은 모두 같다고 가정한다. 또한 회차 당 총 판매 금액은 1000억원이라고 가정하자[2]. 총 판매금액이 1000억원이므로 판매된 복권의 수는 1억 개이고 1등 당첨 확률은 $\frac{1}{8145060}$이므로 $100000000 \times \frac{1}{8145060} = 12.278$로 대략 12명의 당첨자가 나오게 된다.

어떤 판매점의 회차 당 1등 당첨자가 나올 확률은 $\frac{12.278}{7000} = \frac{1}{570}$이 된다. 이때 그 판매점에서 1년간 당첨자가 1명 이상 나올 확률을 계산하면 $1-\left(\frac{569}{570}\right)^{52}=0.0873=8.7\%$ 이 된다. 따라서 대부분의 로또 판매점의 경우 1년 동안 기다려도 1등 당첨자는 거의 나오지 않게 된다. 그런데 1년간 1등 당첨자가 2명 이상 나오는 판매점이 존재할 확률을 계산해보자. 우선 1등 당첨자가 모두 다른 곳에서 나올 확률을 계산해보자. 매주 1등 당첨자 수를 12.278명으로 놓고, 1년 52주 동안 1등에 당첨되는 복권의 수는 $12.278\times52=638.46$이다. 편의상 당첨 복권 수는 638개로 놓자. 따라서 모두 다른 판매점에서 1등이 당첨 된다면 그 확률은 대략적으로 다음과 같다.

$$1\times\frac{7000-1}{7000}\times\frac{7000-2}{7000}\times\frac{7000-3}{7000}\times\cdots$$

$$\times\frac{7000-637}{7000}=\frac{{}_{6999}P_{637}}{7000^{637}}=9.81\times10^{-14}$$

따라서 1년간 1등 당첨자가 2명이상 나오는 판매점이 존재할 확률은 거의 100%이다. 좀 더 정확하게 표현하면 1년 동안 1등 당첨자가 2명이상 나오는 판매점이 존재 안하는 경우는 평균적으로 10조년에 한 번 발생하는 매우 드문 사건이라는 것이다. 동전을 던질 때와 비교해 보자. 동전을 던질 때 모서리로 설 확률은 대략 6000분의 1로 알려져 있다[3]. 그에 따라 동전을 3번 연속으로 던졌을 때 3번 연속 모서리로 설 확률이 $\frac{1}{6000^3}=4.63\times10^{-12}$가 된다. 따라서 1년 동안 1등 당첨자가 2명 이상 나오는 판매점이 존재 안하는 경우보다 동전을 3번 연속으로 던졌을 때 3번 연속 모서리로 서는 것이 훨씬 쉽다는 것을 알 수 있다.

여기서 우리는 확률에 대한 한 가지 특징을 찾을 수 있다. 확률은 당사자 개인에게는 가혹하고 다른 사람들에게는 너그러운 것처럼 보인다는 것이다. 로또 판매점을 내가 연다고 가정하면 위의 확률에서 보면 10년 동안 운영해도 로또 1등 당첨자가 안 나올 수도 있다. 그렇지만 어떤 로또 판매점은 1등 당첨자가 한 해 동안 2명 이상 나오는 곳이 반드시 생기게 된다. 이것은 마치 매주 꼬박꼬박 10만원 어치 로또를 10년 동안 구입해도 1등이 당첨이 안되는데 누군가는 일등 당첨자로 고액의 당첨금을 타가게 된다.

참고로 위의 확률 계산은 한 반의 인원이 25명인 학급에서 생일이 같은 사람이 있을 확률을 계산하는 방식과 유사하다. 먼저 25명의 생일이 모두 다를 확률은 다음과 같다.

$$1\times\frac{365-1}{365}\times\frac{365-2}{365}\times\frac{365-3}{365}\times\ \cdots\ \times\frac{365-24}{365}$$

$$=\frac{{}_{364}P_{24}}{365^{24}}=0.43$$

따라서 생일이 같은 사람이 있을 확률은 1−0.43=0.57로 57%의 확률로 생일이 같은 사람이 존재하게 된다. 23명부터 생일이 같은 사람이 존재할 확률이 50%를 넘게 된다.

《이기적 유전자》 (리처드 도킨스)

옥스퍼드 대학교 석좌 교수인 도킨스 교수의 《이기적 유전자》는 잘 알려진 책이다. 이 책에서 도킨스는 '모든 생명체 뿐만 아니라 인간의 사회적, 문화적 생활 속의 대부분의 행동은 이기적 유전자의 지배에 의한 것이다.'라고 이야기 하였다. '우리가 물에 빠진 가족을 다른 사람들보다 우선적으로 구하는 이유는 인간의 관점에서는 사랑하고 적극적으로 도와야 하는 사람이니까 당연히 하는 행동으로 받아들인다.

그렇지만 유전자의 관점에서는 자신의 개체를 번식시키는데 유리한 방향으로 모든 것을 조종하기 때문에 나와 비슷한 유전자를 가지고 있는 가족의 보호는 자신의 번식에 유리하다고 판단하고 인간을 조종한다.'라고 이야기한다.

그중 확률에 관한 이야기로 생물학적 근친도를 살펴보자.

부모와 자식 간에는 $\frac{1}{2}$, 나와 할아버지 간에는 $\frac{1}{4}$, 나와 작은 아버지 간에는 $\frac{1}{4}$, 일란성 쌍생아 간에는 1, 형제 또는 자매 간에는 $\frac{1}{2}$, 나와 배다른 형제자매 간에는 $\frac{1}{4}$이 생물학적 근친도이다. 주어진 값은 확률 값으로, 어떤 유전자를 공유할 확률을 수학적으로 간단히 계산한 것이다. 예를 들어 내가 어떤 유전자 a를 가지고 있다면 그 유전자는 아버지 또는 어머니로부터 온 것이다. 따라서 나와 아버지 또는 나와 어머니 간에 유전자 a를 공유할 확률은 $\frac{1}{2}$이 된다. 이 확률 계산은 세대를 넘어갈수록 $\frac{1}{2}$씩 곱해진다. 유전자를 공유할 확률 값은 인간들이 느끼고 있는 가까운 가족에 대한 친밀도와 어느 정도 일치하는 모습을 보인다. 확률이 높을수록 인간들은 본능적인 유대감을 가지게 된다.

예를 들어 나와 형제 또는 자매 또는 남매 사이의 근친도를 계산해보자. 내가 어떤 유전자 a를 가지고 있다면 그 유전자는 $\frac{1}{2}$확률로 각각 아버지 또는 어머니로부터 온 것이다. 만약 아버지로부터 왔다면 아버지와 어머니 염색체의 절반씩이 모여서 수정되므로 $\frac{1}{2}$확률로 나와 다른 자녀에게 넘어가게 된다. 어머니에게서 온 것이어도 상황은 비슷하다. 따라서 근친도는 다음과 같다.

$$\frac{1}{2}\times\frac{1}{2}+\frac{1}{2}\times\frac{1}{2}=\frac{1}{2}$$

나와 작은 아버지 사이의 근친도는 아버지와 작은 아버지 사이의 근친도가 $\frac{1}{2}$이고, 나와 아버지 시이의 근친도가 $\frac{1}{2}$이고 세대를 건너므로 곱해서 $\frac{1}{2}\times\frac{1}{2}=\frac{1}{4}$이 된다.

개미 사회로 넘어가면 공통 어미를 가지는 두 수개미 간에는 $\frac{1}{2}$, 공통 어미를 가지는 두 암개미는 $\frac{3}{4}$, 공통 어미를 가지는 암개미와 수개미 간에는 $\frac{1}{4}$, 어미 개미의 입장에서 어미 개미와 암개미의 근친도는 $\frac{1}{2}$이 나온다. 놀랍게도 어미 자식 간의 근친도보다 공통 어미를 가지는 두 암개미의 근친도가 더 크다는 것을 알 수 있다. 일개미들 사이에 엄청난 유대감과 일개미들이 필요 없는 상황이 되는 경우 수개미들을 여지없이 숙청하는 모습이 근친도와 관련 있어 보인다. 개미 사회의 이런 특수성은 대부분의 생명체들이 $2n$개의 염색체를 가지는데 개미 사회는 암개미는 $2n$, 수개미는 n이라는 특수 상황이 만들어내는 결과이다. 이때 암개미와 수개미가 수정하게 되면 염색체 $2n$인 암개미가 탄생되고, 수개미의 수정 없이 암개미 혼자만으로 자식을 낳으면 염색체 n인 수개미가 탄생하게 된다.

예를 들어 공통 어미를 가지는 두 암개미의 근친도가 $\frac{3}{4}$임을 확인해보자. 어떤 암개미가 유전자 a를 가지고 있다면 그 유전자는 $\frac{1}{2}$의 확률로 어미 개미의 유전자이거나 $\frac{1}{2}$의 확률로 아빠 개미의 유전자이다. 만약 유전자 a가 어미 개미의 유전자라면 $\frac{1}{2}$의 확률로 다른 일개미에게 유전자가 전달된다. 만약 유전자 a가 아빠 개미의 유전자라면 1의 확률로 다른 일개미에게 유전자가 전달된다. 따라서 근친도는 $\frac{1}{2}\times\frac{1}{2}+\frac{1}{2}\times 1=\frac{3}{4}$이 된다.

정액 베팅과 정률 베팅[1]

한 가지 상황을 가정해보자. 갑돌이가 어떤 게임에 베팅을 한다. 그 게임은 $\frac{1}{2}$의 확률로 베팅한 금액을 10배로 불려서 주며, $\frac{1}{2}$의 확률로 금액을 잃게 된다. 이 게임의 경우 게임을 오래하게 되면 당연히 이득이 생기게 된다. 얼마만큼의 이득이 생기는지 정액 베팅으로 알아보자.

100만원의 돈으로 10만원씩 정액 베팅을 300번 한다고 가정하자. 이 경우 기댓값은 150번은 10만원이 100만원이 되고, 나머지 150번은 10만원이 0원이 된다. 따라서 원금을 포함해서 1억 2100만원이 된다.

주어진 자산 a에서 일정한 비율 x로 계속해서 베팅을 한다고 생각하자. 이 경우 게임을 두 번하는 경우에 기댓값은 $a(1+9x)(1-x)$가 된다. 기댓값을 $f(x)$라고 한다면 미분을 사용하여 기댓값이 최대가 되는 x의 값을 구할 수 있다. $x=\frac{4}{9}$이고, 이때 f의 값은 $\frac{25}{9}a$이다. 만약 자산 a를 100만원으로 하고 정률 베팅을 300번 한다고 가정하

자. 이때의 기댓값은 $\left(\frac{25}{9}\right)^{150}a = 3.586\times10^{66}\times a$로 천문학적인 금액이 된다.

위의 예시는 비현실적인 게임이고 좀 더 현실적인 게임은 연습문제에서 다루도록 하겠다.

베이즈 공식

Thomas Bayes는 영국의 수학자로 '베이즈 정리(Bayes Theorem)'라는 확률 이론을 형식화한 것이 사후에 출간되어 유명해졌다. 베이즈 정리의 해석에 따르면 사전 확률로부터 사후 확률을 구할 수 있고 불확실성 하에서 의사결정 문제를 다룰 때 사용된다.

$$P(A|B) = \frac{P(B\cap A)}{P(B)}$$

$P(A|B)$는 사건 B가 일어났다는 가정 하에 사건 A가 일어날 확률을 의미한다. 조건부 확률이라고 부르며 두 사건 A, B가 독립인 경우에는 $P(A|B)=P(A)$가 된다. 간단한 예로 주머니 속에 당첨 제비가 5장, 꽝이 10장 들어있다고 하자. 시립이가 한 장을 뽑고 곧바로 확인 없이 주머니에 넣는다. 미래가 한 장을 뽑았는데 당첨이었다. 이때 시립이가 당첨될 확률을 구하자. 시립이가 당첨된 사건을 A, 미래가 당첨된 사건을 B라 하자. $P(B\cap A)=\frac{5}{15}\times\frac{4}{14}$이고, $P(B)=P(A)P(B|A)+P(A^c)P(B|A^c)=\frac{5}{15}\times\frac{4}{14}+\frac{10}{15}\times\frac{5}{14}$이다. 따라서 $P(A|B)=\frac{2}{7}$가 된다.

예시 9 청색택시 녹색택시 문제

한밤 중에 택시 한 대가 사람을 다치게 한 뺑소니 사건이 발생했다. 그 도시에는 두 개의 택시 회사가 있다. 청색사의 택시는 모두 청색이고 녹색사의 택시는 모두 녹색이다. 그리고 시내를 운행하고 있는 택시들 중 85%는 녹색이고 나머지 15%는 청색이다. 이때 한 목격자가 뺑소니차가 청색이었다고 증언했다. 그런데 실험을 통해 확인해보니 동일한 상황에서 정상 시력을 가진 사람이 차의 색상을 제대로 파악할 확률이 80%라는 사실을 알아냈다. 즉 20%의 사람들은 차의 색상을 잘못 판단한다는 뜻이다. 그렇다면 뺑소니 택시가 청색일 확률은 과연 몇 %일까?

베이즈 공식을 사용하여 계산해보자. A: 사고차가 청색일 사건 B: 청색으로 증언할 사건이라고 하자. 이때 $P(A|B)$를 구하는 문제가 된다. 따라서 베이즈 공식에 의하여 $\dfrac{\text{실제 청색 청색인식}}{\text{실제 청색 청색인식} + \text{실제 녹색 청색인식}}$

$= \dfrac{0.15 \times 0.8}{0.15 \times 0.8 + 0.85 \times 0.2} = \dfrac{0.120}{0.290} \fallingdotseq 41.4\%$가 된다.

예시 10 양성판정과 음성판정

어떤 병 x를 가지고 있는 사람이 그 병에 걸렸는지 판정하는 양성판정 정확도가 99%라고 하자. 어떤 병 x를 가지고 있지 않은 사람이 판정받았을 때 그 판정이 음성일 확률도 99%라고 하자. 그리고 그 병에 걸린 사람은 전체 인구의 1%라고 알려져 있다. 이때 병에 걸렸는지 알 수 없는 사람이 양성판정을 받았을 때 실제 병 x를 앓고 있을 확률은 얼마일까?

베이즈 공식을 사용하여 계산해보자. A: 병에 걸려있을 사건 B:

양성판정이 나온 사건이라고 하자. 이때 $P(A|B)$를 구하는 문제가 된다. 따라서 베이즈 공식에 의하여

$$\frac{\text{실제 양성인데 양성}}{\text{실제 양성인데 양성} + \text{실제 음성인데 양성}} = \frac{0.01 \times 0.99}{0.01 \times 0.99 + 0.99 \times 0.01} = \frac{1}{2} = 50\%$$

가 된다. 이 경우 양성 판정이 나왔다고 하더라도 병에 걸려 있지 않을 확률이 50%로 오진률이 매우 높음을 알 수 있다.

만약 같은 문제 상황에서 양성판정 정확도가 99%이고 음성판정 정확도가 99.99%로 음성 판정 정확도만 올라간 경우에는 베이즈 공식에 의하여 $\frac{0.01 \times 0.99}{0.01 \times 0.99 + 0.99 \times 0.0001} = \frac{100}{101} = 99\%$가 된다. 이 경우에는 양성 판정에 대한 오진율이 1%로 낮아지게 된다.

처음의 상황을 예방하기 위해서는 음성판정 정확도가 양성판정 정확도보다 훨씬 중요함을 알 수 있다.

코로나의 확률[1]

코로나 19의 세계적인 유행은 2019년 12월 중국 우한시에서 처음 확인된 후 2020년 전 세계적인 유행으로 수많은 확진자와 사망자를 만들었다. 현재는 더 이상 코로나 관련 자료들이 정확하게 측정되고 있지 않기 때문에 2022년 6월 4일까지의 2년 6개월의 자료만 가지고 이야기를 진행하도록 한다. 먼저 누적 확진자는 전 세계 533,729,737명이고, 사망자는 6,320,816명이다. 초기의 코로나 치명률은 2%대였는데 후의 변종인 오미크론은 사람들의 항체 등의 영향으로 치명률이

0.18%로 많이 내려갔다. 대한민국에서는 백신접종과 뛰어난 방역체계로 다른 국가들에 비하여 수치가 상당히 양호한 편이다. 우리나라의 총 확진자는 18,153,851명이고 사망자는 24,238명이다. 우리나라에서의 오미크론 치명률은 0.1%정도였다.

코로나의 전세계적인 유행과 대규모 백신 치료에 의한 효과의 연구 중에서 대표적으로 플로리다 대학 Natalie E. Dean 생물 통계학 교수의 레고 블록 설명이 유명하다.

왼쪽은 코로나19 백신 접종을 하지 않은 사람들이 감염될 경우 보통 무증상 30%, 경증 40%, 중등증 20% 중증 10%인 반면에 오른쪽처럼 백신 접종한 사람들은 감염되더라도 무증상 80%, 경증 10%, 중등증 10%, 중증 0%라고 합니다.

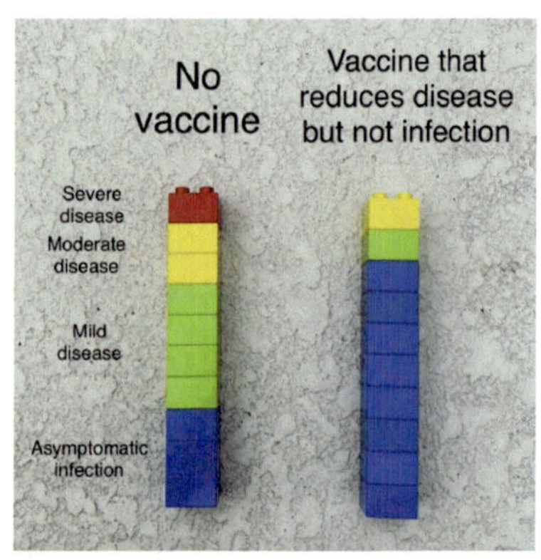

출처: @nataliexdean

코로나 백신의 위험성은?

상상으로 전국민이 동시에 코로나 백신을 오늘 하루에 다 맞았다고 가정해보자. 그러면 어떤 일이 발생할까? 일단 먼저 일주일 동안 최소 5700명 정도가 사망하게 된다. 그러면 전국적으로 난리가 난다. 그런데 문제는 코로나 백신을 안맞아도 평소 사망률 때문에 일주일에 그 정도 사람이 사망한다는 것이다. 죽은 사람 중에는 중병을 앓다가 사망하거나 사고사나 자살 등 다양한 요인이 있지만 돌연사도 상당한 비율로 발생한다. 그렇지만 멀쩡했던 사람이 백신을 맞고나서 사망하면 당연히 백신을 의심할 수밖에 없고 심지어 자살한 경우에도 백신이 우울증을 유발해서 그렇지 어떻게 멀쩡했던 내 자식이 갑자기 자살하느냐고 난리가 날 것이다. 이런 억울하다고 느끼는 일들은 대규모 백신 접종에서 반드시 생기는 현상이다.

우리나라에서 돌연사는 1년에 2만명 정도로 추산되고 있다. 멀쩡했던 사람이 갑자기 하루 아침에 사망하게 된다. 그중에는 노화에 의한 것이 상당수 포함되어 있겠지만 진짜로 멀쩡했던 사람들이 갑자기 세상을 떠나기도 한다. 우리나라의 2022년 6월까지의 1, 2, 3차 백신 접종자 수는 122,970,033명이다. 2019년 사망자 수가 295,100명이었는데 외적 요인을 제외한 사망자 수는 267,950명이었다[1]. 이를 평균 하루 사망자 수로 계산하면 734명으로 사망률은 0.001468%이다. 이를 백신 접종자 수에 곱하면 다음과 같은 숫자가 나온다.

$$122,970,033 \times 0.001468\% = 1805\text{명}$$

이 숫자가 의미하는 바는 다음과 같다. 1차, 2차, 3차 접종 후에 그날 당일에 사망하는 사람의 수를 평균 사망률을 이용하여 구한 값이 1805명이다. 이는 모든 접종에서 무작위 접종이 이루어졌다면 실제로 접종하는 당일 그날 하루에 최소 1805명이 사망한다는 이야기이다. 그런데 실제 접종에서는 건강이 심하게 안좋거나 문제가 있는 사람들은 접종에서 제외된다고 생각하면 실제 접종 후 하루 사망자 수는 현저히 줄어들게 된다. 그럼에도 불구하고 그 숫자는 적어도 몇 백명은 될 것이라고 생각된다. 따라서 접종 후 일주일내로 사망하거나 심각한 부작용을 겪는다고 하는 이야기들은 대부분 접종과의 인과관계가 확실치 않다고 보여진다. 그럼에도 물론 백신의 부작용으로 사망하거나 심각한 휴유증으로 고생하는 사람이 아예 없다는 얘기는 아니다. 그런 사람들이 존재하겠지만 실제 주변에서 보여지는 사례들 중에서 극히 일부만 해당된다고 보여진다. 미국 같은 선진국에서도 백신 무용론으로 많은 사람들이 접종을 거부했고 그것은 미국 전체 인구 대비 0.33%의 사망으로 나타났다. 대한민국은 우수한 방역체계와 협조적인 면역 백신의 도움으로 전체 인구 대비 0.05%의 사망으로 백신의 효과를 확실하게 체감한 국가가 되었다.

연습문제

숙제 1 50종의 카드를 동일한 확률로 한 종류의 과자에 한 개씩 넣어서 판매하는 회사가 있다. 내가 47종의 카드를 현재 모았다. 가지지 않은 종류의 카드 한 개를 더 구하려면 과자를 몇 개 구입하면 되나? 기댓값을 구하시오.

숙제 2 본문에서의 상트페테르부르크 역설에서 100억명이 이 게임을 동시에 수행한다고 가정하자. 그리고 1초에 한 번씩 자동으로 게임이 수행된다고 하자. 편의상 동전을 던지는 대신 컴퓨터가 자동으로 그 과정을 대신 수행한다고 생각하면 된다. 우리는 불사신이 아니어서 불가능하지만, 상상으로 이 게임을 100억년 동안의 유한한 시간 내에서만 한다고 가정한다. 이때 한 번에 받는 금액의 기댓값은 얼마인가?

숙제 3 81장을 가지고 하는 SET 게임에서 임의로 12장을 펼쳐 놓았다. 이때 나타나는 SET의 수의 기댓값은 얼마인가?

숙제 4 81장을 가지고 하는 SET 게임에서 임의로 5장을 펼쳐 놓았다. 이때 5장의 카드에서 SET가 하나도 없을 확률을 계산하시오. 그리고 6장의 경우와 12장의 경우에서 SET가 하나도 없을 확률을 추가로 구하시오.

숙제 5 우리나라의 로또 시스템은 1등에 당첨되기 위해서는 45개의 숫자에서 6개의 숫자를 맞추는 방법이다. 로또에 당첨될 확률을 구하고, 동전의 앞면이 연속해서 몇 회 나올 확률과 같아지는지 계산하시오. 그리고 매 주 10만원 어치의 로또를 10년 동안 구입했을 때 한 번 이상 당첨될 확률을 구하시오.

숙제 6 갑돌이가 어떤 게임에 베팅을 한다. 그 게임은 $\frac{1}{3}$의 확률로 베팅한 금액을 4배로 불려서 주며, $\frac{2}{3}$의 확률로 금액을 잃게 된다. 먼저 정액 베팅으로 100만원의 돈으로 10만원씩 정액 베팅을 300번 한다고 가정하자. 이 경우 기댓값은 얼마인가? 그리고 주어진 자산 100만원에서 일정한 비율 x로 계속해서 정률 베팅을 한다고 생각하자. 이 경우 게임을 300번 하는 경우에 기댓값은 얼마인가?

참고문헌

■ **기사의 여행(Knight's tour) 문제**

[1] Schwenk, 〈Which rectangular Chessboards Have a Kinght's tour?〉, Mathematics Magazine, 1991.

■ **오일러 그래프, 해밀턴 그래프**

[1] Dirac, 〈Some theorems on abstract graphs.〉, Proceedings of the London Mathematical Society, 1952.

■ **물통 문제**

[1] Wikipedia의 Water pouring puzzle 사이트

■ **보드게임 SET**

[1] 내용과 그림 출처: 맥마혼, G. 고돈, H. 고돈, R. 고돈, 《보드게임 SET에 담긴 수학 1 (The Joy of SET)》, 경문사, 2024.

■ **자연과학의 속성**

[1] A. F. Chalmers, 《What Is This Thing Called Science? (과학이란 무엇인가)》 과학철학의 핵심 개념들을 쉽고 명쾌하게 설명하는 고전적인 입문서이다.

■ **칼 포퍼**

[1] 칼 포퍼, 《The Logic of Scientific Discovery(과학적 발견의 논리)》, 1959.

■ **피타고라스 정리의 증명(가필드의 증명법)**

[1] 하워드 이브스, 《경문수학산책 1, 수학의 위대한 순간들》 강의 4. 최초의 위대한 정리, 경문사, 1994.

■ **흥미로운 평면기하 문제들**

[1] 박부성 교수의 facebook

■ 수학계의 흥미로운 미해결 문제들

[1] Chen Jingrun, 〈On the Representation of a Larger even Integer as the Sum of a Prime and the Product of at most two Primes〉, Scientia Sinica, 1973.

[2] Chen Jingrun, 〈The Goldbach problem and the sieve methods〉, Scientia Sinica, 1966.

[3] Yitang Zhang, 〈Bounded gaps between primes〉, Annals of Mathematics, 2014.

■ 복소수의 아름다움

[1] 폴 나힌, 《경문수학산책 25, 허수 이야기》, 경문사, 2004.

[2] Kreyszig, 《공업수학 (Advanced Engineering Mathematics)》 이계 선형미분방정식

■ 바젤 문제와 리만제타함수

[1] 윌리엄 던햄, 《우리 모두의 수학자 오일러》 제3장 오일러와 무한급수, 경문사, 2018.

■ 만물은 수이다.

[1] 유튜브-지문인식의 수학적 원리 https://www.youtube.com/watch?v=5Y4RbrOorEk

[2] Wikipedia의 Facial recognition system 사이트

■ 국제수학올림피아드

[1] 공식 홈페이지 https://www.imo-official.org/

■ 신과의 치킨 게임

[1] 존 배로, 《당신이 모르는 줄도 모르는 100가지 수학이야기》 086 모든 것을 알면 불리할 수도 있다. 마젤란, 2010.

■ 수학적 모델링

[1] 수학적 모델링의 기본개념과 다양한 예들을 다음 책들에서 볼 수 있다. Giordano, Fox, Horton 《A First Course in Mathematical Modeling》.

Meyer, 《Concepts in Mathematical Modeling》.

■ 로트카-볼테라 모델

[1] Kreyszig, 《공업수학 (Advanced Engineering Mathematics)》 연립 미분방정식.

■ 금융수학

[1] 주커만, 《시장을 풀어낸 수학자: 짐 사이먼스가 일으킨 퀀트 혁명의 역사》, 로크미디어, 2021.

■ CT 사진의 원리(사이노그램)

[1] [수학산책] CT사진의 원리 http://www.claimcare.co.kr/bbs/sub0503/10177
수학적 원리는 《이승훈 교수의 실용수학》 CT 사진의 원리, 경문사, 2018.

[2] 사진출처: Adam Wang, 〈Localized Noise Power Spectrum Analysis〉

■ 고속 푸리에 변환(FFT, Fast Fourier Transform)

[1] Wikipedia의 고속 푸리에 변환 사이트

[2] 유튜브-세상을 바꾼 알고리즘, https://www.youtube.com/watch?v=eKSmEPAEr2U

■ 마방진

[1] Wikipedia의 Strachey method for magic squares 사이트

[2] https://mathworld.wolfram.com/MagicSquare.html

[3] Pinn과 Wieczerkowski, 〈Number of Magic Squares From Parallel Tempering Monte Carlo〉, International Journal of Modern Physics C, 1998.

■ 스도쿠

[1] OEIS(온라인 정수열 백과사전)의 A002860

[2] B. Felgenhauer 와 F. Jarvis, 〈Enumerating possible Sudoku grids〉, University of Sheffield와 University of Dresden의 웹사이트에 게시, 2005.

[3] F. Jarvis 와 E. Russell, 〈Mathematics of Sudoku II〉, Jarvis 개인 홈페이지, 2006.

[4] https://sudoku2.com/play- the-hardest-sudoku-in-the-world/

■ 마방진 난제

[1] Jung, Wooseok; Kim, Yeonho; Lee, Kiseon; Kim, Jong-Lak, 〈The dimension of magic squares over fields of characteristics two and three〉 (2 또는 3의 지표를 갖는 유한체 위에서 정의된 마방진의 차수), Linear Algebra and its Applications, 2015.

■ 샘 로이드 퍼즐

[1] Pat Lyons, W. A. Ellott Co. in Toronto에서 제작, 1968.

■ 런던 지하철과 위상수학

[1] 존 배로, 《당신이 모르는 줄도 모르는 100가지 수학이야기》 088 런던 지하철 지도의 탁월한 기능, 마젤란, 2010.

■ 회전 드럼 문제

[1] 셔먼 스타인, 《나머지 반은 어떻게 생각할까?》 5장 알뜰한 문자열, 경문사, 2003.

■ 복면산(覆面算)

[1] 타미야 카츠야, 《복면셈: 놀이와 일(覆面算 遊びと仕事)》, 다이아몬드사(ダイヤモンド社), 1977.

■ 필즈상(Fields Medal)

[1] 필즈상 공식 홈페이지 https://www.mathunion.org/imu-awards/fields-medal

[2] 대한수학회 제공 자료

■ 안정적인 결혼 문제 (Stable Marriage Problem)

[1] Wikipedia의 Gale-Shapley algorithm 사이트
《이승훈 교수의 실용수학》 사랑의 수학, 경문사, 2018.

■ **논리 퍼즐**

[1] 박부성, 《재미있는 영재들의 수학퍼즐》 34와 36 그리고 38, 자음과모음, 2001.

[2] Wikipedia의 The Hardest Logic Puzzle Ever(가장 어려운 논리 퍼즐) 사이트

■ **가중투표제**

[1] 김홍종, 《문명, 수학의 필하모니》 3. 사회와 수학, 효형출판, 2009.

■ **권력지수**

[1] 김홍종, 《문명, 수학의 필하모니》 3. 사회와 수학, 효형출판, 2009.

■ **오자의 개수**

[1] 존 배로, 《당신이 모르는 줄도 모르는 100가지 수학이야기》 004 논문의 오자 개수, 마젤란, 2010.

■ **보드게임 SET의 기댓값과 확률**

[1] 맥마혼, G. 고돈, H. 고돈, R. 고돈, 《보드게임 SET에 담긴 수학 1 (The Joy of SET)》, 경문사, 2024.

[2] Giuseppe Pellegrino, 〈Sul massimo ordine delle calotte in $S_{4,3}$ (The maximal order of the spherical cap in $S_{4,3}$)〉, Matematiche, 1970.

■ **확률을 이용한 정상과 비정상 구분하기**

[1] 존 배로, 《당신이 모르는 줄도 모르는 100가지 수학이야기》 024 사기, 마젤란, 2010.

■ **1993년 LA 다저스 81승 81패 경기결과**

[1] 셔먼 스타인, 《나머지 반은 어떻게 생각할까?》 4장 연승과 연패, 경문사, 2003.

■ **홀인원 확률**

[1] 미국 홀인원 레지스트리 통계자료를 바탕으로 한 자료 https://www.nationalholeinoneregistry.com/hole-in-one-records/

■ **자신에게는 엄격하고 남에게는 너그러운 확률**

[1] 2025 전국 로또 판매점 주소록 CD-ROM 자료 로또 판매점 정보 6968건 수록

[2] 2020년 12월 28일자 MBC 뉴스투데이 보도

[3] Daniel Murray와 Scott Teare, 〈Probility of a tossed coin landing on edge〉, Physical Review E, 1993.

■ **정액 베팅과 정률 베팅**

[1] 유튜브-인생에 꼭 필요한 수학 스킬, https://www.youtube.com/watch?v=C3Sdc_7e5Og

■ **코로나의 확률**

[1] 코로나19(COVID-19) 실시간 상황판 2022년 6월 4일 자료 https://coronaboard.kr/

■ **코로나 백신의 위험성은?**

[1] 2019년 사망원인 통계 https://www.korea.kr/briefing/policyBriefingView.do?newsId=156412129

조 윤 희
- 서울시립대학교 수학과 교수
- 서울대학교 수학과 (학사, 석사, 박사)

우리 곁에 있는 수학

초판발행 2026년 2월 23일
지은이 조윤희
펴낸이 오판근
펴낸곳 (주)교우
주 소 서울시 동대문구 약령시로 8 교우빌딩 2층 (주)교우
전 화 02-925-2861/ **팩 스** 02-925-2860. **편집부** 02-925-2825
홈페이지&북스토어 www.kyowoo.co.kr / **이메일** kyowoo@kyowoo.co.kr
등 록 1994년 3월 24일 제1994-000013호
ISBN 979-11-251-0479-7 (03410)

(주)교우는 보다 혁신적이고 참신한 도서를 다양하게 기획하고 있습니다.
책으로 펴내고자 하는 아이디어나 원고는 메일로 보내주세요.
(주)교우는 전과정을 책임지고 최선을 다하겠습니다.

값 27,000원

교우미디어는 (주)교우의 Imprint사입니다.
수학정원 · 과학정원은 (주)교우의 새로운 브랜드명입니다.

잘못된 책은 구입하신 서점에서 교환해 드립니다.